公园城市的工匠实践

成都天府新区投资集团有限公司 ◎ 编

西南交通大学出版社
·成 都·

图书在版编目（CIP）数据

公园城市的工匠实践 / 成都天府新区投资集团有限公司编. —成都：西南交通大学出版社，2020.4
ISBN 978-7-5643-7409-9

Ⅰ. ①公… Ⅱ. ①成 Ⅲ. ①城市建设 – 研究 Ⅳ. ①TU984

中国版本图书馆 CIP 数据核字（2020）第 059565 号

Gongyuan Chengshi de Gongjiang Shijian
公园城市的工匠实践

成都天府新区投资集团有限公司 / 编

责任编辑 / 李华宇
封面设计 / 何东琳设计工作室

西南交通大学出版社出版发行
（四川省成都市金牛区二环路北一段 111 号西南交通大学创新大厦 21 楼　610031）
发行部电话：028-87600564　　028-87600533
网址：http://www.xnjdcbs.com
印刷：成都市金雅迪彩色印刷有限公司

成品尺寸　185 mm × 260 mm
印张　17　　字数　334 千
版次　2020 年 4 月第 1 版　　印次　2020 年 4 月第 1 次

书号　ISBN 978-7-5643-7409-9
定价　168.00 元

《公园城市的工匠实践》

编委会

主　编　钟红卫　樊永宏

副主编　何夕华　王韧峰　彭继咸　成大华　官　平

编　委　王文青　冯文成　肖　敏　冯静之　路　阳　周　杨　张文武　钟宁轲　汤小琪　陈　荟

2018 年 2 月，习近平总书记在视察天府新区时指出：天府新区是“一带一路”建设和长江经济带发展的重要节点，一定要规划好建设好，特别是要突出公园城市特点，把生态价值考虑进去，努力打造新的增长极，建设内陆开放经济高地。

序

PREFACE

新时代公园城市的筑基者和追梦人

2018 年 2 月 11 日，习近平总书记亲临天府新区视察时指出，“天府新区是‘一带一路’建设和长江经济带发展的重要节点，一定要规划好建设好，特别是要突出公园城市特点，把生态价值考虑进去，努力打造新的增长极，建设内陆开放经济高地。”为新区明确了战略定位、标定了城市特质、规划了奋斗目标、指引了发展方向，也为成都天投集团更好服务新区城市战略发展提供了根本遵循和行动指南。

在天府新区推进公园城市建设的新时代进程中，天投人是筑基者和追梦人。我们立足构建生产空间集约高效、生活空间宜居适度、生态空间山清水秀、人文空间丰富多彩“四位一体”公园城市形态；聚力公园城市承载能力和生态品质提升，累计建成各级道路 530 余千米、桥梁 130 余座，高标准完成兴隆湖、天府公园等 15 个重大生态工程，新增绿化面积 850 余万平方米、水体 530 余万平方米；聚力生态价值创新转化，遵循“政府主导、企业主体、商业化逻辑”理念，实施鹿溪河生态区、鹿溪智谷示范段等“绿道+场景营造”试点，精心策划推进蜻居酒店、高空餐厅、会展小村、天府童村等生态价值转化项目；聚力高端产业聚集，建成西博城、天府新经济产业园、保税物流中心（B 型）等重大产业载体及配套项目，当前正积极推进独角兽岛、川港设计创意产业园、蓉港青年梦工场等重大对外开放平台建设；聚力服务社会民生需求，累计承接 38 个规划建筑面积近 700 万平方米的安置房项目建设任务，启动实施 160 万平方米国际社区及首批 5 000 套人才公寓建设，创新举办天府四中等学校（幼儿园）17 所、新增学位 15 000 余个，高标准打造将军碑社区卫生服务中心、有序推进新兴卫生院等 9 所卫生院改造……

“路漫漫其修远兮，吾将上下而求索。”建设公园城市是天投人需要面对和回答的一个时代性课题，需要守正笃实、久久为功，一锤接着一锤敲、一步一个脚印走。这次开展“创新理论研究，共建公园城市”主题征文，既是对我们推进公园城市建设的一次系统性回顾与总结，也是一次智慧的集结和思想的碰撞，这种理论研究与创新集成，对我们后续工作具有较好的理论意义、实践意义和现实意义。

“不忘初心、牢记使命。”我们要始终坚持以习近平新时代中国特色社会主义思想为引领，持续深入贯彻落实习近平总书记对四川及成都工作系列重要指示精神，立足打造新时代公园城市综合运营商，深化理论研究、创新实践路径、主动担当作为，为天府新区加快建成美丽宜居公园城市作出新的更大贡献。

愿天府新区建设公园城市的时代伟业早日实现！

愿所有天投人在追梦路上携手奋进、行稳致远！

谨以此为序，与大家共勉。

2020 年 2 月

前言

FOREWORD

作为公园城市的首提地，天府新区从破题到实践，全面践行新发展理念，一笔一画将“公园城市”从人居理想绘成现实答卷，在山水田园间，已悄然描摹出公园城市“样本”。

为更好地发挥成都天府新区投资集团在助推新区“一点一园一级一地”建设的重要作用，提高对公园城市内涵和外延的理解深度和执行能力，成都天府新区投资集团组织全体员工开展“创新理论研究，共建公园城市”理论探索，从公园城市入手，突出生态优先绿色发展理念，对实现公园城市绿色发展、转型发展、高质量发展建言献策。本书包括公园城市理论研究、规划设计、工程造价和施工技术、工程管理等专题。其中，《绿色施工技术在天府新区建筑工程中的应用策划》《超高层建筑钢结构深化设计管理》《自锚式悬索桥缆索系统设计与实施技术研究》在公园城市建设背景下，结合项目建设创新了建设实施路径；《公园城市理念在城市公共空间设计中的实用性分析》《文化塑造公园城市空间格局的思考》对公园城市建设提供了思路；《探索公园城市近郊区农业项目的开发》等丰富了公园城市在农村建设发展中的理论探索。各个专题研究紧密结合成都天府新区投资集团在城市规划建设、自然环境修复、生态价值转化、产业要素集聚、民生福祉改善等方面的做法实践进行分析总结，探索公园城市建设路径，展现了成都天府新区投资集团员工建设公园城市的工匠精神。

2019 年 9 月，成都天府新区投资集团分别组织专家 20 余名，对近 200 篇文章进行评审，提出了很多建设性意见，并从中筛选出优秀论文 40 余篇。10 月再次组织专家对论文成果进行复审，为本书的出版奠定了坚实基础。

本书是成都天府新区投资集团在公园城市建设中的一次系统性回顾与

总结，也是员工工匠精神的彰显和思想的碰撞。论文集呈现的理论研究与创新集成具有较好的理论意义、实践意义和现实意义。“公园城市”探索任重道远，作为时代的答卷人，需要不断守正出新、创新突破，需要更进一步服务实践、科学作为，以工匠实践、工匠思路、工匠精神助推公园城市建设。

编者

2020年2月

目 录

CONTENTS

理论研究

规划设计

施工技术和工程造价

工程管理

1　理论研究

绿色施工技术在天府新区建筑工程中的应用策划

钟红卫
（成都天府新区投资集团有限公司）

【摘　要】工程建设中的绿色施工，是要在保证安全、质量等基本要求的前提下，通过科学管理和技术进步，最大限度地节约资源，减少对环境负面影响的施工活动，实现四节一环保（节材、节水、节能、节地和环境保护）。本文就建筑工程实施前期对绿色施工管理目标进行策划，实施过程中采取的有效绿色施工技术措施，进行了详细的分析，倡导施工节约集约技术全面应用，减少施工对环境造成不利影响，不断提升建筑绿色施工对环境保护的作用。

【关键词】建筑工程，绿色施工，控制目标，生态环境

1　引　言

“十三五”规划提出，必须牢固树立和贯彻落实创新、协调、绿色、开放、共享的发展理念。绿色建筑是在全寿命周期内，节约资源、保护环境、减少污染，最大限度地实现人与自然和谐共生的高质量建筑。绿色施工技术的应用可以有效地促进自然生态环境的发展，可以有效地解决建筑工程施工中的环境污染以及生态平衡被破坏等问题。

四川天府新区于 2014 年 10 月获批国家级新区，规划面积 1 578 平方千米，是国家实施新一轮西部大开发战略的重要支撑。2018 年 2 月 11 日，习近平总书记在视察天府新区时指出，“天府新区是‘一带一路’建设和长江经济带发展的重要节点，一定要规划好建设好，特别是要突出公园城市特点，把生态价值考虑进去，努力打造新的增长极，建设内陆开放经济高地”。平地建新城，天府新区面临大规模实施市政基础设施和房屋建筑工程，采取绿色施工具有很大的现实意义。

2　绿色施工项目管理目标策划

天府新区按照“一心三城”的规划格局，明确不同规划分区绿色建筑的发展目

标及指标控制要求，以规划建设条件、方案、施工图审查、施工过程检查和竣工验收为抓手，争创国家绿色生态城示范区，推行适合天府新区的全过程绿色施工管理流程，制定了绿色设计、绿色施工、绿色建材、绿色运营等公园城市绿色建筑标准体系。

具体到绿色施工，在建筑工程施工节约环保管控方面，主要包括原材料供应、节约用水、节约用电、节约用地、减少建筑垃圾产生、部分材料的回收再利用、中水的再利用等方面，须逐一制定管理目标。通过工地统计资料，将建筑工地绿色施工节约环保指标进行测算，形成天府新区的建筑工地绿色环保管理指标（见表 1）。

表 1　绿色施工工地管理指标

序号	项　目	利用指标
1	建筑工程的原材料	（1）就地取材，距现场 500 km 以内生产的建筑材料用量占建筑材料总用量 70%； （2）结构材料损耗率比定额损耗率降低>30%； （3）装饰装修材料损耗率比定额损耗率降低>30%； （4）工地临房、临时围挡材料的可重复使用率达到 90%； （5）建筑材料包装物回收率 100%
2	工地用水	（1）总耗水量<0.4 t/m^2； （2）节水型产品及计量装置配备率 100%； （3）非传统水源和循环水的再利用量>40%
3	工地用电	（1）节能照明灯具使用率达到 90%； （2）总耗电量<14.48 kW · h/m^2
4	临时用地	（1）临建设施占地面积有效利用率大于 90%； （2）双车道宽度为 6 m，单车道宽度为 3.5 m，转弯半径为 15 m； （3）绿化面积与占地面积比率>8%
5	建筑垃圾管控	（1）建筑垃圾产生量<300 t/万 m^2； （2）建筑垃圾的再利用和回收率>60%； （3）建筑物拆除产生的废弃物的再利用和回收率>50%； （4）对于碎石类、土石方类建筑垃圾，可采用地基填埋、铺路等方式提高再利用率，再利用率应大于 60%； （5）有毒有害废物分类率达到 100%； （6）对建筑包装物进行 100%回收，统一处理
6	噪声管控	各施工阶段昼间噪声<70 dB，夜间噪声<55 dB

3 绿色施工技术管理措施

3.1 节材与材料资源利用保障措施

在工程材料管理方面，首先编制施工总材料计划，优先采用绿色、环保材料；严格执行材料采购制度，执行限额领料制度；采用材料使用人、专职材料员共同配合收料，确保进场材料的质量和数量；制定科学的材料运输方法，降低运输损耗率；优化下料方案，减少余料产生。对临建设施优先推荐采用可以拆除、可回收的材料。

在周转材料使用方面，选用耐用、维护与拆卸方便的周转材料和机具。施工现场的安全防护设施达到定型化、工具化。选用制、安、拆一体化的专业队伍进行模板工程施工，合理使用材料，提高材料利用率。主体结构的施工全部使用木胶合板，加强周转材料的堆放、保养和使用管理，降低周转材料损耗，提高周转材料的周转次数。

3.2 节水与水资源利用保障措施

施工用水：施工区域的水龙头全部采用节水型产品，配置率达到100%；混凝土养护时，平面在四周设置临时围挡，保证养护水的有效使用；立面采用薄膜覆盖保温保湿养护；砌体、粉刷施工时，严格按照含水率要求湿润，地坪施工时，采用蓄水养护；现场机具、设备、车辆冲洗、喷洒路面、绿化浇灌等用水，优先采用现场收集的中水，尽量不使用市政自来水；力争施工中循环水的再利用率大于40%。

生活用水：水龙头全部采用节水型产品，配置率达到100%；厕所水箱采用节水型产品；厕所、浴室安排专人管理，并安装智能节水器。

3.3 节能与能源利用评价指标保障措施

施工用电方面：合理配备机械设备，节能设备、节能灯具配置率大于90%；合理编制施工进度总计划、月计划、周计划，尽量减少夜间施工；夜间施工确保施工段的照明，无关区域不开灯；电焊机配备空载短路装置，降低功耗，配置率100%；对施工现场的主要耗能施工设备制定节能的控制措施，定期进行耗能计量核算；严禁使用国家、行业、地方政府明令淘汰的施工设备、机具和产品。

生活用电方面：在生活区域安装电度表进行计量，并对宿舍用电进行考核；采购空调应采购节能产品，宿舍安装节能灯照明；使用限流装置、分路供电的技术手段进行控制。

3.4 节地与土地资源保护保障措施

充分了解施工现场及毗邻区域内人文景观保护要求、工程地址情况及基础设施管线分布情况，制定相应保护措施，向有关方核准；施工总平面布置应紧凑，尽量减少占地，保护原有道路和管线；根据现场条件，合理设计场内的交通、施工道路；施工现场临时道路布置与原有永久道路兼顾考虑。在设计方案中考虑挖填平衡，尽量减少土方开挖和回填量，保护用地。

4 文明施工和环保要求

4.1 扬尘控制措施

施工现场临时道路必须硬化，非硬化区因地制宜进行绿化或密目网覆盖；根据现场实际情况合理采用水淋、覆盖、围挡、硬化、清洗等措施；外运土方、渣土的车辆必须进行全封闭遮盖；现场进出口设置冲洗措施，保证进出现场车辆的清洁；现场建立封闭式垃圾池；采取防止水土流失措施，施工后恢复植被。

4.2 噪声控制措施

施工现场合理选用低噪设备，并设置隔音棚和外架设置绿色安全网；施工过程中减少敲击噪声，车辆禁止鸣笛；减少夜间施工，夜间施工做好协调和办理夜间施工许可证，夜间施工噪声声强值符合国家有关规定；混凝土输送泵、电锯房等设有吸音降噪措施；施工噪声控制符合国家标准《建筑施工场界环境噪声排放标准》（GB 12523—2011）。

4.3 光污染控制措施

施工场地范围内的大功率照明灯具调整好方向，采取遮光处理措施；焊接施工时采取避光措施。

4.4 水污染控制措施

减少工程施工的地下水抽取，并采取合理科学的防渗止水措施；污水排放按照规定设置沉淀池，厕所排水设置防渗化粪池，食堂排水设置隔油池；工程化学品材料堆场必须设置防渗隔水层，严防机械油料污染，危险品、化学品存放处及污物排放应采取隔离措施；工程污水和实验室养护用水经过处理达标后排入市政污水管道。

5 结　语

5.1　不断强化绿色施工理念

在绿色施工管理意识上对组织、规划以及实施等各方面进行不断强化，在工程实施中，要对重点环节进行精准把握。提升管理人员自身专业素质，实现对绿色施工方案的精准选择，保证建筑工程绿色施工的整体质量。

5.2　提升资源的整体利用率实现绿色发展

建筑工程施工企业在实际操作过程中，应该按绿色施工管理指标制定出详细、完整的施工材料应用方案，在工程实施过程中进行落实，保证施工材料得到综合应用，提升资源的整体利用率。

5.3　加强技术创新对绿色施工的引领

创新、协调、绿色、开放、共享五大发展理念，把创新放在之首，强调创新是引领发展的第一动力。对施工环节进行不断创新优化，明确重点操作流程，对指标进行量化规定，针对建筑工程现阶段的实际运行情况采取相应的绿色施工措施，从而有效地将绿色施工理念落实到建设工程实施的全过程。

参考文献

[1]　尹亮. 建设工程免除湿作业法绿色施工技术[J]. 低碳世界，2017(12)：136-137.
[2]　孙君风. 绿色施工技术在工程中的应用[J]. 居舍，2019（7）：63+68.

论公园城市的构建

余　辉

（成都天投产业投资有限公司）

【摘　要】天府新区，作为“公园城市”概念的首提地，正在如火如荼地进行“公园城市”的建设。从规划编制、公共设施建设、项目实施无不都在践行着“公园城市”新理念。本文试着从世界城市发展历史角度，溯源“公园城市”理念的形成脉络。社区综合体的建设，是实现“公园城市”理念的重要一环，从功能的合理规划到平面功能组织、建筑空间的精心打造以及立体绿化的精细雕琢，成为构建“公园城市”的众多实践之一。本文将从方案设计角度，以创意路社区综合体项目为例探讨“公园城市”理念的实践，将“公园城市”的理念体现到各个环节，引导设计单位做出一个好的作品。

【关键词】公园城市，田园城市，社区综合体，生活服务圈，立体绿化

1　“公园城市”的含义及溯源

1.1　“公园城市”的含义

2018 年 2 月，习近平总书记来川视察时指出，天府新区是“一带一路”建设和长江经济带发展的重要节点，一定要规划好建设好，特别是要突出公园城市特点，把生态价值考虑进去，努力打造新的增长极，建设内陆开放经济高地。这是“公园城市”这个概念首次被提出来。

习近平总书记关于建设“公园城市”的指示，是城市规划建设理念的升华，蕴含大历史观、体现哲学辩证思维、充满为民情怀，内涵极其丰富。“公园城市”作为全面体现新发展理念的城市发展高级形态，坚持以人民为中心、以生态文明为引领，是将公园形态与城市空间有机融合，生产生活生态空间相宜、自然经济社会人文相融的复合系统，是人城境业高度和谐统一的现代化城市，是新时代可持续发展城市建设的新模式。“公园城市”奉“公”服务人民、联“园”涵养生态、塑“城”美化生活、兴“市”绿色低碳高质量生产，包含“生态兴则文明兴”的城市文明观、把“城市放

在大自然中”的城市发展观、“满足人民日益增长的美好生活需要”的城市民生观、“历史文化是城市灵魂”的城市人文观、“践行绿色生活方式”的城市生活观。“公园城市”理念体现了马克思主义关于人与自然关系的思想，体现了城市文化与人文精神传承的文化价值、天人合一的东方哲学价值、顺应尊重保护自然的生态价值、城市形态的美学价值、人的自由全面发展的人本价值，将引领城市建设新方向、重塑城市新价值。

以上是“公园城市”的含义诠释，下面将从城市规划建设理念的发展历史中去溯源“公园城市”。

1.2 从“田园城市”到“公园城市”

1898 年，埃比尼泽·霍华德在他出版的《明日之城：通往真正改革和平之路》（1902 年修订为《明日的田园之城》）一书中，提出了“田园城市”（Garden City）的概念，指出了“兼有城市和乡村优点”的理想城市。这是基于英国早期工业化时代背景下，对于生态文明引领下的城市发展提出的一种理想模式。该理论的出现是为应对英国快速城市化过程中所出现的各种城市病问题，如生态环境持续恶化、大量农民从乡村迁入城镇带来城镇人口骤增、交通拥堵等。

图 1 所示为埃比尼泽·霍华德对“田园城市”的规划和设想。

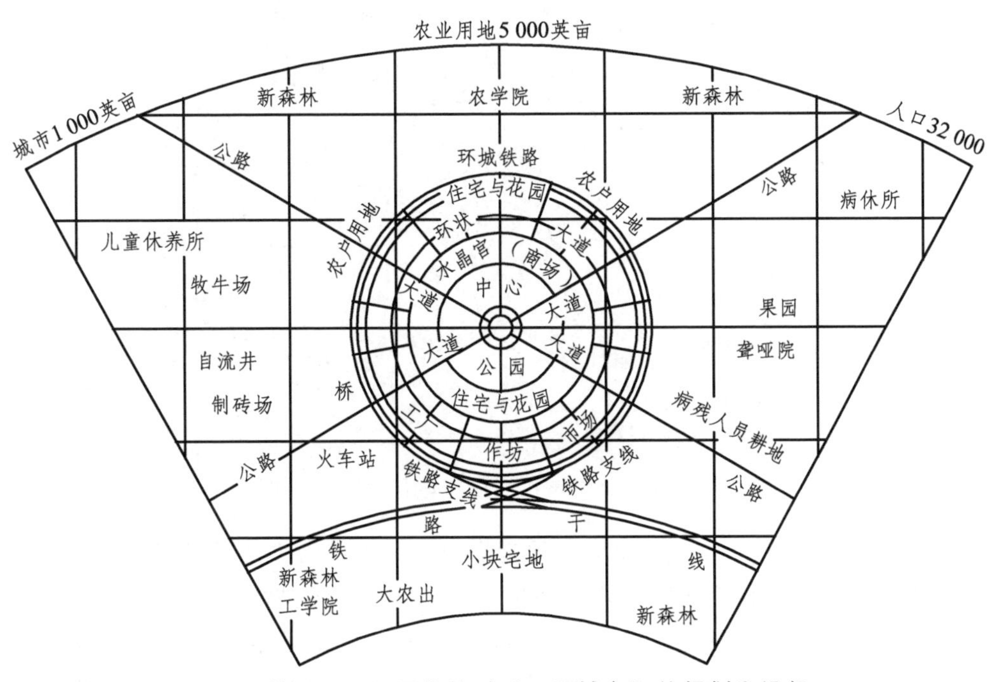

图 1 埃比尼泽·霍华德对“田园城市”的规划和设想

“田园城市”建设的侧重点在于乡村自然环境与城市组团的融合，城市组团内部

实现职住平衡，实现居民的健康生活，是建设一种兼有城市和乡村优点的理想城市，用绿化带将城区分割为有一定规模限制的城市单元；绿化带包含耕地、牧场、果园、森林等，永不改作他用。图 2 所示为澳大利亚堪培拉“田园城市”市中心规划。

埃比尼泽·霍华德主张将人类社区包围于田地或花园的区域之中，平衡住宅、工业和农业区域的比例，使人们能够生活在既有良好的社会、经济环境又有美好的自然环境的新型城市之中。

这并非完全是基于城市美化的目的，而是从健康、生存及经济的角度出发。可以说，霍华德在“田园城市”中构想的正是“公园城市”规划的思想起源。

从“田园城市”开始，英国“国家公园城市”谢尔菲德、美国“翡翠都市”波士顿及其他新城建设、新加坡“花园城市”、澳大利亚“大洋洲花园”堪培拉等，都在进行着“公园城市”理念的早期实践。

不论是国际广泛认同的 “田园城市”“生态城市”“绿色城市”“花园城市”等，或是国内所提的“山水城市”“生态园林城市”等概念，都是在特定时代背景以及社会发展阶段下的产物。

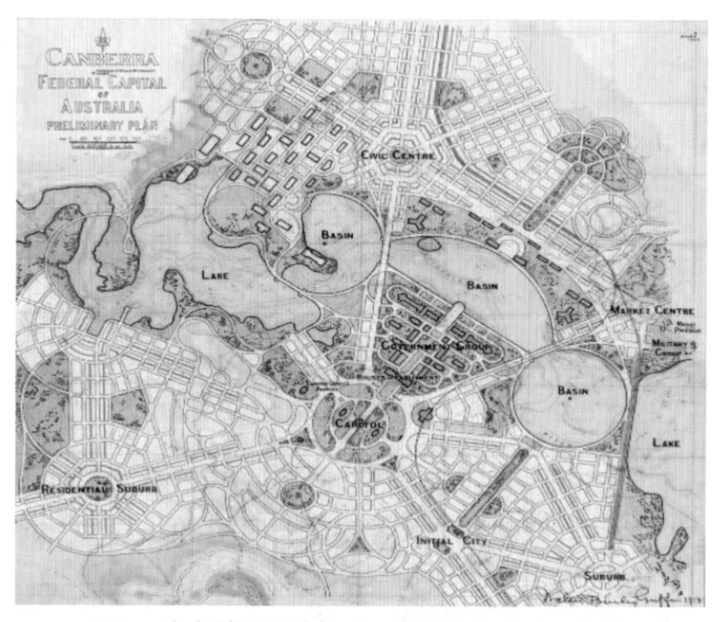

图 2　澳大利亚堪培拉“田园城市”市中心规划

历史的车轮走到了 2018 年 2 月，习近平总书记提出的“公园城市”理念，是关于生态文明建设一系列论述系统化、理论化的最新成果，是社会主义新时代和生态文明新阶段关于城市建设发展模式的全新理念，对于开辟城市转型升级新路径、开创城市建设发展新局面具有重大的现实意义和深远的历史意义。它是新发展理念在城市发展中的全新实践，是城市规划建设理论的重大突破，是满足人民美好生活需要的重要路径，是推进绿色生态价值转化的重要探索，是塑造新时代城市竞争优势

的重要抓手，具有生态、美学、人文、经济、生活和社会等六大方面的时代价值。

2 天府新区构建美丽宜居公园城市

“公园城市”的概念，不同于休闲城市、宜居城市、花园城市……这是一份全新的“考卷”，等待着天府新区给出答案。如何建设“公园城市”？一年多以来，天府新区通过座谈、讲座、论坛等多种形式，博采众家之长，深入研究公园城市的内涵和外延，邀请知名大学和高水平规划单位开展公园城市专题研究，制定天府新区公园城市指标体系。2018 年 5 月 11 日，天府公园城市研究院在天府新区挂牌成立，专家们明确了“公园城市”的“公共”“生态”“生活”“生产”四大基本属性。“公园城市不仅仅是简单的‘公园+城市’，是公共、生活、生态、生产四大基本属性叠加的一个生生不息的生命系统。”“公园城市”研究院智囊团成员、中国工程院院士吴志强这样认为。一年多以来，天府新区坚持以规划为引领、以融创生态价值为导向，全面开启“公园城市”建设新征程，统筹考虑空间布局、功能分区、主导产业、城市特质、建筑风格、地标形象、天际轮廓、夜间景观、地下空间，优化完成 5 大类 27 项规划编制；启动北部生态隔离廊道等 10 个重大生态项目，实施森林城市建设和全域“水环境治理”，新建成绿道 120 千米，规划布局“15 分钟生活服务圈”118 个，积极回应人民群众对美好生活的向往，形成了美丽宜居公园城市的基本骨架。

图 3 兴隆湖

未来，天府新区将继续围绕“力争2020年核心区全面完成基础设施建设，生态骨架基本形成，基本建成鹿溪智谷、天府中心和成都科学城起步区，公园城市形态初步呈现；2035年基本建成、2050年全面建成公园城市”三步走的发展目标，大力实施生态环境提升行动、城市功能提质行动、绿色建筑发展行动、大美乡村建设行动，为把天府新区建设成为“一带一路”和长江经济带上的重要节点及具有全球影响力、宜居宜业宜商的“公园城市”奠定坚实基础。积极探索城市可持续发展新模式，将公园形态和城市空间有机融合，以大尺度生态廊道区隔城市组群，以高标准生态绿道串联城市公园，科学布局可进入可参与的休闲游憩和绿色开敞空间，推动公共空间与城市环境相融合、休闲体验与审美感知相统一，为城市可持续发展提供中国智慧和中国方案。

3 创意路社区综合体项目规划设计分析

创意路社区综合体项目，是目前新区政府规划布局“15分钟生活服务圈”的重要的一个点位。它建成后，主要满足兴隆湖南岸片区的生活服务。

3.1 功能规划

政府规划行政主管部门在确定项目规划（建设）条件时，就从“公园城市”理念出发，充分考虑到了此片区的生活需求，设置了公共服务和商业服务功能。

公共服务功能包含了社区医疗、体育健身、养老服务、农贸市场、派出所、社区办公、文化活动、公交首末站、公共停车、公共厕所、垃圾转运站、资源回收站等。

商业服务功能的设置上，我们企业考虑了生活超市、餐饮、教育培训、公寓居住、连锁药店等。

通过这些功能的设置，充分满足了周边企业、员工及居民的生活各种需求，真正做到了“15分钟生活服务圈”。

3.2 设计理念

在设计上，我们与设计单位充分沟通，引导、要求设计单位一定要全方位地践行“公园城市”理念。

“公园城市”是成都市继“田园城市”“花园城市”“生态城市”“绿色城市”等目标之后，在城市建设与生态环境协调发展道路上，主动探索的又一全新概念。“公园城市”是全面体现新发展理念，以生态文明引领城市发展，以人民为中心，构筑山水林田湖城生命共同体，形成人、城、境、业高度和谐统一的大美城市形态的城市发展新模式。

它具有更丰富的内涵，强调公园绿地与城市空间、城市功能的有机融合发展，比花园城市更有人文意蕴，比园林城市更有自然风情，比生态城市有更多的发展特性。

本项目引入“公园城市”的设计概念，建筑通过层层退进的空中花园，建立建筑与（公园）城市之间的对话。屋顶绿化将建筑切分成若干个小的体块，犹如置身于公园之中的小建筑群，如图 4 所示。

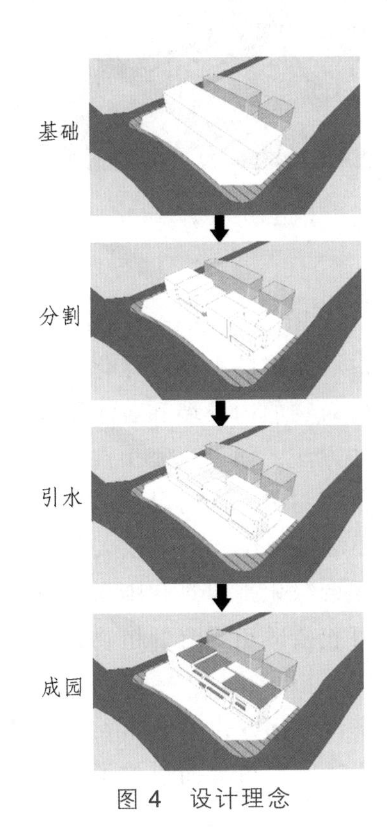

图 4　设计理念

3.3　立体绿化

城市立体绿化是城市绿化的重要形式之一，是改善城市生态环境，丰富城市绿化景观重要而有效的方式。发展立体绿化，能丰富城区园林绿化的空间结构层次和城市立体景观艺术效果，有助于进一步增加城市绿量。

立体绿化是一个整体的概念，其形式可以是墙面绿化、露台绿化、花架、棚架绿化、栅栏绿化、坡面绿化、屋顶绿化等。在本项目中，主要利用的形式为墙面绿化、露台绿化及屋顶绿化，如图 5 所示。

图 5　立体绿化

3.4　墙体、露台绿化

墙体绿化是立体绿化中占地面积最小，而绿化面积最大的一种形式，泛指用攀援或者铺贴方法以植物装饰建筑物的内外墙和各种围墙的一种立体绿化形式。在本项目中，墙体绿化采用攀援的方法，如采用爬山虎、紫藤、常春藤、凌霄、络石及爬行卫茅等植物，它们不仅价廉物美，同时具有一定观赏性。

露台是建筑立面上的重要装饰部位，既是供人休息、纳凉的空间场所，也是室内与室外空间的连接通道。露台绿化是建筑和街景绿化的组成部分，也是使用空间的扩大部分。在本项目中，可栽植适于露台的植物，如地锦、爬蔓月季、金银花等木本植物。

本项目通过墙体绿化和露台绿化方式（见图 6），立面绿化比例可达到约 30%，同时让城市界面不再拥堵逼人，给城市界面形成了很好的呼吸感。

3.5　屋顶绿化

屋顶绿化（屋顶花园）是指在建筑物、构筑物的顶部、天台、露台之上进行的绿化和造园的一种绿化形式，如图 7 所示。屋顶绿化有多种形式，主角是绿化植物，多用花灌木建造屋顶花园，实现四季花卉搭配。此外，也可在屋顶进行廊架绿化。

同时，利用屋顶可以形成较好的室外活动空间，可供居民休息娱乐、玩耍等，同时由于本项目的地理位置优势，屋顶花园空间可以成为眺望兴隆湖的良好观景点，给来此的居民提供了很好的景观体验。本项目平面绿化比例达到约 70%，为天府新区城市规划多添一抹生态绿意。

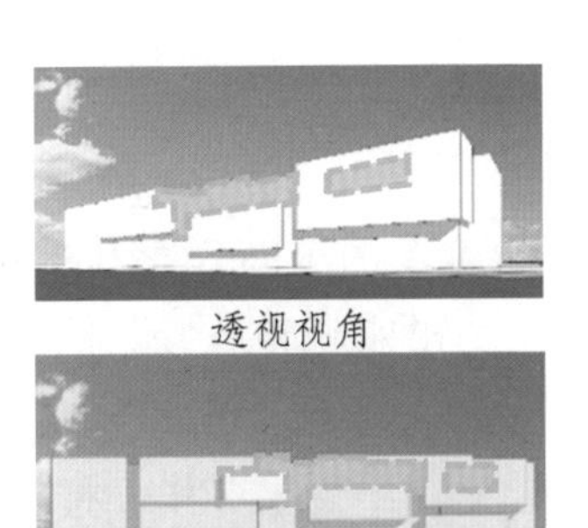

图 6　墙体、露台绿化

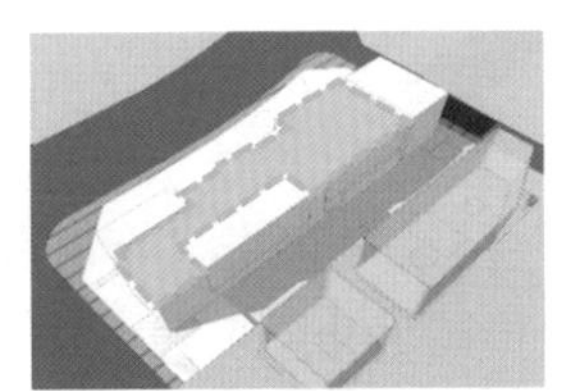

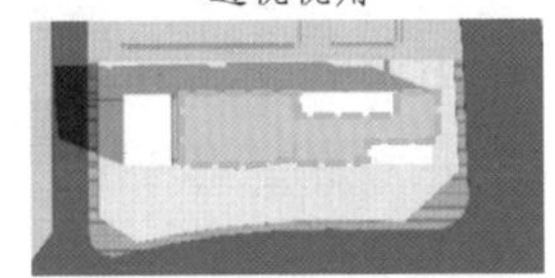

图 7　屋顶绿化

3.6　效果呈现

创意路社区综合体项目效果图如图 8 所示。

图 8　效果呈现

4 结 语

“公园城市”是社会主义新时代和生态文明新阶段的全新理念和城市发展新模式，吸收了“田园城市”“生态城市”“绿色城市”“山水城市”“园林城市”和“生态城市”等理论的思想精华，比花园城市更具有人文意蕴，比园林城市具有更多的自然风味，比生态城市具有更多发展特性。本文结合实际工作，将“公园城市”的理念体现到设计产品的各个环节，引导设计单位做出好的作品。

参考文献

[1] 赵晶，朱霞清. 城市公园系统与城市空间发展——19世纪中叶欧美城市公园系统发展简述[J]. 中国园林，2014，30（09）：13-17.

[2] 崔柳，陈丹. 近代巴黎城市公园改造对城市景观规划设计的启示[J]. 沈阳农业大学学报：社会科学版，2008，10（06）：738-742.

[3] 徐镱菱. 美国城市公园文化探析——以纽约中央公园为例[J]. 连云港职业技术学院学报，2018，31（04）：53-57.

[4] 赵杨，李雄，赵铁铮. 城市公园引领社区复兴：以美国达拉斯市克莱德·沃伦公园为例[J]. 建筑与文化，2016（09）：158-161.

成都天府新区公园城市建设条件与未来展望

周　硼[1]，姚小平[2]
（1. 成都天府新区建设投资有限公司；2. 成都天府新区投资集团有限公司）

【摘　要】“公园城市”是近年来被社会各界广泛热议的未来城市绿色发展新理念，是为追求理想的人居环境，实现人与自然和谐共处的美丽愿景而逐步完善、趋向成熟的城市公园规划体系。2018 年 2 月，习近平总书记视察成都天府新区时，提出突出公园城市特点，打造新的增长极，建设内陆开放经济高地。建设公园城市，无疑成为天府新区规划建设的重要历史使命。本文通过分析目前天府新区建设公园城市的现状，罗列发展模式建议及未来城市公园行使的各项功能，来展望成都天府新区建设公园城市的美好蓝图。

【关键词】公园城市，天府新区，功能，探索

1　公园城市概念

2009 年，在国际风景园林师联合会亚太地区年会上，韩国造景学会会长曹世焕教授在发言中主张建立将风景园林与城市融为一体的公园城市，作为 21 世纪知识信息创新社会的理想城市。这一概念，是对新加坡建设“花园中的城市”的提炼与深化。他认为，过去作为城市中的一个布局，以及城市中点、线、面的公园，如今和连接公园的绿色廊道一起，展现出“自然中的城市”面貌，基本形态表现为公园绿地与城市街区的完美融合衔接。此后，公园城市的概念逐渐传播，受到国内外专家的重视和研究，一些城市开始尝试公园城市建设实践。这一趋势反映了我国城市化发展重心，从过去以规模扩张、经济增长为主，向以人为本、五位一体、品质提升和结构优化为主转移。

“公园城市”与“山水城市”“花园城市”“园林城市”和“生态园林城市”等虽然在名称上有所不同，但它们所追求的目标是相似的，都是促进城市的可持续发展，创造人与自然和谐的环境。但公园城市的理念体现了城市发展思想以公民为中心的角度出发，更强调公共性和开放性。

公园城市是新时代城乡人居环境建设理念和理想城市建构模式，该理念和模

式将城乡公园绿地系统、公园化的城乡生态格局和风貌作为城乡发展建设的基础性、前置性配置要素，把“市民—公园—城市”三者关系的优化和谐作为创造美好生活的重要内容，营建全面公园化的城市景观风貌，通过提供更多优质生态产品以满足人民日益增长的优美居住环境需求。

2 天府新区现状分析

2.1 定位优势

天府新区的目标定位是我国西部地区的核心增长极和内陆开放经济高地，是国际化科技创新和文化创意中心，是以现代制造业为主，高端服务业集聚，宜居宜业宜商宜游的国际化现代新区，是全面创新改革试验区和统筹城乡一体化发展示范区。习近平总书记在天府新区首次提出公园城市理念，对天府新区寄予厚望，天府新区是成都建设全面体现新发展理念之城市的重要板块，将是实践公园城市理念的先行示范区。

2.2 自然优势

天府新区建设公园城市具有得天独厚的自然条件。首先，天府新区较主城区地貌变化更加丰富，境内有龙泉山、牧马山、老君山、彭祖山四座山脉。水系方面西靠岷江，内部锦江、鹿溪河、东风渠等多条河渠穿过，龙泉湖、三岔湖（见图 1）等湖泊散布，丰富的山水资源是支撑城乡景观塑造和休闲游憩服务发展的骨架。城郊田园风貌独特，土地肥沃，拥有广袤的田园农业用地，传统的田埂分隔与多样化的农业品种，形成了轮廓鲜明、风貌独特的农田景观，其中田宅林水共生的川西林盘（见图 2）是天府文化、成都平原农耕文明和川西民居建筑风格的鲜活载体，具有丰富的美学价值、文化价值和生态价值，是建设美丽宜居公园城市的有力支撑。

图 1　三岔湖自然景观

图 2　川西林盘风貌

天府新区自 2014 年 10 月正式获批成为国家级新区以来，就秉承“生态立区”理念，强调城市与自然共生，通过建立山水生态大格局，让山水风光融入城市，努力把生态价值发挥到最大。在成都新一轮城市总规修编中，天府新区进一步持续优化提升规划，围绕山、水、田、林做文章，形成了“一山、两楔、三廊、五河、六湖、多渠”生态景观格局。在天府新区规划的 1 578 km^2 土地上，生态、农业、河流湖泊用地占比 60%以上，城市建设用地只占不到 40%。图 3 所示为天府新区公园绿廊分布示意图。

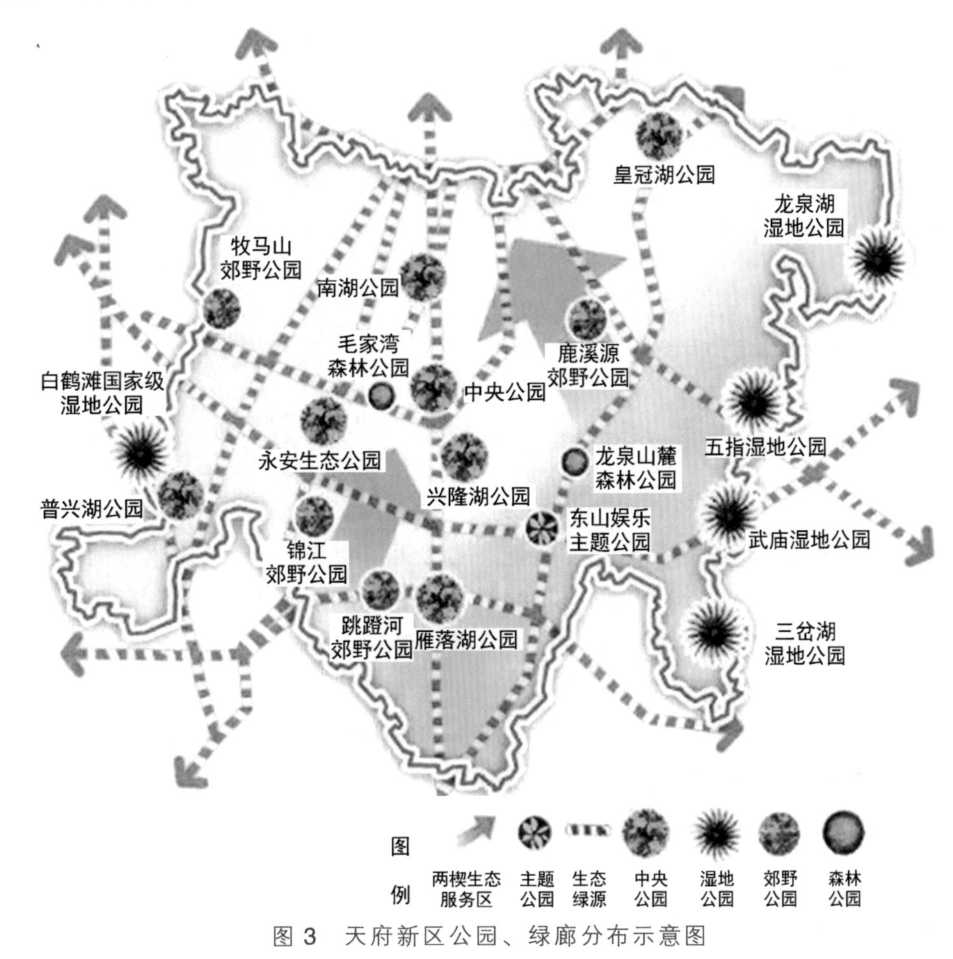

图 3　天府新区公园、绿廊分布示意图

2.3　城市发展新格局

天府新区组团式、分散化的建设用地空间格局，有利于形成绿色生态空间为本底，绿色空间和城市空间嵌合布局的发展模式，有利于公园城市的发展建设。同时，天府新区城乡建设的后发优势明显，区内多个发展组团（见图 4）尚处于规划建设起步阶段，仍有较大的发展建设空间，为公园城市理念的实践和示范提供了条件。

图 4 组团城市发展格局

3 公园城市的主要功能

3.1 维护城市生态平衡

“公园城市”是解决城市环境问题的理想方案。随着我国城市化发展，特别是以化工、钢铁、建材等为主的高污染重工业快速发展，城市生态系统面临失衡。主要表现在城市绿地不足，达不到联合国人均绿地面积 60 m^2 的要求；水资源短缺和污染严重，循环利用率低；大气污染严重，多地雾霾威胁居民健康等。公园作为居民休憩、娱乐空间兼生态修复的概念被广大市民和城市建设者接受，公园的质量和数量也被人们视为城市宜居和发达程度的重要标志。打造“城中有园、园中建城、城在园中、人在园中”的公园城市成为现代城市建设发展的新理念，公园城市建设增加城市绿地面积，改善城市生态环境，是解决工业化环境问题的重要举措。

3.2 优化城市空间布局

随着城市矛盾的日益突出，城市建设需要合理整合用地，从粗放式向集约式发展。集约式的城市空间格局是土地资源可持续发展的必然选择。公园城市建设表面上看似在缩小城市发展用地，实际上是为了促进城市向紧凑集约型空间发展，为未来城市发展预留土地，为自然灾害和突发事故提供避难场所。在过度紧凑的地方，通过公园城市建设“腾笼换鸟”，将原来密集的楼群分散化、扩大公共活动用地，使公园周边的交通宽阔通达，一定程度上缓解了交通压力，在紧急情况下，可以作为救灾物资的集结地、救灾人员的驻扎地、火灾的隔火带等。在过度分散的地方，通

过公园城市的建设，集聚和吸纳人群，分摊过度聚集地区的人口压力；总之，公园城市建设能通过合理布局居住与生产单位，促进各区域共同发展。

3.3 为城市经济均衡发展提供支撑

公园城市建设可优化各个地方的生态环境，在经济相对落后区域，通过建设公园城市，形成高品质的环境风貌，有利于吸引高端企业和高端人才，一定程度上带动该区域创新创意产业、高端服务业及周边商业、房地产与旅游业的发展。与此同时，教育、医疗条件的提高，使得城市的资源、人口进行重新分配，带动城市均衡健康发展。

3.4 完善城市文化功能

每个城市或地区都具有其独有的文化，城市文化的传承与发展，是提升城市文化品位和知名度的必修课。然而，随着时代的进步、历史的演变，诸多传统文化已经逐步被驱逐出历史的舞台，城市面貌也渐渐朝着“千城一面”的方向发展，缺乏文化底蕴与辨识度。城市中的公园可以承载地区传统文化，以公园建设的形式，借助各种景观手法来体现成都历史文化内涵是园林设计者们惯用的方式，譬如以“浣花女濯涟洗纱”为灵感，以杜甫草堂为背景，为显扬诗歌文化而修建的浣花溪公园（见图 5），为纪念唐代著名女诗人薛涛而修建的望江楼公园（见图 6）。引入地域文化作为公园建设的内容，不仅能保护前人留下的伟大遗产，延续城市的历史文脉，还能使市民游赏公园的同时感受城市文化精髓，让城市精神与市民精神交流互动，从而增强市民对城市的归属感与自豪感。在城市变革过程中，公园城市的建设是传承地域传统文化、保护城市记忆的重要形式。

图 5　浣花溪公园诗人雕塑

图 6　望江楼公园

4 公园城市的发展愿景

4.1 规划城市，实现规划统一化、精细化

公园城市的规划、发展需要兼顾所在区域自然环境的承载力和生产生活需要，尽可能把城市融入其所在的自然环境中，而不是仅仅关注城市内部的公园绿地建设。实现由专项规划各成体系到有机衔接、协调统一的“多规融合”转变是建设公园城市的先行基础。“多规融合”是一个规划协调工作，而非一种“规划”。其出发点是消除“多规”的矛盾和差异，其本质是以“三规”（社会发展规划、城乡规划、土地利用总体规划）为主体，将交通、环保、教育、医疗等各个部门的专业规划完全统一起来，实现“一个城市一个空间、一个空间一个规划”。坚持“多规融合”能促进用地标准的统一、空间管控的一致、管理职能的清晰及规划体系的探索。规划是公园城市创新发展的顶层设计，形成多层次、开放式的空间体系规划是公园城市创新发展指导实践的顶层设计，是指导公园城市建设的基本思想。从公园城市建设角度来说，需构建形成多层次、开放式的城市空间体系，包括城市道路空间、城市公共空间、城市游憩空间、城市居住空间、商业娱乐空间、园林绿地空间、文体科技空间、城市景观空间、城市生产空间、城市综合空间十大类。天府新区在打造“公园之都”的过程中需融合整合居、商、文、产、医、教功能区块六大模式，实现以公园为导向的城市提质，全面开启“公园时代”，对于市民而言，实现“家在公园”的目标具体为居住公园、商业公园、文化公园、产业公园、医疗公园、教育公园。

4.2 建设城市，带动城市文化与产业发展

类比公园设计规划中需要布置重要景观节点，在公园城市的尺度下同样需要突出标志性景观的建设和规划。标志性景观能作为一种辨别方位的参照物或者对某一地区记忆的特定象征，体现场所精神。公园城市建设中打造标志性景观，能提升一座城市的形象和品位，高度浓缩城市内涵，唤起外来游客对天府新区的向往之情，促进天府新区获得更多旅游创收。例如突出城市综合体，作为公园城市标志性景观的重要载体，它能够将复杂且便捷的综合交通体系、宏大且紧凑的现代建筑空间、密集且多元的城市社会阶层、深厚且迷人的现代城市文化有机地融合为一体，能够将传统空间与业态重新组合，能扩充和增添更大尺度的消费空间以及更多的消费内容，从而彰显城市魅力和提升对人群的吸引力，为该区域提供更多住宿、餐饮、娱乐产业的就业机会。

4.3 紧跟时代，创建智慧城市

公园城市应该是一座智慧城市，建设过程中要全盘谋划整个城市的神经、大脑、

中枢和未来的一整套城市体系。公园城市需要跟时代发展结合起来，从规划阶段就融入智慧城市思维。以大数据为突破口打造大数据全治理链，紧紧围绕问题在哪里找问题、数据在哪里找数据、办法在哪里找办法 3 个核心环节，坚持用数据说话，使数据在政府治理的决策管理以及创新方面充分发挥重要作用，最大限度地运用大数据对政府职能进行优化，以进一步提升政府综合治理能力。充分利用新一代信息技术，如云计算、物联网等技术的集成应用，打造一个智慧政务、智慧教育、智慧健康、智慧化生活环境，实现真正意义上的精细治理。

参考文献

[1] 许浩. 国外城市绿地系统规划[M]. 北京：中国建筑工业出版社，2003.

[2] 赵晶. 从风景园到田园城市：18 世纪初期到 19 世纪中叶西方景观规划发展及影响[D]. 北京：北京林业大学，2012.

[3] 林小峰. 堪培拉——花园城市的典范[J]. 园林，2003（3）：12-13.

[4] 曹世焕. 风景园林与城市的融合：对未来公园城市的提议[J]. 刘一虹，译. 中国园林，2010（4）：54-56.

[5] 吴岩，王忠杰. 公园城市理念内涵及天府新区规划建设建议[J]. 先锋成都，2018（4）：27-29.

[6] 中国城市规划设计研究院，等. 四川省成都天府新区总体规划（2010—2030 年）[Z].2011.

公园城市理念在城市公共空间设计中的实用性分析

汪永超

（成都天府新区科技投资有限责任公司）

【摘　要】新时期下，由于城市发展速度的不断加快，城市建设也涵盖了城市生活的各个方面，其中，城市公共空间设计作为城市发展期间非常重要的一部分，其更是得到了广泛的关注。基于此背景下，本文即对“公园城市”理念在城市公共空间设计中的实用性进行了研究和分析。

【关键词】“公园城市”理念，城市公共空间设计，实用性

在城市的实际发展过程中，合理的城市公共空间设计，可以保证城市发展布局的合理化，整体提升城市的高质量发展。因此，为了可以有效促进城市的长久进步，应该严格遵循“生态城市”“新都市主义”等理念，科学分析一些先进且成功的经验，并在其基础上，合理科学统筹进行高品质园区建设等工作，努力建设全面践行新发展理念的公园城市。

1 引　言

2014 年 10 月，四川天府新区获批成为第 11 个国家级新区，规划总面积为 1 578 km^2，核心区天府新区成都直管区幅员面积 564 km^2。天府新区作为“公园城市”首提地，围绕“一带一路”建设和长江经济带发展重要节点的战略定位，聚集发展新经济、会展经济、文创产业，加快形成天府中心、西部博览城、成都科学城、天府文创城的“一心三城”功能布局，打造美丽宜居公园城市先行区。因此，在实际的发展期间，为更进一步提升建设水平，保证城市公共空间设计的实用性及合理性，应该深入研究“公园城市”理念，科学分析，有效建设。

2 “公园城市”相关理念简述

2.1 “花园城市”理论

“花园城市”模式，主要是由一个核心、六条放射线与几个圈层共同组成。其中，针对每一个圈层，其由中心逐渐向外进行扩展，具体包括绿地以及市政设施等。针对这一模式，其主要的目的就是打造一个既有良好的社会经济环境又有美好的自然环境的新型社会。

2.2 “生态城市”理论

“生态城市”，从广义上进行研究和分析，主要是建立在人与自然关系深刻认识前提下的一种新文化观。对于这一理念来说，其主要是将生态学原理作为依据，逐步建立起来的社会、自然以及经济协调发展的社会关系，能够有效对环境资源进行应用。

2.3 “新都市主义”理论

“新都市主义”，是一个相对复杂的系统概念，在实际的应用期间，不仅需要对社区的整合进行合理关注，同时也需要侧重分析机会成本，有效避免奢华的城市布局对环境造成的影响。“新都市主义”必须是位于城市中心的物业。在外部环境层面，它具备广场等时代、人文特点。

3 “公园城市”理念在城市公共空间设计中的实用性分析

“公园城市”理念，不仅可以将生态文明与“以人民为中心”的发展理念全面体现出来，还可以逐渐朝着以人为本及结构优化等方面转型和发展。因此，在天府新区的建设过程中，应该严格依照“公园城市”理念，合理建设。

3.1 构建特色产业生态圈

在具体的四川天府新区建设工作开展过程中，为了可以有效提升建设水平，强化建设的整体效果应该严格遵循“公园城市”理念，科学地构建特色产业生态圈。在园区的具体建设阶段，应该积极借鉴一些建设比较成功的园区，了解其设计理念。比如：杭州云栖小镇建设阶段比较侧重云计算产业的发展，依托杭州云计算产业园及阿里云计算创业创新基地的“云”平台，科学整合资源，合理地建立了相对完整的云计算产业生态圈。同时，在园区建设阶段，主要依托于云计算，不仅强化了对主导产业的发

展，也进一步强化了核心产业的发展，深入研究和打造有机联系产业生态，强化对大企业的引进，包括华通云数据、富士康、信维科技等，同时，加大对数梦工场等涉云产业的科学引领。因此，天府新区在建设和发展过程中，也应该与时俱进，科学地对现代化技术进行应用，综合分析自身实际现状，有效进行建设，保证园区建设可以满足当前社会发展实际要求。

3.2 强化构建新经济金融圈

在“公园城市”理念下，在具体的城市公共空间设计工作进行和开展阶段，应该合理进行规划，坚持生态性原则和人文性原则等，保证设计合理性的同时，还可以更好地推动城市整体发展。当前，经济全球化进程推进速度不断加快，在四川天府新区建设期间，也应该顺应时代发展，强化新经济金融生态圈的构建。在园区建设工作开展阶段，可以对成都交子金融梦工场的建设经验进行借鉴和优化。比如：成都交子金融梦工场作为成都建设西部金融中心的核心载体，在建设过程中强化创新与创新功能的协调发展，为企业提供一流的商务服务。故而，天府新区建设也应该强化对金融生态圈的构建，加大人才培养力度，不断拓宽自身规模，保证在提升建设效果的同时，还可以推动城市整体进步。

3.3 实现多元化园区建设

由于社会进步速度越来越快，人们对于生活品质的要求也越来越高。因此，在具体的四川天府新区建设工作开展过程中，为了可以最大限度地满足人们的需求和发展，应该强化多元化建设。在园区建设中，可以积极地借鉴伦敦奇斯威克园区建设特点。比如：在奇斯威克园区建设过程中，其整体建筑风格没有一个统一的标准，各有特色，同时构建“享受工作”计划，通过一系列园区活动、零售艺术及文化活动，有组织地对园区进行修建，科学地进行维护。在商业区内，其建筑设计不仅涵盖了办公建筑，同时还有餐厅等。商业区的中心地带有一个相当大的公园，是按照不同主题修建的。公园的中心有一块相当大的绿地，根据生态进行管理，其中包括一个露天表演区、湖泊及自然保护区。所以，天府新区也可以吸取奇斯威克园区建设优点，设计不同特色建筑，开设餐厅、酒吧等，确保可以满足人们的多元化需求。打造“24 h 新型城市活力社区”，融合办公、商业商务等功能圈，同时也规划有居住、文化等功能的 15 min 服务配套生活圈。

3.4 对园区进行合理规划

在“公园城市”理念下，城市发展越来越好，因此，在具体的建设阶段，四川

天府新区应该在借鉴其他园区建设优势的基础上，科学地对园区进行规划，保证园区公共空间在实际的规划设计期间，应该本着便利性和实用性的原则，科学设计，合理应用现代化手段，并在对自身建设进行明确的基础上，有效地进行优化。同时，应该从群众的角度分析，提升其满意程度。此外，应该尽可能地将园区整体建设与城市发展有效结合起来，实现山水环抱、林湖交汇、立体交通、地面慢行、生态智慧，在满足和符合城市实际发展规律的前提下，有针对性地展开设计工作，不断对城市公共空间的利用率进行提升，进而达到避免资源浪费的效果和目的。

4 结束语

为了进一步提升四川天府新区建设的水平，在具体的建设发展期间，应该深入研究和分析，可以从整体的角度提档升位，深入实施“全城开放”战略，加大创新力度，合理开展各项工作。同时，在具体的建设阶段，也应该严格遵循“公园城市”理念，认真分析“生态城市”“新都市主义”等理念，并有效借鉴成都交子金融梦工场、杭州云栖小镇等园区的建设优势，结合天府新区实际情况科学分析，有针对性地进行优化和改进，切实做到因地制宜，从根源对园区建设质量进行提升，进而将天府新区发展建设成为新时代公园城市典范和国家级新区高质量发展样板。

参考文献

[1] 谢望. 在广义公共空间理念下的总体城市设计工作路径探索——以宁海县中心城区为例[J]. 上海城市管理，2019，28（03）：151-156.
[2] 尹恒，李海洋. 新时期下城市公共空间设计中存在的问题以及解决策略分析[J]. 南方农机，2019，50（04）：238-239.
[3] 贺炜，李露，许兰. 中国特色小镇之特色产业思考——杭州梦想小镇和云栖小镇规划设计的启发[J]. 园林，2017，28（01）：112-117.
[4] 孙宏生，苏钠. 环境行为学视角下的城市公共空间设计研究——以西安环城公园为例[J]. 华中建筑，2018，33（03）：175-179.
[5] 戴一峰，李海洋. 多元视角与多重解读：中国近代城市公共空间——以近代城市公园为中心[J]. 社会科学，2017，29（06）：134-141.

文化塑造公园城市空间格局的思考

曹钧然[1]，李林娟[2]
（1. 成都天府新区投资集团有限公司；2. 成都天府新区规划设计研究院有限公司）

【摘　要】城市作为人类社会文明智慧结晶，在千百年的发展中必定积淀了独特的文化脉络，城市空间格局在一定程度上反映了这些地域的文化特色。本文尝试在公园城市理念下认知天府新区自然山水文化，挖掘对城市空间格局有深远影响的人文要素，初步探索地域文化特色在新区的城市空间格局营造方式。

【关键词】城市空间格局，地域文化，生态环境，人文环境

1　引　言

一个城市、一个区域的文化特色与文化发展，是互相关联、互为映衬的。文化特色，并不是凝固的、静态的，而是动态的、发展的，是一个历史过程。通过文化发展，文化特色不断丰富其内涵，增添其色彩，更具现代风范。而文化发展，总是有一定方向、一定框架的，这种方向和框架，就是文化特色。

党的十九大提出，要坚定文化自信，推动社会主义文化繁荣兴盛。在当代社会下，“文化自信”已经成为一个城市发展的“软实力”。文化特色则是城市性质最活跃的表现形态，文化特色也起着引导、丰富和强化城市性质的作用。

2　文化对于一个城市的重要性

城市社会经济的发展，“文化力”的作用是不可忽视的。文化发展对城市社会经济发展的整体性、独特性和发展品位，起着重要的作用。城市作为人类社会文明智慧结晶，在千百年的发展中必定积淀了独特的文化脉络，城市因其自然条件、朝代更替、民俗文化等的变化而孕育出独特的印记，这些文化印记是城市特色彰显、城市记忆、居民归属感与自豪感的重要载体。

3 文化塑造对城市空间格局的影响

3.1 文化塑造构建出独具特色的城市空间格局

格局是由城市所在的自然基地和人工开发所构成的视觉框架。城市格局是由城市所在的自然环境和人工构筑物共同构成的，反映城市在发展过程中的空间构成要素的组织规律以及各构成要素之间的组织方式。地域文化特色对于城市空间格局营造有着深远的影响。文化的积淀形成独特的城市空间格局，是城市特色、情感记忆的空间载体。

3.2 地域文化在城市空间格局上的传承规律

地域文化要素的传承表现在城市空间的诸多方面，大到城市与自然山水的关系，小到建筑的建造形式等，而城市的空间格局最能从整体上反映地域文化特色对城市发展的影响。

生态环境作为城市起源和发展的本底条件，对城市的文化形成和空间格局变化有着深远的影响，人们通过改造自然、利用自然，使得其具有了文化内涵。例如北京的城市空间布局艺术首先就建立在京津冀北地区气象万千的山水格局上，西依太行、北靠燕山、东达沧海，以山水为势，保持、借助自然的气魄，创造新的体型秩序。生态环境从生活性、通道性、休闲性等方面可以承载一定的城市功能，从而对城市空间格局产生一定影响。

人文环境体现了自古以来人类与自然、社会、自己、他人等种种复杂交错的文化关系，在完整性和艺术性等方面的价值，很大程度上影响城市空间格局营造。从历史文脉保存较完整的历史文化名城，到一定区域保存较完整的历史文化街区，都能反映出城市的历史文脉，建成环境的空间布局艺术往往也会从城市轴线、天际线、建筑组合等各方面影响城市的空间格局营造。例如，杭州以西湖文化为延伸，打造彩色喷泉、园林雕塑、西湖夜景等一道道风景线，以及章太炎、苏东坡、马一孚纪念馆等人文景观。建成要素从标识性、公共性和融入性等方面提升城市的标识性和影响力，融入现代城市空间，更是对城市文脉的延续和展示。

4 公园城市理念下文化塑造天府新区城市空间格局的途径

习近平总书记来川视察时指出，天府新区是“一带一路”建设和长江经济带发展的重要节点，一定要规划好建设好，特别是要突出公园城市特点，把生态价值考虑进去，努力打造新的增长极，建设内陆开放经济高地。公园城市的谋划境界和建设路径应遵循自然与人文的高度契合、历史与现实的交相辉映、空间与事

象的精彩营构、生活与生命的美好舒展、品牌与价值的完美重构。天府新区作为国家级新区，作为公园城市的建设标杆，正处于高快速发展的时期，应充分利用目前生态建设等方面取得的成绩，积极研究探索城市文化构建，塑造具有特色文化的城市空间格局。

4.1 挖掘地域文化要素，凸显地域文化价值

天府新区位于具有从古及今的历史延续性和连续表现形式的巴蜀文化川西平原区域，历史悠久且具有独特性，新区的建设应充分把握这一区域文化特征。同时在这一区域文化背景下，我们还应积极挖掘探索属于天府新区本身的地域文化要素，寻求独特性。

挖掘新区生态文化要素，主要包括横亘东部的大尺度山体、交织错落的河湖水网、起伏连绵的浅丘平原、丰富多元的植物群落等类型。评价本身生态文化资源的价值，对其进行分类分级并将其融入城市空间格局的营造中，重点打造以延续和传承天府新区独有的生态文化价值。

挖掘新区历史文化要素，主要包括历史人文、民俗文化、谣谚传说、民间文学等类型。深入挖掘探索地区的文化亮点，如天府新区的地区文学创作，唱响了籍田的息壤文化（籍田《镇歌》），绘出了大林的八人抬石之境（大林《八人抬石山歌》）等，还有传承延续的民俗文化籍田草编竹编、大林楹联、煎茶祭井感恩等，甚至还有老人们口口流传的民间故事《汉高祖大林奇缘》《徐杠子传说》等，在构建过程中继续传承和展示城市地区文脉，打造极具新区文化特色的大美城市空间格局。

4.2 传承地域文化特色，营造城市空间格局

通过对天府新区地区文化特色要素的提取和分析，可以发现天府新区虽然是一个新兴城市，但是所在区域仍有其特有的地域文化，而城市空间格局的营造与其地域文化是息息相关的，比如城市蓝绿交织的生态格局依托本底良好的交织水网与绿色基底、鹿溪智谷的打造依托区域鹿溪河这一重要生态文化条件等，这些都是构建天府新区公园城市的重要因素。天府新区在本身地域文化特色的传承上已取得一定的成效，但是整体文化空间格局还没有完全形成，在下一步建设过程中应更为全面地挖掘区域文化要素并将其融合在城市空间格局的营造上，比如民俗文化的传承宣扬、民间文学的宣传保护等都可以采取多元多层次的方式将其传承下去。

新区应进一步梳理地域文化特色，采取保护、复兴、整合、创新等多种方式与城市空间格局的打造相结合，将这些传统的既有的地域文化在新区的城市空间中进行不同程度不同层次的传承演绎。

4.3 增强文化发展建设，培育城市文化个性

在城市空间格局的塑造过程中，首先应坚持以规划为引导，将地区文化特色与城市发展建设规划有机结合起来，充分展现天府新区文化的丰富内涵。其次应坚持以项目带动区域文化发展，建立起一流水准的图书馆、博物馆、音乐厅、歌剧院、美术馆、画廊、展览厅、文化公园、文化广场及体育中心等城市文化标志性设施，构建以地域特色文化为基底的新区城市文化体系，形成独具特色的天府新区城市格局。最后应坚持政策扶持，始终坚信地域文化是一座城市可持续化发展的基石，出台相关的政策措施推动地域文化的传承延续，构建清晰明确的体制机制提升城市的软硬实力，培育天府新区的城市文化个性。

5 结 语

一人一特征，一城一特性，世界上没有一片同样的叶子，每个人都是不同的，相同地，每座城也应是不一样的，我们生活的城市不应是千篇一律的环境，而是有自己个性的个体。而地域文化特色是区域由来已久的历史文化的传承，是一种时间的积淀，是形成城市特色空间格局的有利推手，同时特有的城市空间格局亦是地域文化传承、城市特色、城市记忆的空间载体，两者相辅相成，相融相生。

参考文献

[1] 霍羽佳，王昆. 总规层面地域文化特色在城市空间格局营造上的表达初探——以哈密市城市总体规划为例[C]//2018 中国城市规划年会.

[2] 肖尚军. 文化传统观念与经济发展——以湖北为例[J]. 商场现代化，2008（5）：241-243.

[3] 江海防. 塑造独具魅力的风貌特色——以龙海市城市风貌特色规划为例[J]. 城乡建设，2010（26）.

公园城市建设的几点思考

蒙 蒙[1]，胡 伟[2]
（1. 成都天府新区建设投资有限公司；2. 成都天府新区投资集团有限公司）

【摘 要】公园城市理念体现了“生态文明”和“以人民为中心”的发展理念，反映了中国的城市化发展模式和路径亟待转变。通过梳理“公园-城市”关系的发展演变，提出“公园城市”是当前新时代“公园-城市”关系发展演变的必然阶段，是一种新的城乡人居环境建设理念和理想城市建构模式。本文希望通过对相关理论分析及实践研究，并结合我国社会主义新时代发展要求，对“公园城市”内涵进一步解读。

【关键词】公园城市，生态文明，实践

1 引 言

近几十年来，城市化发展取得巨大成就，同时我们在快速发展中也积累了大量生态环境问题，成为明显的短板，成为人民群众反映强烈的突出问题，主要体现在以下 4 个方面。一是城市生态环境退化严重，城乡建设用地增长迅猛，城市空间发展诉求强烈，生态空间侵占现象普遍严重，生态服务功能退化。二是城市生态产品供给不足，城市绿地总量仍然不足，生态服务产品供给的数量、类型、品质、特色仍然无法满足人民日益增长的美好生活需要。三是城市自然文化风貌特色趋弱，城市建设普遍存在破坏自然山水格局和历史城区风貌的问题，“千城一面”的现象突出。四是城乡二元结构仍然明显，城市对乡村的反哺带动不足，多数地区乡村发展动力不足，各类设施建设滞后，传统文化逐步消亡。

因此，城市化发展模式亟待升级转型，从以规模扩张、经济增长为主，向以人为本、科学发展、城乡协调和优化提升为主转型。党的十八大将生态文明建设上升到国家战略高度；中央城市工作会议以“五个统筹”开创城市发展新局面。2018 年 2 月，习近平总书记首次提出“公园城市”的理念，为城市发展指明了努力方向。

2 公园城市的基本概念

公园城市，顾名思义就是城市就像公园一样，是山清水秀、鸟语花香、清新怡人、美丽宜居城市的美好愿景。公园城市的提出，既是社会经济发展到一定阶段城市发展的内在必然，也是城市发展理念从“园在城中”到“城在园中”的根本转变。同时，公园城市也是以人为本、把创造优良人居环境作为城市建设中心目标的实践要求。建设公园城市是一个新的城市发展理念，既是新时代城市发展的新目标——满足人民对美好生活和优美生态环境日益增长的需求，也是党中央创新、协调、绿色、开放、共享发展理念的生动实践，是美丽中国、魅力家园的具象化。

3 公园城市建设前期规划的几点思考

公园城市建设作为城市生态文明建设和绿色发展的核心内容和重要措施，应该把握以下几条基本原则。

（1）生态优先、保护优先。摸清生态资源和生态空间格局等基本家底，在此基础上进行评估和生态安全识别，严格保护现存的生态资源，加强源头控制，并对遭受威胁和破坏的自然生态空间合理修复。保护现有的自然山水格局、自然生境、生物物种资源以及城市独特的文化基因，营造亲近自然的生态环境和让人“记得住乡愁”的人文环境，有益于提升人们的归属感和幸福感。

（2）以人为本、公平共享。以满足各社会群体的需求和实现他们的愿景为出发点和落脚点，真正把城市建成“老百姓走出来就像在自己家里的花园一样”的公园城市。要与老百姓共商、全社会参与共建、全民共治并共享，要尊重市民群众在物质和心理、精神方面的需求，注重包容性、体验性、心灵安抚、情操陶冶、主人翁意识提升等身心健康需求，创造力发挥需求，自我价值实现需求等，打造形式多样的绿色共享空间，提升公共服务均等化程度，让城市成为美丽、包容、温暖和幸福的城市。

（3）统筹融合、和谐共荣。实现人城园和谐共融，兼顾生态、景观、文化与产业发展；实现城市与自然融合，统筹蓝（水）绿（地）灰（硬质市政设施）；实现多学科、多专业、多行业、多部门协同。

（4）因地制宜，突出特色。积极推广应用乡土植物，乔灌草合理搭配，减少人工干预，促进自然群落营建。加强古树名木保护管理，依托动植物园构建生态资源库，防止外来物种入侵。保护城市历史文脉，提升城市文化内涵。每个城市长期发展建设过程中都积淀形成了富有特色的历史空间和城市文脉。要尊重历史传统，保护历史文化，并将其有机地融入新的城市空间，留住城市特质“基因”和“记忆”。特殊的地形地貌是城市特色的源泉。要尊重自然、顺应自然，利用原有地形地貌，

营造与自然更和谐的城市风貌和空间环境，塑造富有特色的地域环境，打造“城市名片”，提升城市吸引力。

（5）规划先行、智慧发展。规划层面应首先保护生态资源和自然山水格局，统筹考虑绿色空间的布局，坚持新城以绿为底、打好基础，旧城留白增绿，补齐短板。坚持绿色空间横向增长和竖向拓展相结合。统筹融合城内绿色系统与城外生态空间。坚持过程控制、智慧管理。

4 公园城市建设程序的思考

（1）民意调查+城市现状摸底评估。首先要从人民的需求、老百姓的视角出发，问计于民、问政于民。同时，要摸清城市绿地系统等自然资源和历史人文本底，充分了解本地区气候、水文、土壤、物候等自然条件，了解城市自身个性、特色风貌等，做到心中有数、胸怀未来。

（2）注重顶层设计。以基于资源保护和“三生空间”统筹的“多规合一”为引领，因地制宜提出解决城市病等现实问题，以及实现公园城市发展愿景目标，满足老百姓对美好人居生态环境需求的近期和中期目标。

（3）制定实施方案。根据确定的公园城市愿景目标，结合城市实际，制订详细的计划表，明确任务措施，强化组织领导，责任到人，有序推进公园城市建设。

（4）开展项目实施。秉承时序概念，坚持公园城市“公”字当先，从安全、质量、功能、可持续性等方面推进项目落实，强化全过程控制管理，保障维护管理与品质提升发展，真正满足人民对美好生活和优美生态环境需求的不断增长。

参考文献

[1] 赵佩佩，顾浩，孙加凤. 新型城镇化背景下城乡规划的转型思考[J]. 规划师，2014，30（4）：95-100.

[2] 周燕. “小道型”城市滨水地段景象空间设计初探——以延安市南川河为例[D]. 西安：西安建筑科技大学，2006.

[3] 项晓娟. 政府促进城市循环经济的行为分析——以郑州市为例[D]. 西安：西北大学，2009.

[4] 公园城市内涵研究. 成都市建设公园城市专题研究项目. 上海：同济大学，2018.

[5] 周维权. 中国古典园林史[M]. 北京：清华大学出版社，2008.

[6] 国际现代建筑学会. 雅典宪章[J]. 清华大学营建学系，译. 城市发展研究，2007（5）：123-126.

基于公园城市理念的生态价值转换实践
——以天府新区龙泉山城市森林公园为例

李林娟，戎世超
（成都天府新区规划设计研究院有限公司）

【摘　要】随着城市的快速发展，城市的生态环境也不断受到影响。成都市整体城市空间结构由锦江时代走向龙泉山时代，龙泉山从生态屏障转变为城市绿心这一重大举措为城市带来极大的生态福利，同时大幅度提升了成都市全域的城市品质。天府新区成都直管区积极推进龙泉山城市森林公园的建设以此来推动城市中央绿心的形成，通过合理利用政策优势、坚定保障生态优先、绿色发展区域产业、高品质建设配套设施等手段建设天府新区龙泉山城市森林公园，从根本上提升快速发展进程中新区的城市品质。

【关键词】公园城市，生态优先，绿色资产，生态福利

1　引　言

党的十九大报告提出，坚持人与自然和谐共生，建设生态文明是中华民族永续发展的千年大计，必须树立和践行绿水青山就是金山银山的理念。2018 年习近平总书记在考察天府新区时提出，天府新区是“一带一路”建设和长江经济带发展的重要节点，一定要规划好建设好，特别是要突出公园城市特点，把生态价值考虑进去，努力打造新的增长极，建设内陆开放经济高地。天府新区作为公园城市的首提地，具有良好的生态本底及发展前景，我们应把握这一优势将生态价值转换为新区的绿色资产，形成真正的“生态福利”。

2　天府新区生态基底概况

天府新区成都直管区自成立以来始终处于高速建设的过程中，而在城市快速建设的过程中，我们的绿色空间正在不断地被压缩，而龙泉山是天府新区保有的一片生态较为良好的净土，相较于区域其他生态资源，是天府新区得天独厚的优势生态

资源，具有良好的生态优势，但同时也存有许多的问题：整体树种单一，森林生态系统结构不合理；林相、林层单一，林下灌木稀少，森林生态系统结构不合理；景观性、可进入性差，具体表现为现有森林植被景观单一，色彩暗淡，色叶树种引入相对较少，且未有成片分布，无法形成四季分明的景观特色，部分地段树木生长密集，进入性很差；区域水源单一，输水不足；区域土质不佳，现状土壤瘠薄，肥力缺乏，普遍缺铁，水土保持能力弱等。

3 生态价值转换的必要性

当前，森林资源的锐减、大气环境的污染、生物资源的减少等都是生态空间破坏的直接体现，而这些直接表现更是与我们人类生活空间品质息息相关。随着经济水平的不断提升，人们对生活的需求已不再仅限于满足衣食住行的基本解决，还希望能有更高品质的生活空间，然而随着城市的不断发展与扩张，我们赖以生存的生态空间正在不断地被侵占、破坏，随着生态环境的逐步恶化，人们对于生态空间品质提升的需求正变得极为迫切。龙泉山城市森林公园的建设对于天府新区城市品质的提升至关重要。

4 生态价值转换的途径

以保护龙泉山生态为基底，坚决落实坚持生态保护，杜绝过度开发，构建森林生态自然体系，保证新区“绿肺”功能的基本原则；坚定实施坚持退耕还林、退房还林，恢复植被多样性，大力增加以森林为主体的绿量的基本路径，搭建三级分类管控区及提出相关管控要求，构建一个完善的生态系统，实现真正的青山绿水。

4.1 坚持生态优先，科学确定生态管控

运用 GIS 技术综合分析分别得到自然界线识别（通过高程、坡度、地形起伏度率等指标的定量 GIS 叠加，识别山体绿地自然界线，见表 1、图 1 和图 2）、功能界线识别（通过生态重要性、地灾危险性、视觉重要性等的 GIS 叠加，识别山体绿地服务功能界线，见表 2、图 3 和图 4。在八项子功能中筛选同时具有两种功能以上区域，确定为具有较重要服务功能的区域）、管理界线识别（充分考虑既有相关规划规定，如控制性详细规划、土地利用规划、村界、水系管控、道路管控等内容，通过 GIS 叠加，确定相关规划存在的冲突和矛盾，把各种规划中定位为绿地的范围作为山体保护绿地的备选范围，见图 5）这三条界线，再通过基于数量化指标的“三线叠加”形成“分级空间管控区”，并结合区域山体与公园绿地、河流水体等自然要素，构建城市生态网络格局的上位规划结构，城市用地红线、基础设施建设情况和实施管理的可操作性，对“三级管控区”进行补充和

修正，最终得到生态保护、修复的“三级空间管控区”的定性、定量、定坐标。

表 1　山体绿地自然界线分析

自然界线选择指标	高程/m	坡度/（°）	地形起伏度/(m/ha)	植被覆盖度/%
生态核心保护区	≥800	≥25	≥3	≥80
生态缓冲区	≥600	≥15	≥1	≥60
自然界线识别标准	生态核心保护区≥2、生态缓冲区>0 项阈值标准区域			

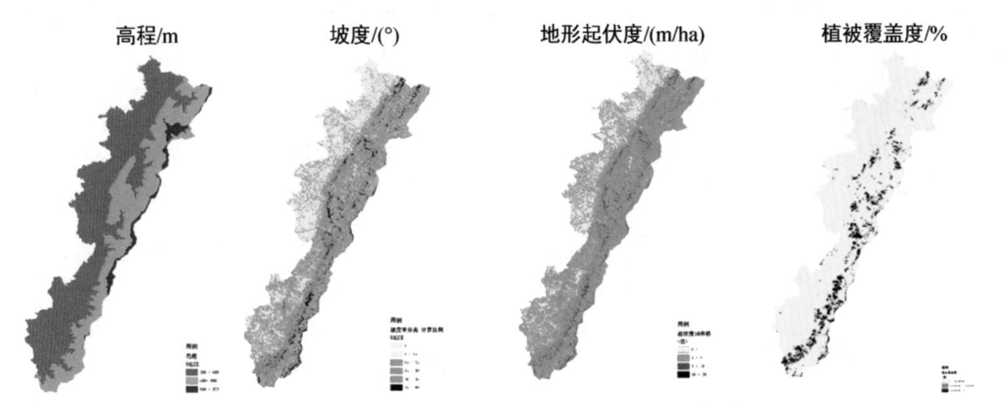

图 1　自然界线因子图（资料来源：作者自绘）

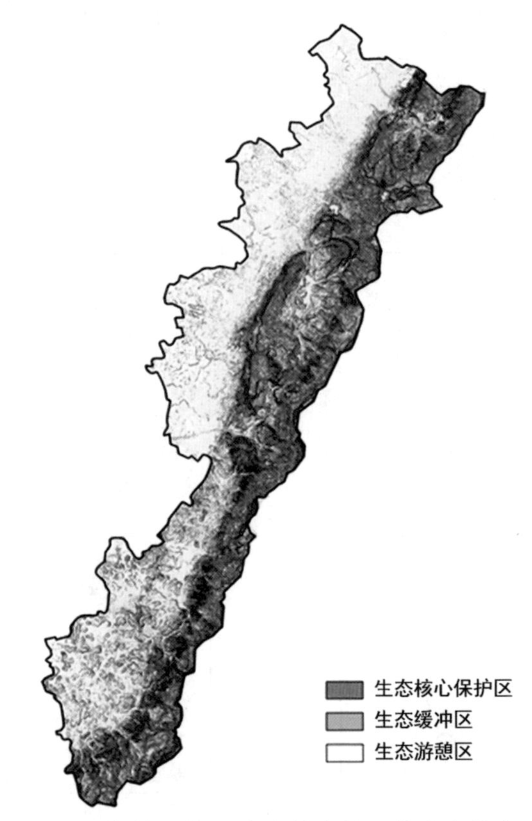

图 2　自然界线图（资料来源：作者自绘）

表 2　山体绿地功能界线识别

功能类别	功能分解	指标	功能很强	功能较强	功能一般	功能较弱	功能很弱
		得分	5	4	3	2	1
生态服务	生态重要性 0.333	植被覆盖度/% 0.041 7	>80	50 ~ 80	30 ~ 50	10 ~ 30	<10
		植被类型 0.291 7	针、阔叶林地	灌丛、矮林地	水体、草地、果园	农作物	无植被覆盖
	生态脆弱性 0.333	坡度/° 0.296 3	>35	25 ~ 35	15 ~ 25	8 ~ 15	<8
		植被类型 0.037 0	无植被	一年熟作物	草地、果园、稀灌	针、阔叶林、密灌	水体、稻田、湿地
地灾诱发	地质灾害危险性 0.333	地形起伏度/(m/ha) 0.049 4	>6	4 ~ 6	3 ~ 4	1 ~ 3	<1
		坡度/° 0.049 4	>35	25 ~ 35	15 ~ 25	8 ~ 15	<8
		植被覆盖度/% 0.014 6	<10	10 ~ 25	25 ~ 45	45 ~ 60	>60
		灾害易发性 0.220 0	较易发生	中易发生	低易发生	较不易发生	基本稳定
功能界线识别标准	综合得分核心保护控制线≥4 分，生态敏感控制线≥3 分						

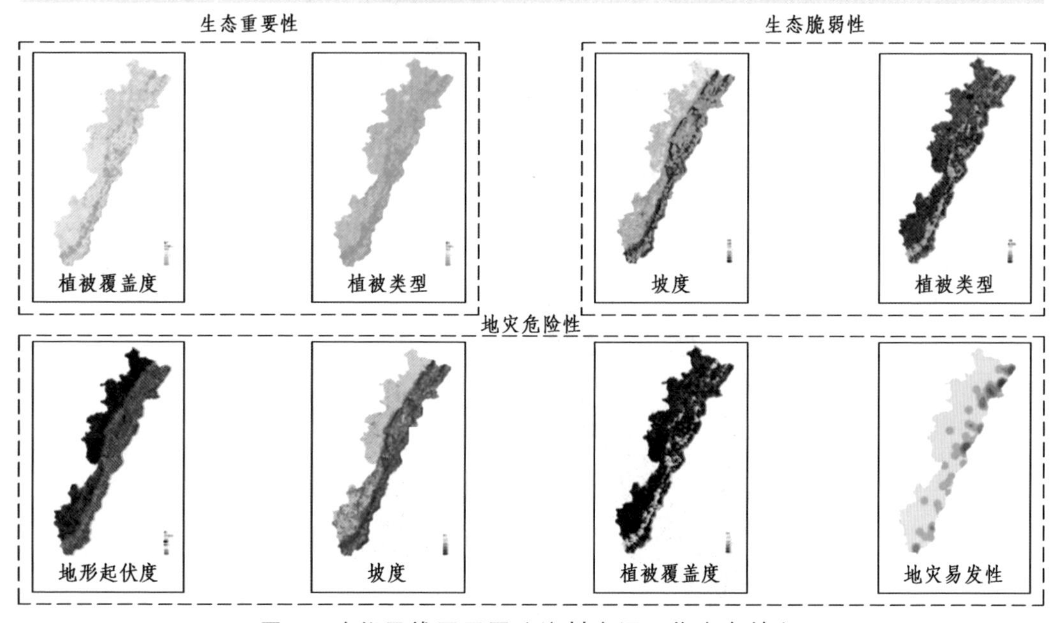

图 3　功能界线因子图（资料来源：作者自绘）

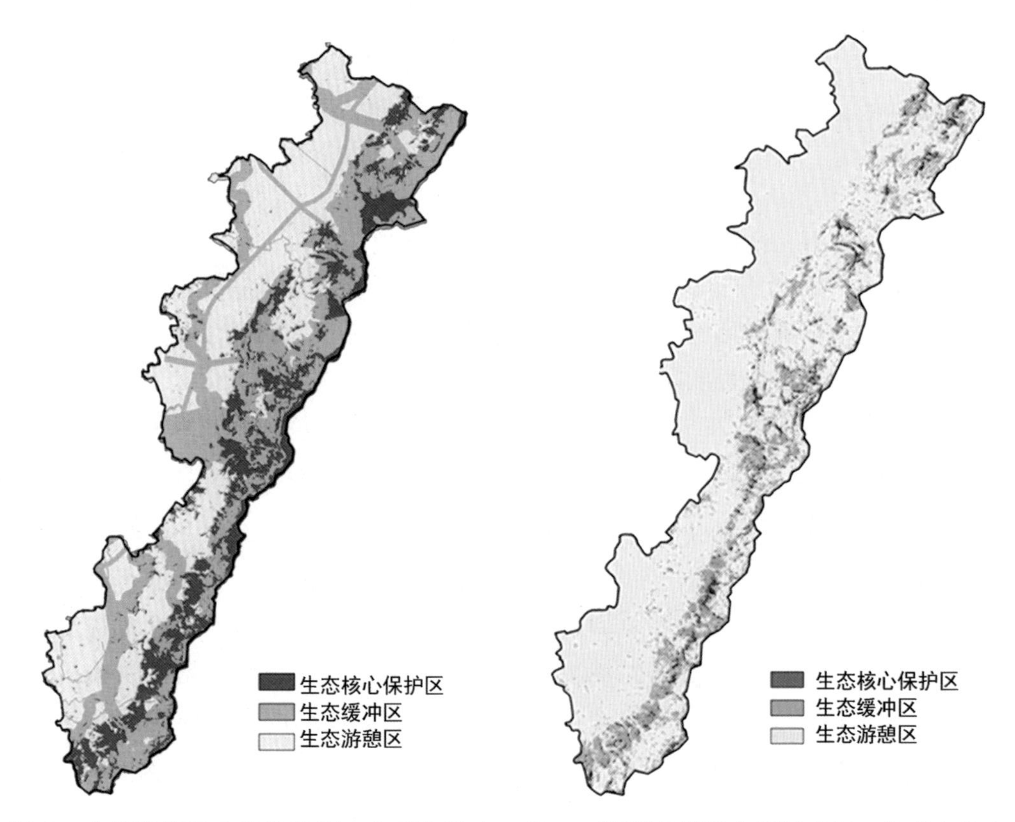

图 4　功能界线图（资料来源：作者自绘）　图 5　管理界线图（资料来源：作者自绘）

4.1.1　生态核心保护区

区域内生态脆弱、恢复难、地质灾害相对频繁，以生态保育为主，全面实施生态修复，恢复物种多样性，严控建设活动，仅允许应急救援、公服、市政等必要的配套设施建设，严控其他形式的开发建设。区域内，原则上进行所有居民的生态移民。

4.1.2　生态缓冲区

区域主要为相对保护的缓冲区，生态较为敏感、物种多样性较丰富、地势变化大、地貌类型较复杂，以农业林业及旅游业的生态发展建设为主，允许适量配套设施建设。建设用地总量原则上不应超过该区域面积的 3%，且越靠近生态核心保护区越加强控制；建设用地遵循以现状改建为主，适量利用有条件建设区；严格控制城市与龙泉山脉间的视线通廊，营造城山紧密联系的生物廊道。

4.1.3　生态游憩区

森林公园门户区域、特色小镇主要规划布局位置，地势相对平坦，环境优美，适宜适度建设特色小镇和景区化郊野游憩园。郊野游憩园配套建设用地占单处郊野游憩园的比例一般不超过 10%；建设中尽量保持区域内基址原有的地貌特征，

避免进行大规模的地形改造。

4.2 营建生态山林，实现生态福利建设

4.2.1 植被修复

通过用途调整、退耕还林、新增林地和改造林地等手段，使区域植被覆盖面积增加 25.2 km^2，分 2020 年、2025 年和 2035 年三个阶段实施。选取适宜树种，在原有植被基础上根据地区特色进行特色风景林营造，选择性大面积增植、换植观花观叶植物，重点区域打造片状风景林，做到特色鲜明、四季不同。促进农业生态系统良性发展，发展高效农业，发展优质果树栽培业，进行道路绿化建设等。

4.2.2 保障水系统安全

由于龙泉山森林公园天府直管区部分，位于东风渠灌溉末端，水资源难以得到有效保障，规划尽可能增加区域水源点、增强森林蓄水能力、提高水资源利用率：全面推广节水技术，提高单位灌溉水量，使农作物增量增值；对现有水体进行系统性保护、合理串联，以保障森林水系统的稳定性；采用新增雨洪公园、现代科学的节水措施、接引生态水系廊道、提升水质、沟渠改造、岸线控制等多种手段并行，以提升水体质量，满足生活、生产基本用水和动植物生境需求。

4.2.3 保护物种多样性

龙泉山森林公园将依据原有历史情况，针对现有条件及目标手段，重建被破坏的生态系统，恢复森林物种群落结构的多样性，营造动植物生长、栖息的林地、湿地、农田、河湖四类生境，构建良性共生的物种生存环境。

4.2.4 改善土壤品质

通过林地改良、肥水供应系统改良、种植技术改良等技术革新手段，对土壤资源进行科学可持续的利用：根据林地类型特点，采用增加阔叶林、增加绿肥作物、减少针叶林等措施，达到优化土壤物理性能，增强生物富集和水土保持能力；鼓励和扶持现代化肥水供应系统的建设和改造，推广小型、中大型滴灌系统，增强水肥耦合效应，提升土壤肥力；推广旱地聚土免耕种植、等高带状轮作、薄膜连续覆盖等技术的运用，以达到减少水土流失、增强土壤抗蚀性、增强土壤抗冲刷能力、保持土壤养分等目的。

4.2.5 提升空气质量

规划 2035 年目标：积极落实相关政策，坚决推行节能减排措施。以龙泉山森林公园为契机，在现状基础上有效提升空气质量，并发挥城市“绿心”功能，带动周边城乡空气质量的改善。通过用途调整增绿（林地改造）、低碳节能减排

（人工减排）的方式，预计规划完成后，能达到年释放氧气 2.53 万吨，年减少二氧化碳 3.50 万吨，年吸收污染物 15.9 万吨，年均滞尘 11.5 万吨。

5 结 语

通过生态分区管控，生态环境的修复为区域创建了一个良好的绿色本底，保障了水系统安全，保护了物种多样性，改善了土壤品质，提升了空气质量。在此基础上构建可持续发展的产业发展体系以及高效的基础配套设施,借助区域内特色小镇、生态乡村等优势条件联合新区产业优势，以生态、农业、林业为基调，把生态价值放在首位，发展绿色环保的生态型产业，施行产业反哺生态的发展模式，以龙泉山城市森林公园的建设拉动区域发展，全面践行乡村振兴战略。

成都天府新区区域差异化停车位供给策略研究

杨桥东

（成都天府新区规划设计研究院有限公司）

【摘　要】停车政策作为交通需求管理的重要手段，能够有效促进停车设施与土地资源、道路容量、公交服务水平、小汽车增长等协调发展。本文通过分析成都天府新区停车规划的相关影响因素，提出区域差异化的停车发展策略，合理引导新区交通需求的可持续发展，保障公共交通出行的主体地位，以实现城市交通整体协调发展，对建设低碳、生态的美丽宜居公园城市具有重要意义。

【关键词】停车规划，停车分区，交通需求管理

1　引　言

近年来，国家发改委、住建部等有关部委颁发了《关于加强城市停车设施建设的指导意见》《城市停车设施规划导则》等一系列政策文件。2017 年 4 月，发改委印发的《关于开展城市停车场试点示范工作的通知》中明确将成都作为第一批 5 个城市停车场试点示范城市建设先行先试城市之一，成都市人民政府于同年 10 月制定《关于加强全市停车设施建设管理的实施意见》，明确应科学合理配置停车资源，促进城市综合交通健康可持续发展。

当前，成都天府新区直管区正在大力建设体现新发展理念的美丽宜居公园城市，发展绿色智慧综合交通体系。停车系统是支撑城市交通高效运行，促进城市土地利用发展的关键。为支撑直管区高水平城市建设，亟须构建符合公园城市发展要求的、与新区特色相适应的停车系统。

2　停车供需现状分析

直管区现状停车问题主要集中在华阳、万安等老城区，由于早期城市定位不高，配建标准偏低，泊位供给严重不足，违停现象严重。在城市新建设区，由于公共交通处于规划建设中，致使短期内小汽车出行维持较高水平。由于公共停车场建设相对滞后，现阶段大量小汽车占用城市道路停车。

3 停车发展趋势分析

3.1 人口岗位规模和交通需求规模快速增长

根据天府新区总体规划，2035 年直管区常住人口规模将达到 165 万人，服务人口为 235 万人，2030 年建成区拓展至 180 km^2，人口岗位规模大幅增长，城市空间迅速拓展。根据成都市域宏观交通模型，预计 2035 年，直管区机动化出行需求将增至 235 万人次/日。若无交通需求管控政策，预计 2035 年直管区小汽车保有量将达到 53 万辆，各功能区停车需求量将迅猛增长，如图 1 所示。

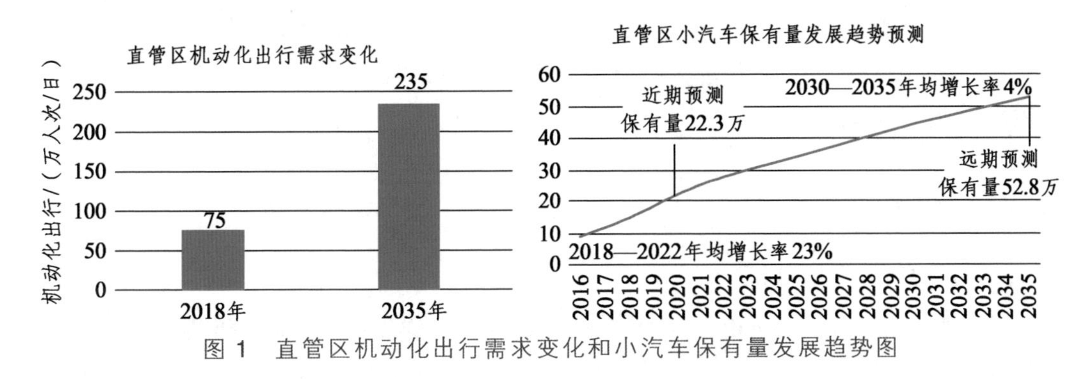

图 1　直管区机动化出行需求变化和小汽车保有量发展趋势图

3.2 构建以公交和慢行为主体的城市绿色交通体系

直管区将构建以公共交通和慢行交通为主体、体现新区发展特色的城市绿色交通体系，营造“快慢结合、动静相宜”的低碳高效交通环境。停车发展政策和供应策略应与公园城市的发展要求和绿色交通的发展模式相适应。

3.3 各片区停车系统将呈现差异化发展

直管区按照“一心、三城、七镇”城市空间布局，不同片区的功能定位不同，应采取差异化的交通发展模式、公共交通供给策略及交通需求管理策略：天府中心以公交为主导，建立高密度覆盖的轨道和公共交通网络，应严格控制私人小汽车的使用；天府科学城以公交为主，小汽车为补充，需适度控制区域内机动车停车泊位供给；天府文创园以支线公交和慢行为主导，可采用较为宽松的交通需求管理政策。在不同发展策略的引导下，直管区各功能区未来停车系统将呈现差异化的发展。

3.4 停车系统智慧化建设

在智能化、信息化飞速发展的时代下，新的技术（如无人驾驶技术、车路协同

技术）和交通业态（如网约车、共享汽车）层出不穷，天府新区作为国际化、现代化新城，需积极探索、推进先进技术的应用实施。

4 停车需求预测

4.1 预测方法

参考国内外相关文献，停车预测方法包括人口与拥车率模型、土地利用分析法、机动车 OD 预测法、相关分析预测法、交通量-停车需求预测法、需求管理-停车需求模型等。直管区作为正处于大力建设发展阶段的城市新区，各区域未来停车需求与人口和拥车情况、城市土地利用形态呈现较高的相关性，因此，将分别对基本停车需求及出行停车需求进行预测。

4.2 预测结论

4.2.1 基本停车需求预测

千人拥车率与人均 GDP 呈强相关性，直管区人均 GDP 未来 5 年将大幅提高，直管区小汽车保有量将迈入高速增长期。根据国内外城市发展经验，人均 GDP 在 3 000 ~ 10 000 美元，千人拥车率处于高速增长期，高于 20 000 美元后，增速放缓。预计直管区 2035 年小汽车千人拥车量为 320 辆，规划常住人口 165 万人，机动车保有量将达到 52.8 万辆，基本停车需求为 52.8 万个。

4.2.2 出行停车需求预测

基于土地利用分析法，建立土地利用性质与停车需求的关系模型。结合直管区用地开发规划，测算各停车小区的出行停车需求。同时对轨道交通站点覆盖率高的区域的出行停车需求进行折减。预计 2035 年直管区出行停车需求总量为 14.8 万辆。

4.2.3 需求总规模

根据上述分析，预测 2035 年车位需求总量为 67.6 万个，其中基本出行需求占 78.1%，出行停车需求占 21.89%。各区域总体停车需求情况如图 2 所示。

5 区域差异化停车位供给的必要性和可行性分析

5.1 必要性分析

由于城市各个片区土地开发、公共交通供应水平、道路网容量等情况不尽相同，

各区域的交通出行结构不同。现成都市主城区以二环作为边界分区的单中心停车发展模式，与新区城市发展定位不相适应，粗放的停车发展模式，将造成动静态交通不相协调，将对新区城市交通的高效、有序运行产生严重影响。

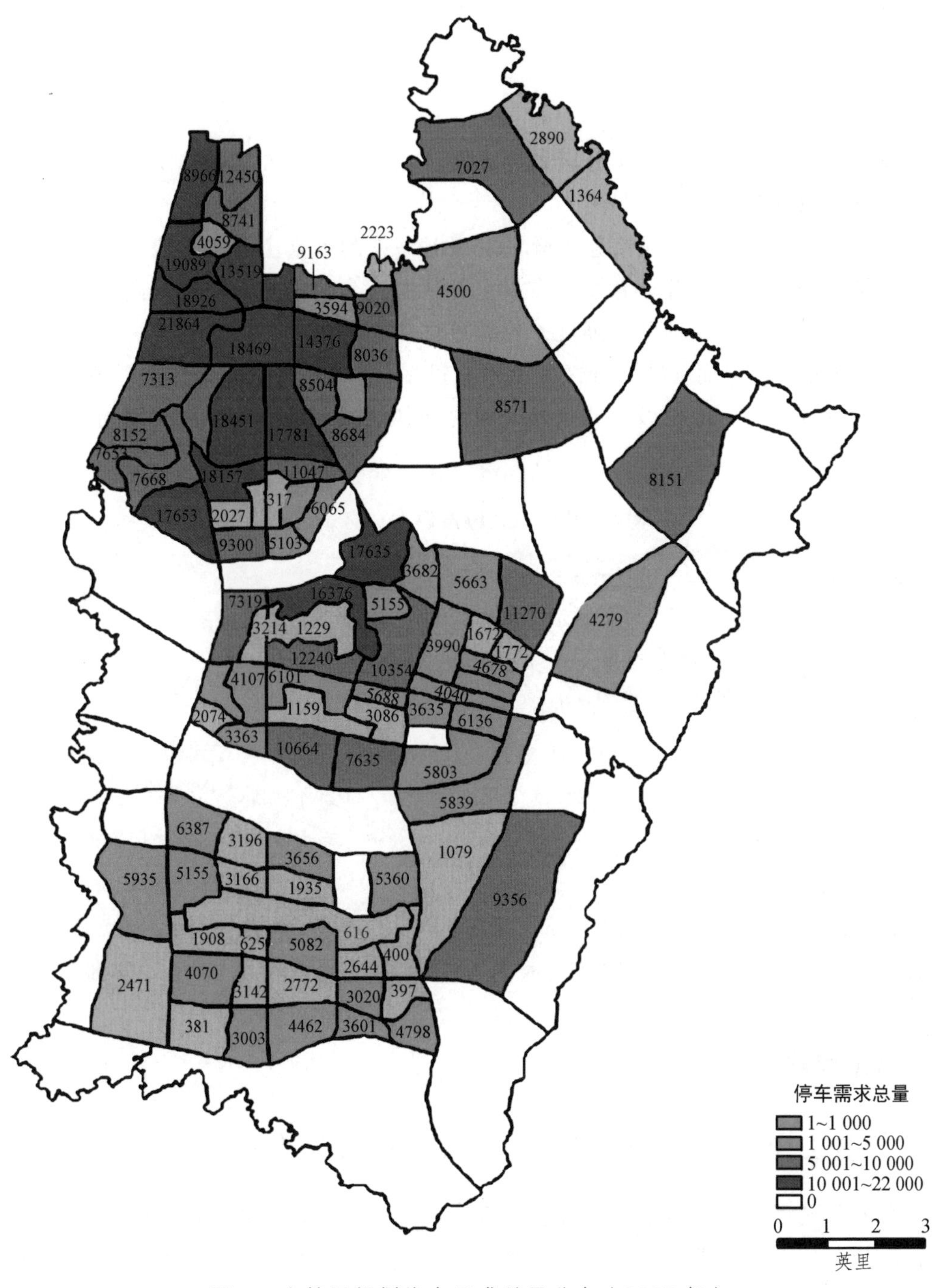

图 2 直管区规划停车需求总量分布（2035 年）

合理划定新区停车分区，建立与新区各区域交通资源和土地利用相协调，合理引导新区交通需求的可持续、公平的停车发展模式，对新区鼓励自行车等慢行交通出行方式，保障公共交通出行的主体地位，建设低碳、生态的美丽宜居公园城市具有重要意义。

5.2 停车分区可行性

分析总结国内外城市停车分区划分方案，在分区影响因素的选定以及分区数量的确定方面具有相似性。

影响因素：国内外大城市停车分区发展时考虑的因素主要有土地利用强度、道路网容量、公交可达性等。各城市在设定分区时，考虑的重点略有不同，如香港主要考虑的是各分区的土地开发强度，伦敦更多考虑的是公交可达性等。

分区数量：一般而言停车分区类型不宜过多，一般为 3 类，既实现管理精细化，又不增加管理难度。除伦敦、北京外，国内外其他城市的停车分区类别均不超过 3 个，见表 1。

表 1 国内外大城市停车分区情况

城市	分区类别	分区依据	区域类别
香港	3	土地开发强度	发展密度一、二和三区
新加坡	3	土地开发强度、道路网容量、公交可达性	一类、二类、三类分区
伦敦	6	公交可达性	一到六区
上海	3	土地开发强度	内环以内、内外环之间、外环以外
杭州	3	土地利用强度、道路网容量	老城核心区、老城区内其他区域、老城区外其他区域
南京	3	用地发展、交通条件	一类、二类、三类分区
成都	2	用地发展、交通条件	二环内、二环外

6 停车供给策略

6.1 调控交通需求：以静制动，宏观调控城市交通需求

停车发展政策作为实施交通需求管理的重要抓手，合理调整停车收费、加强停车管理是调控交通需求、缓解交通拥堵、促进城市可持续化发展的最重要及最有效的手段之一。

停车政策应以实现城市整体交通协调发展为目标，充分运用法律、行政、经济和科技等多种手段，加强停车设施规划、建设、收费和管理等环节的一体化发展，协调停车与行车关系，使小汽车使用者负担合理使用成本，引导市民选择合理的交通方式出行，强化公共交通的主体地位，促进停车设施与土地资源、道路容量、公交服务水平、小汽车增长协调发展，实现从单纯满足停车需求的适应性政策向加强停车需求管理的引导性政策转变。

6.2 优化停车供给：分区分类分时，构建差异化停车供应体系

“分区”是指不同的区域执行不同的停车发展策略，遵循：在城市核心区，提供少的出行停车位，以控制车辆进入，引导居民用公交出行；在城市核心区周边区域，应提供较少的出行停车位，适度控制小汽车进入，平衡小汽车与公交的发展；在城市外围区域，可提供略宽松的出行停车位，适度满足上班车辆的停车需求。

“分类”是指制定差异化的停车供应与管理政策：基本满足拥有车辆所产生的居住类停车位需求、控制使用车辆上下班所产生的办公类停车位需求，以及有条件满足使用车辆购物娱乐等非上下班活动所产生的商业类停车位需求；路内停车设施是停车供应必要的补充；路外停车设施是停车供应的主体。

“分时”是指根据不同时段停车需求对动态交通的影响情况，分时段提供停车设施供给，考虑上下学学校周边停车需求、节假日公园周边停车需求、小区夜晚周边停车需求等，结合道路交通拥堵情况，制定分时段停车设施供给方案。

6.3 一体协调发展：高效衔接，与其他交通系统协调发展

协调停车系统与轨道、公交、道路等其他交通系统，引导小汽车交通向轨道和常规公交转移，保障公交系统的主体地位，促进自行车和行人等慢行交通的优先发展。

同时协调路内停车及路外停车系统在规划、建设、管理、收费等环节的一体化发展，通过合理的规划、建设政策优化停车供应设施，重点保障夜间停车等刚性停车需求，通过严格的管理和科学的收费政策，减少上下班等通勤停车需求，促进路内与路外停车的平衡使用。

6.4 完善管理政策：管理创新，提高停车系统管理水平

针对直管区停车现状问题及停车产业发展背景，制定一体化的停车管理政策，通过优化停车产业环境，吸引社会资本，促进停车设施建设；完善停车收费体系，发挥价格调节作用；创新管理手段，提升停车服务水平等措施，促进直管区停车系统的良性发展。

6.5 建设智慧停车：科技应用，加强智慧化停车系统建设

天府新区目前正大力建设宜业宜商宜居的国际化现代化新城，智慧城市是现代化城市发展的必然选择。智慧交通是建设智慧城市的重要结构，智慧停车则是发展智慧交通不可或缺的组成部分。前瞻布局智慧停车建设，提升停车设施运转效率和服务水平，是适应新技术和新交通业态的应用实施要求。

7 结 语

本文通过分析天府新区城市停车发展现状及发展趋势，提出了区域差异化的停车供给策略，对于直管区停车系统发展具有一定的指导意义。下一步应结合各区域土地开发、道路网容量、公共交通供给等具体情况，制定各区域的停车供给指标、停车位供给形式等，以进一步指导城市停车系统的规划建设。

参考文献

[1] 杨忠振，夏天成. 基于路网容量的城市中心商业区停车设施供给研究[J]. 交通运输工程与信息学报，2006（02）：1-5.

[2] 薛美根. 上海市停车区域差别化管理政策内涵及实践举措[A]. 2017 年中国城市交通规划年会论文集[C]，2017：10.

[3] 詹晓兰. 城市中心区停车设施供给与路网容量平衡关系的研究[J]. 交通与运输：学术版，2005（01）：77-79.

[4] 叶彭姚，陈小鸿. 世界级 CBD 合理通勤交通模式研究[J]. 城市交通，2010，8（01）：60-66.

[5] 晏克非. 解决城市“停车难”从根本上要抓好三件事[J]. 交通与运输，2016，32（04）：10-12.

[6] 孙伟. 新背景下路内停车位设置的地方标准编制思路[A]. 2017 年中国城市交通规划年会论文集[C]，2017：9.

公园城市建设交通能源综合服务体的思考和探索

杨悦恒，王 媛
（成都天投中油能源有限公司）

【摘 要】天府新区作为“一带一路”和长江经济带发展的重要节点，正以势不可挡的脚步跨越发展，企业入驻，人口南迁，区域内机动车数量快速增长，成品油需求量快速提升。在突破传统加油站建设模式的基础上，天府新区创新提出了交通能源综合服务体概念。交通能源综合服务体作为完善城市道路交通系统中的一个重要关节，是新区城市建设的重要基础服务设施。本文以理论研究为主，在深刻领会公园城市科学内涵的基础上，结合移动互联网、新能源等方面，对公园城市建设“智慧智能、现代时尚、方便快捷、安全舒适”交通能源综合服务体进行了浅显思考和探索。

【关键词】公园城市，智慧服务，规划设计，新能源

1 引 言

公园城市是适应新时代中国城市生态和人居环境发展形势及需求所提出的城市发展新目标和新阶段，充分体现了习近平新时代中国特色社会主义思想中“以人民为中心”的发展思想和构建人与自然和谐共生的绿色发展新理念。

交通能源综合服务体作为提供交通能源服务的补给站，在市民生活中扮演着重要角色，是公园城市建设必不可少的配套设施。伴随着移动互联网技术对各行各业的广泛渗透和新能源的快速崛起，当下围绕公园城市“探索绿色发展新路径”“聚焦人们日益增长的美好生活需要、创造高品质生活 ”“推动公共空间与城市环境相融合”等科学内涵和时代价值，公园城市交通能源综合服务体的建设具备了更多创新和展望空间。

2 智慧加油，打造高品质服务场景

2.1 智慧加油站的内涵

智慧加油站的实质在于一切从客户出发，实现加油站智慧式服务，提升运营效

率，为客户提供更加精品与便捷的服务，最终实现平台收益最大化。

2.2 智慧加油在实践中的应用探索

目前，制约传统加油站提高运营效率、提升客户服务体验的主要痛点在于支付方式的落后。即使随着互联网移动支付技术的普及，大部分加油站已可选择微信、支付宝、银行 POS 等多样化支付方式，但是顾客加完油后仍需进入营业室内排队等候支付和开具发票。加油支付慢，付款客户的车辆长时间占用加油站机位造成其他车辆不能及时驶入加油机位，导致加油站运营效率低，客户体检感差。

随着移动互联网技术的完全渗透，各行各业都在利用移动互联网技术对自身进行转型升级，人们的生产生活方式发生了巨大改变，有车一族对于高频出现的加油场景也有了更多期待。实现“即加即走”，让客户享受更为安全、顺畅、舒适的加油体验，也成为成品油零售行业追求的运营目标。2019 年 4 月 8 日，中国石油上海振兴加油站利用油机互联等技术实现了“无感加油”，相比原有 6 ~ 10 min 的加油支付理想模式（加油+进店消费+其他服务），使加油效率提升了 50%以上，极大改善了加油站高峰期拥堵现象。

无感加油，利用物联网技术将油站内智能摄像头、互联网加油机以及线上云端服务器连接到一起。移动客户端绑定车辆信息，车辆进入加油站，现场智能摄像头自动捕捉车牌信息上传云端服务器并定位车辆停靠的加油位置。云端服务器通过车牌信息等方式实现用户身份识别，分析车辆过往消费情况得出该用户消费习惯，并将该习惯推送至车辆所停靠的智能加油机显示屏。如果车主本次加油与之前品号不符，智慧加油机会作出提示，避免加错油风险。加油完成后车主直接驾车离开油站，油款直接从移动客户端扣除。整个加油过程从车辆进场、正在加油、加油完成、自动支付及扣款成功都会在用户移动客户端软件中实时更新。车主需要发票时，可以通过移动客户端申请开具电子发票，并且直接发送至电子邮箱。

无感加油使传统加油站“智慧化”，是新零售概念提出来后成品油零售行业的一次有益尝试。随着成品油零售市场竞争格局的变化，品牌和服务成为竞争的主要着力点，传统的加油站模式已经不能满足当下社会消费需求，利用互联网思维打造智慧交通能源综合服务体将会是今后发展的风向标。

3 借势造形，打造特色交通能源建筑

随着我国成品油零售行业的蓬勃发展，加油站在品牌标志、颜色、加油设备等方面逐渐统一和标准化，但外观形态较为单一，未能成为标志性很强的城市服务设施。公园城市科学内涵强调“用美学观点审视城市发展，通过以形筑城、以绿营城、

以水润城，将城市全部景观组成一幅疏密有致、气韵生动的诗意城市新画卷，形成具有独特美学价值的现代城市新意象”。交通能源综合服务体不仅是道路交通的辅助设施，也已成为城市中的可见景观，其规划设计在符合国家、地方有关加油站规划设计规范要求的前提下，应与城市总体规划、分区规划、城市交通规划相协调，与城市景观个性相符合。

宝塘交通能源综合服务体设计探索：

宝塘交通能源综合服务体项目（见图 1 和图 2）背靠鹿溪河生态区，是兴隆湖区域重要的景观节点。项目规划净用地面积 15.5 亩（1 亩 ≈ 666.7 m^2），项目设计以解决交通能源建筑风貌单调的既有印象，将项目打造为兴隆湖重要的节点标志为目的，紧扣“地景融合场地”“建筑与公园融为一体”两个关键，打造集“公交+能源+城市配套”三大复合功能的地标性新能源综合体。

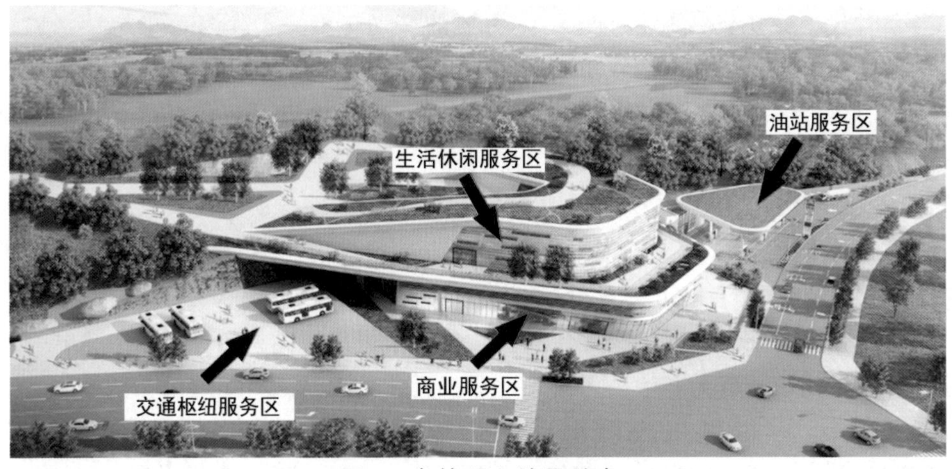

图 1　宝塘项目地景融合

图 2　宝塘项目主体设计构想

通过建筑场地一体化手法，通过削、造两种场所处理方式，形成功能明确、丰富多变、融合环境的空间。建筑嵌入场地，通过与环境融合，将用地自然分为多级

台地，利用高差形成多层入口，使建筑同时可以满足公园和城市人群的使用需求。同时，将公交、能源板块功能分置两侧，利用不同高差和交通组织用分流，既减少对场地的改造，又避免相互干扰，真正体现与自然的有机融合。

4 试点新能源，践行绿色生态新路径

公园城市的时代价值强调“公园城市以生态文明理念为引领，深入践行‘绿水青山就是金山银山’理念，以生态视野在城市构建山水林田湖草生命共同体、布局高品质绿色空间体系，将‘城市中的公园’升级为‘公园中的城市’，形成人与自然和谐发展新格局”。作为新区主要的能源供应主体，积极推广新能源应用，是企业把生态优先、绿色发展理念转化为城市发展的生动实践。

当今时代，汽车已成为人们生活中重要的交通工具，但尾气污染持续考验着每个人的神经。在环保和低碳的双重诉求下，众多国家公布了禁售燃油车时间表，2019年1月8日海南省打响禁售燃油汽车的第一枪，可以想象，从海南试点开始，禁售燃油车、禁止燃油车上路，将逐步在全国推开。从大趋势来看，毫无疑问燃油车会越来越少，加油量会越来越少。新时代的成品油零售行业正面临大气污染治理和新能源汽车大力推广与政策支持带来的巨大冲击。抢占能源转型制高点，挖掘新的成长空间，是企业迎接未来市场竞争、实现可持续发展的需要。

氢能发展，使成品油市场有了新成员，作为未来能源结构转型的重大方式和终极目标，进军氢能领域成为石油公司实现业务多元化的途径之一。在政策扶持下，近几年我国氢燃料电池汽车发展迅速。数据显示，2016年至2018年，我国3年累计销售燃料电池汽车3 428辆。2019年，氢能首次被写入全国两会政府工作报告。氢燃料电池汽车正在迎来“天时地利人和”的发展期，但由于投资成本过高、顶层设计缺失等因素，致使加氢站建设速度缓慢。曾有公开资料显示，不含土地费用，加氢站建设成本约1 500万元，加氢站如果为城市公交和物流服务，就需要建设在城市或城郊，但现在一线城市寸土寸金，建设土地是个大问题。因此，相对而言，石油公司在发展氢能业务上具有资源和成本优势，通过推广加氢加油合建可实现对加油站的最大化利用。

综上所述，深度介入新能源既是企业扛起应有社会责任，践行“绿水青山就是金山银山”理念实际行动，也是企业发挥土地价值最大化，迎接未来竞争、实现企业可持续发展的需要。

5 结束语

公园城市的科学内涵、时代价值、建设路径为建设交通能源综合服务体提出新的命题，而互联网的广泛渗透以及新能源的快速发展为建设交通能源综合服务体提

供了更多的创新空间。下一步将不断探索，以打造“智慧智能、现代时尚、方便快捷、安全舒适”的交通能源综合服务体为目标，为新区加快建设美丽宜居公园城市作出应有贡献。

参考文献

[1] 王会良，万欢，戴家权. 智慧加油站的内涵、特点及构成[J]. 国际石油经济，2016，3（24）：90-92.

[2] 朱涵月. 新能源发展对石油行业影响分析[J]. 现代商贸工业，2016，26：37-38.

[3] 张夕勇. 氢燃料电池汽车商业化还需迈过三道关[R]. 科技日报. http://tech.ce.cn/news/2 01905/10/t20190510_32043528.shtml.

兴隆湖国际化社区营商环境培育探索

李　谦[1]，谢　波[2]

（1. 成都天府新区规划设计研究院有限公司；2. 成都天府新区投资集团有限公司）

【摘　要】国际化社区作为成都市提升对外开放服务能级、塑造开放包容国际形象、培育国际化营商环境的重要抓手，终极目标是满足人民群众对美好生活的向往。本文针对天府新区兴隆湖社区特征及国际化社区发展要求，重点关注“人本导向”“国际水准”“未来示范”三大核心要素。

【关键词】人本导向，国际水准，未来示范，社区治理，市场化运营，项目化推进

1　关于国际化社区建设的思考

建设全域国际化社区，是成都培育国际化营商环境，增强国际竞争力，强化“一带一路”重要建设节点以及落实省委、市委重大战略部署的重要回应。国际化社区建设，是国际友人和本地居民共享国际化生活配套和公共服务，构建高品质和谐宜居生活社区的务实举措。一个好的国际化社区，应该更加以未来人群的需求为导向，并更加关注人群的自我成长与价值实现；以国际化品质塑造为标准，更加关注社区国际化氛围的营造；以商业化经营逻辑为思路，共创社区运营商，强调社区未来示范引领价值。

2　关于国际化社区先进案例的借鉴

上海，作为改革开放和融入国际化舞台的桥头堡和先驱，立足外籍人士较大规模居住占比的现实条件，探索建立了在国内具有引领示范效应的国际化社区标准体系，其国际化社区建设呈现出以下特点。

（1）需求导向，实施精细精准服务。

上海仁恒滨江园小区，5 000 名居民中，有近 60%来自德国、英国、美国、新加坡等 60 多个国家，被誉为“小小联合国”。为了方便小区居民日常生活与交往融合，利用小区公共空间设立了超市、家政、洗衣、理发、幼儿园等生活服务设施，充分满足了居民多样化、便利化需求。

（2）整合资源，多元参与社区治理。

上海碧云社区、古北社区的公共活动空间，由政府自建或全资租用，交由第三方专业机构运营；社区居民和驻地商家可在社区空间以“公益+商业”模式，从事就业创业活动，以公益、普惠为主要供给方式，为居民提供多层次、多品类服务。同时，由政府引导、街道扶持，大量培育社会组织和社区组织，社区积极发掘和培养意见领袖和热心能人，共同参与社区和小区治理。社区建立居民议事厅，以居委会为主体，依托社委会，融合中外议事员，着力解决社区居民普遍关注的问题。

（3）分级负责，创新管理机制体制。

2014 年上海市委一号课题成果《关于进一步创新社会治理加强基层建设的意见》正式出台。其中，在完善乡镇治理体制方面，加强镇管社区，在镇与居委会之间设立社区党委，在街道按需设置社区，居委会建在居民小区，实现了公共资源和服务力量有效下沉。杭州馒头山社区服务重心下沉到小区，行政管理职能重心在街道，由区上保障一批高素质社工队伍作支撑。社区“两委”成员、专职社工有 15 人左右，各占一半比例。社区依托“一厅一岗一坊”（迎客厅、百通岗、商议坊），办公服务场所集约使用，服务力量专职专业。

（4）文化浸润，实现居民互助融合。

上海古北社区“融情厨房”交流中西菜式烹饪技法，昆曲艺术家向外籍人士推广昆曲艺术，开设古筝课堂，以文化为切入，实现居民对社区的认同和融合。

3 兴隆湖国际化社区的探索分析

兴隆湖国际化社区，作为天府新区乃至成都市的发展样板，应该充分彰显公园城市特征，突出新经济产业核心功能，探索以人为中心、“人、城、境、业”高度融合的国际化社区发展新范式。

立足公园城市特征，在探索兴隆湖国际化社区“人-业”关系时，始终坚持立足国际、回归需求，以满足新经济产业阶梯式成长需求为目标，建设符合新经济产业需求的物质空间形式，构建符合新经济产业发展的支撑服务体系。探索“人-城”关系时，始终坚持关注成长、探索未来，以吸引未来新时代菁英人群为目标，营造满足未来人群需求特征的高品质生活场景，探索构建符合未来人群新生活方式的价值实现舞台。探索“人-境”关系时，始终坚持以境融人，希望建设满足公园城市审美情趣的社区生态环境，营造突出共建共治共享理念的社区治理环境。

国际化社区建设离不开高品质公共服务设施的建设。兴隆湖国际化社区在建设之初，始终坚持高水平规划引领，高标准建设落实，15 min 公共服务圈全域覆盖。因此，除了基础服务设施以外，这里能够更加精准聚焦社区年轻化新菁英人群的需求偏好，构建更能满足其需求的服务场景。对此，我们对兴隆湖社区的未来人群特征进行了深度研究，发现社区未来人群对社交、学习、文化、健康、个人价值实现

表现出强烈的兴趣，为此我们构建出五大服务场景来满足未来人群的需求，分别是基于社交需求的多元开放社交场景、基于学习需求的终身学习教育场景、基于艺术需求的自由浪漫艺术场景、基于健康需求的富含活力健康场景、基于价值实现需求的激发潜力成长场景。

社区治理问题是国际化社区后期是否能够健康持续成长的关键。兴隆湖国际化社区基于对未来人群、未来产业的深度分析，未来社区治理模式将呈现出参与对象国际化、社区服务专业化、服务设施智能化、平台资源共享化的特征。为此，希望在社区治理过程中充分发挥联合党委、新经济企业、社区治理专家、社会组织的共同智慧，构建“1+2+*N*”社区治理组织架构（1——成都科学城区域联合党委；2——新经济产业服务平台、个人成长平台；*N*——多类型专业社会组织），为新经济产业发展、个人成长提供更能满足其需求的社区服务。同时在社区运营中，我们始终坚持以商业化经营逻辑为思路，与企业、专家等，共创社区运营商，强调社区运营的未来示范引领价值。鼓励社区与城市运营商搭建社区运营商基础平台。始终坚持“全数字化管理”，探索智慧社区标准体系建立，多方面实现智慧政务。

4 结　语

坚持规划引领、政府主导、市场主体、商业化逻辑的原则，以国际化社区为抓手，全面提升对外开放服务能级，塑造开放包容国际形象，培育国际化营商环境。

4.1 人本导向

在国际化社区建设过程中以人本导向为逻辑，精准聚焦人群需求，强调人文关怀感受，并更加关注个人价值实现，希望在这里能够探索未来人群的新生活方式，并为其提供更具需求性的服务产品。

4.2 国际水准

坚持以国际思维认识问题，最大限度彰显国际审美，并匹配国际标准进行建设，最终营造“开放、包容、智慧、共享”的国际化营商氛围，实现国际化社区类海外场景的充分呈现。

4.3 未来示范

坚持强调兴隆湖国际化社区的社会示范价值，始终把公园城市场景构建、商业化逻辑经营社区的理念贯穿到社区发展的方方面面，共创“社区运营商”，努力走出一条政企共建社区的新路子。

公园城市背景下的高品质生活圈构建研究

陈方丽

（成都天府新区规划设计研究院有限公司）

【摘　要】当前天府新区正按照公园城市理念进行高标准规划、高质量发展、高品质生活、高效能管理，加快形成全面体现新发展理念的美丽宜居公园城市。构建高品质生活圈是建设公园城市的重要载体。首先理清生活圈的概念与内涵，其次借鉴国际经验，总结生活圈的构建要点与特色，并以天府新区核心区为例，提出公园城市背景下的高品质生活圈的初步构想。

【关键词】以人民为中心，天府新区，公园城市，高品质生活圈

1 引　言

党的十九大把“人民对美好生活的向往”作为奋斗目标，强调了坚持“以人民为中心”的发展思想。2018年2月11日，习近平总书记在视察天府新区时提出：天府新区是“一带一路”建设和长江经济带发展的重要节点，一定要规划好建设好，特别是要突出公园城市特点，把生态价值考虑进去，努力打造新的增长极，建设内陆开放经济高地。天府新区紧紧围绕 “一点一园一极一地”战略定位，努力做到“四个转向”，按照公园城市理念进行高标准规划、高质量发展、高品质生活、高效能管理，突出生态价值转化导向，加快形成全面体现新发展理念的美丽宜居公园城市。其中，第一个转向即是由大规模的基础设施建设转向构建高品质生活圈、高质量产业生态圈。在公园城市理念的指导下，城市发展逐渐由生产导向转向生活导向，即逐渐由重视土地开发、经济发展到重视空间优化与社会建设。

在此背景下，本文聚焦于公园城市背景下高品质生活圈的构建研究，首先通过回顾生活圈的理论源脉，理清生活圈的概念与内涵，其次借鉴国际经验，总结生活圈的构建要点与特色，并以天府新区核心区为例，提出公园城市背景下的高品质生活圈的初步构想。

2 生活圈的概念与内涵

"生活圈"概念的形成最早源于 1943 年，W.H.Burt 将体现动物居住和行动空间的"家域"概念引进居民的生活空间认知研究，初步形成了以家庭为中心讨论日常活动空间的思想。此后，Gelwicks 等学者将其纳入人文地理学，用来表示日常活动中个体以家为中心占有与联系的空间。生活圈具有丰富的时间与空间尺度属性。其中，日常生活圈是指居民以家为中心，开展包括购物、休闲、通勤（学）、社会交往和医疗等各种活动所形成的空间范围。在城市与区域尺度，生活圈主要是通过通勤流、购物范围等行为描绘空间功能结构，表征不同城市地域间的社会联系。"社区生活圈"是城市"日常生活圈"中的最基本圈层。

生活圈的实质是从居民活动空间及城市功能地域的角度，理解城市活动移动体系、地域空间结构与体系的概念。生活圈构建的核心是以人为本来组织物质生活空间，即根据人的活动所需而进行土地、各项公共服务设施的整体配置。

3 生活圈构建的国内外经验借鉴

3.1 日本熊本的生活圈：高层次生活圈是由低层次生活圈构成的有机体

日本熊本市生活圈的层次由高到低分别为定居圈、定住圈（即地域生活圈）和邻里生活圈，其中低层次的生活圈构成高层次的生活圈。定居圈是以中心商业区为核心，提供高级别的商业、艺术文化、交流等城市服务。定居圈主要依靠轨道交通以及公交网络联系。定住圈以地域生活网点为核心，提供必要的商业、行政、医疗、教育等服务，采用公交车或自行车完成各项活动。邻里生活圈集合了市民日常生活的最常用服务，提供最基础的生活服务，重视步行及自行车的出行方式。

3.2 韩国首尔的生活圈：不同层次生活圈解决不同类型问题

韩国首尔的生活圈规划包括 5 个圈域（大生活圈，50 万 ~ 300 万人）和 140 个地区（小生活圈，5 万 ~ 10 万人）。其中，圈域的划分综合考虑区域的发展过程、用地功能、行政区划、教育学区、居住地与居住人口特点、相关规划等因素。圈域主要解决地区均衡发展和职住平衡等宏观问题。地区的划分综合考虑商业、居住、公共服务、公园等，布局在用地功能相近、居民联系紧密以及设施需求比较相似的邻近地区，重视日常生活设施、公园绿地以及公共交通站点等空间关系的处理。

3.3 中国台湾的生活圈：社区规划和建设是社区治理的过程

台湾的生活圈在组织方式上，引入社区规划师制度，作为一种技术中介力量，协

调社区与政府部门的不同意见，制定生活圈建设的行动计划；在具体实施上，行动的参与主体是民间团体和企业，政府作为辅助，协助拓展民意机构、民众和民间团体的参与方式，形成广泛的群众参与。

3.4 中国雄安新区的生活圈：构建社区、邻里、街坊三级社区生活圈

雄安新区形成社区、邻里、街坊三级生活圈。依托社区中心形成15分钟生活圈，配置中学、医疗服务机构、文化活动中心、社区服务中心、专项运动场地等设施。依托邻里中心形成10分钟生活圈，配置小学、社区活动中心、综合运动场地、综合商场、便民市场等设施。依托街坊中心形成5分钟生活圈，配置幼儿园、24小时便利店、街头绿地、社区服务站、文化活动站、社区卫生服务站、小型健身场所等设施。

3.5 小 结

综上，生活圈的构建需重点关注以下4个方面：

（1）生活圈的构建应注重以人为本，以日常生活为对象，以提高居民生活的满意度与福祉为目标。

（2）依据不同城市面临的具体问题来构建生活圈体系，并确定聚焦重点，形成各层次生活圈的有机关系。

（3）生活圈的划分应注重均衡分配，缩小地区的发展差距，均衡公共服务设施，提高居民生活品质。

（4）倡导多元主体参与社区建设与治理，鼓励政府-市场-公众-社团的协同工作，引入不同程度、不同形式的公众参与，培养社区共识。

4 公园城市背景下高品质生活圈构建的初步构想

4.1 划分城市-社区两个层次的高品质生活圈

结合天府新区核心区实际情况，构建公园城市生活圈体系，具体分为城市生活圈和社区生活圈两个层级。

结合目前天府新区核心区“一心三城”的主体功能区结构形成4个城市生活圈，具体包括天府中心城市生活圈、西部博览城城市生活圈、成都科学城城市生活圈和天府文创城城市生活圈。在城市功能区设置各类文化、体育、医疗、养老、教育设施，提供全方位、全时段的综合服务，承担部分成都市核心职能，服务全市乃至更大范围的市级以上层级的重大文化、体育、医疗等公共服务设施。

社区生活圈主要承担日常生活服务功能，进一步分为城镇社区生活圈和乡村社

区生活圈。城镇社区生活圈按照服务半径 1 000 m 划分居住单元，服务范围不跨城市主干路、快速路及主要河道，以居住片区为基础，同时结合街办、社区边界以及居住区边界进行修正，每个公服圈服务 3 万～5 万人。乡村社区生活圈按照慢性可达的空间范围，结合行政村边界划定乡村社区生活圈，统筹乡村聚落格局和就业岗位布局，合理配置公共服务和生产服务设施。

4.2 形成 15 分钟-10 分钟-5 分钟三级社区生活圈

在形成城镇社区生活圈的基础上，按照便捷可达需求细分步行“15 分钟-10 分钟-5 分钟”进一步构建社区、邻里、街坊三级高品质社区生活圈，构建舒适、友好、安全的社区生活圈。设置布置一是关注家与不同设施之间的步行需求，将幼儿园、菜市场等老人和儿童使用频率较高的设施优先布局在 5 分钟步行可达范围；二是关注设施与设施之间的步行关联度，形成以儿童、老年人及上班族为核心使用人群的关联度设施圈。

4.3 采用公园化的空间布局方式

在城市区域，依托各级公园和城市开敞空间，以绿道为脉络，结合城市功能、公共服务设施、产业、商业、文化等，形成公园式的布局模式，积极营造公园城市新业态新场景。在乡村区域，以农业园区为本底，以绿道为脉络，串联林盘与特色镇，植入创新、文化、旅游等功能，构建“农业园区+林盘+特色镇”的布局模式，实现农商文旅体融合发展。

4.4 打造宜居宜业宜游的生活圈

注重服务设施的多元化、均等化和品质化。兼顾不同年龄段、不同休闲偏好的使用人群需求，实现公共设施全民共享。构建多元类型和多元主题的公共产品体系，塑造城市文化特色，提升城市吸引力。注重创造就业创业环境，提升社区活力。倡导土地复合利用，提供更近的就业空间。在社区中提供低成本、便利化的中小型就业空间，打造支持创新创业的服务平台和政策机制。注重丰富社区休闲交往空间，强化社区归属感。提供更多的休闲活动场所和文娱设施，构建活动便捷、彰显文化的社区公共活动网络。

4.5 整合多元主体推动生活圈建设实施

充分发挥社区居民、自治组织及社会企业在社区治理中的作用，形成广泛的公众参与基础。提出行动指引为生活圈构建工作提供具体操作建议，指导社区主体以

社区治理的方式推进社区建设与管理，除了强调提高社区空间品质外，更希望通过鼓励社区居民和基层组织的全过程深度参与，提高居民的治理意识，进而达到提高社区凝聚力的目标。倡导“协作式设计”方式，构建以街道、居委会、业委会等为主体，社区居民、住区单位、物业公司、社会组织、专家、设计师、艺术家等政府和社会多方参与的治理框架。

5 结 语

构建高品质生活圈是天府新区建设美丽宜居公园城市的重要载体，具有为人民生活谋福利、以人民力量促实施的特征，是实现公园城市由传统“产-城-人”发展逻辑转变为“人-城-产”发展逻辑的有力支撑，也是体现公园城市社会治理工作的重要组成部分。通过高品质生活圈研究工作的不断完善与实践的持续推进，必将推动公园城市迈向更加美好的未来。

参考文献

[1] 孙道胜，柴彦威，张艳. 社区生活圈的界定与测度——以北京清河地区为例[J]. 城市发展研究，2016，23（9）：1-9.

[2] 肖作鹏，柴彦威，张艳. 国内外生活圈规划研究与规划实践进展述评[J].规划师，2014，30（10）：94-100.

[3] 柴彦威，张雪，孙道胜. 基于时空间行为的城市生活圈规划研究[J].城市规划学刊，2015（3）：67-73.

[4] 上海市规划和国土资源管理局. 上海市 15 分钟社区生活圈规划导则[Z]. 2016.

[5] 陈婷婷. 熊本市城市生活服务设施的规划研究[D]. 济南：山东大学，2011.

[6] 朱一荣. 韩国住区规划的发展及其启示[J]. 国际城市规划，2009（5）：107-110.

[7] 王雨，张京祥. 台湾的社区规划研究与实践及其启示[J]. 现代城市研究，2013（5）：92-97.

[8] 程蓉. 以提品质促实施为导向的上海 15 分钟社区生活圈的规划和实践[J]. 上海城市规划，2018，139（02）：92-96.

[9] 奚东帆，吴秋晴，张敏清，等. 面向 2040 年的上海社区生活圈规划与建设路径探索[J]. 上海城市规划，2017（4）.

公园城市建设视角下的医疗设施布局初探

——以天府新区成都直管区为例

吴秋实

（成都天投健康产业投资有限公司）

【摘　要】天府新区作为国家级新区，具备转型升级基因、产业优与新并举基础、开放合作等优势，其医疗设施的规划在满足现状的基础上，更要体现未来经济产业的发展趋势。“公园城市”建设，其内涵本质可以概括为“一公三生”，即公共底板上的生态、生活和生产。在这样的大背景下，与生活息息相关的医疗卫生事业，除了解决“有没有”的问题外，更要解决“好不好”。本文认为，打造一站式公共服务平台，营造生态、居住、医疗、教育、公共服务等一站式新型社区，科学谋划、合理配置、精准布局、提高医疗卫生机构的利用率，是新区医疗设施规划发展的重点。

【关键词】公园城市，医疗设施布局，公共服务，健康中国

1　引　言

2014 年 10 月 14 日国务院公开发布《国务院关于同意设立四川天府新区的批复》（国函〔2014〕133 号）。批复指出，设立并建设好四川天府新区，对于积极探索西部地区开发开放新路子、构建内陆开放型经济高地、推进经济结构战略性调整等具有重要意义。

作为四川经济转型升级的新引擎，天府新区的“新”不仅表现为硬件资源的“新”，更多的是人才资源以及高层次人才的“新”。完善包括医疗卫生在内的生活设施和配套服务是增强新区对于人才吸引力度不可或缺的内容。根据赫茨伯格的激励保健双因素理论（Hygiene-Motivational Factors），保健因素的满足可以消除员工的不满，人才的发展不仅需要良好的职业保障，对于生活质量的提升同样具有强烈要求。国外新区建设的实践表明，完善城市新区医疗卫生对于推动新区建设具有积极意义。

鉴于天府新区的功能定位，新区建设过程中除了所需的政策支持、资金投入等主体需求之外，其延伸需求的满足同样必不可少，完善包括医疗卫生服务在内的生活配套设施应放在前馈控制的高度优先布局。当前有关天府新区卫生服务研究的文献尚少，

本文从功能社区的视角对天府新区医疗卫生布局进行初探，以期为新区建设提供参考。

2 天府新区成都直管区医疗卫生机构规划实践

2.1 规划背景

截至 2019 年 2 月，天府新区成都直管区共有各类医疗卫生机构 322 家，其中公立医院 2 家；公共卫生机构 4 家；民营医院 16 家；基层医疗卫生机构 121 家[乡镇卫生院 11 家，社区卫生服务中心 2 家，村（社区）卫生站 108 家]；门诊部、诊所 179 家。用地总量：约 20 公顷（1 公顷 = 10 000 m^2）；床位总量：2 574 张。图 1 所示为目前天府新区成都直管区主要医疗机构分布。

设施空间布局与当前城市建设基本匹配。但各镇差异较大，主要医疗机构主要分布于华阳街道，与新区城市发展、人口布局基本匹配；与千人床位标准 7 张（国家标准）相比，除万安满足需求，其余均不满足，如图 2 所示。根据《成都市医疗卫生资源布局规划（2017—2035 年）》的要求，到 2035 年，全市千人口病床数不低于 8.8 张。

图 1　目前天府新区成都直管区主要医疗机构分布

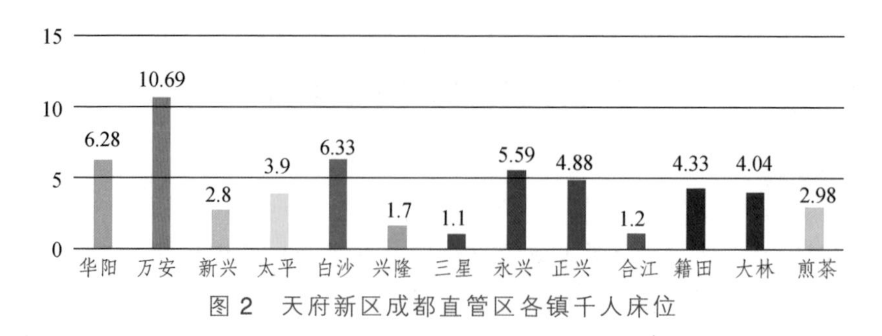

图 2　天府新区成都直管区各镇千人床位

专业公共卫生机构严重不足。目前天府新区成都直管区仅有专业公共卫生机构4处（疾控中心、精卫中心、妇幼计生服务中心、社会事业综合执法大队，见图3；用地面积 9 368 m^2，平均每处用地面积仅约 3 122.7 m^2）。

图 3　目前天府新区成都直管区公共卫生机构分布

综上所述，目前天府新区成都直管区医疗机构空间分布不合理，医疗机构空间分布与人口分布契合度较低，千人床位数与目前“国家标准”要求的 7 床/千人相比存在较大差异，同时至 2035 年，千人床位数不低于 8.8 床/千人，这对医疗卫生设施服务规模和水平均提出了更高的要求。

2.2 规划目标

天府新区成都直管区位于南拓核心地段，具有优质的生态资源和良好的产业契机，符合“健康中国”“公园城市”的时代背景。通过建立体系完整、布局合理、结构优化的医疗卫生服务体系，从“有没有”再到“好不好”，科学合理地规划医疗机构，形成功能完善、分工明确、结构合理、层次分明的医疗服务网络，向天府新区的居民提供质量更优的基本公共卫生和基本医疗服务。将直管区打造成为与世界水平同步的国家医学中心，建设区域性国际医疗中心。

2.3 医疗机构规划

（1）基于保基础的要求，解决医疗设施“有没有”的问题。

① 医疗机构设施建设标准研究。

通过分析相关规范，结合《成都市医疗卫生服务体系规划（2015—2020 年）》和《成都市医疗卫生资源布局规划（2017—2035 年）》，在公园城市建设的视角下，确定规划指标：医疗卫生设施床位数千人指标为 8.8 床/千人，其中公立医疗机构千人指标为 5.7 床/千人，社会办医疗机构千人指标为 1.78 床/千人，基本医疗卫生机构千人指标为 1.32 床/千人。

② 医疗机构需求预测。

床位总量预测：按照医疗卫生设施床位数千人指标为 8.8 床/千人布局，到 2020 年控制指标为 5 000 张，2035 年控制指标为 16 450 张。其中诊疗型床位 14 920 张，主要为各类综合医院、专科医院的诊疗床位；护理型床位 1 530 张，主要为医养融合、健康与心身护理床位。

用地总量预测：根据《成都天府新区区域卫生规划（2010—2030 年）》确定总用地为 7 500 亩（1 亩 ≈ 666.7 m^2），其中基层医疗卫生服务体系用地为 4 000 亩，医疗机构用地 3 500 亩。

（2）提供更优质的服务，解决医疗机构“好不好”的问题。

建设公园城市，生态优美是基础，生产发展是途径，生活富裕是过程目标，生命健康是终极目标。要坚持“良好生态环境是最普惠的民生福祉”的民生观。因此，公园城市建设中的医疗机构布局，要坚持惠民、利民、为民，不断满足人民日益增长的健康需要，让绿色的生态资产真正变成百姓的健康福利。

① 总体布局结构（见图 4）。

以华西天府医院为核心，分别构建与国家战略、国家级定位相匹配的、面向“一带一路”国家和地区的、高端的国家医学中心。通过体制机制创新举办天府新区人民医院新老院区、天府新区妇产儿童医院，举办“天府新区康养医学中心”等多专科业态，形成“二院三区多专科”的区域性医疗中心体系；围绕“13+N”战略，对

新区基层医疗点位进行提档升级；推进做实“强三甲-精专科-优基层”的品质化医疗服务体系，以打造新区大健康产业链为抓手，构建新区健康产业生态圈。

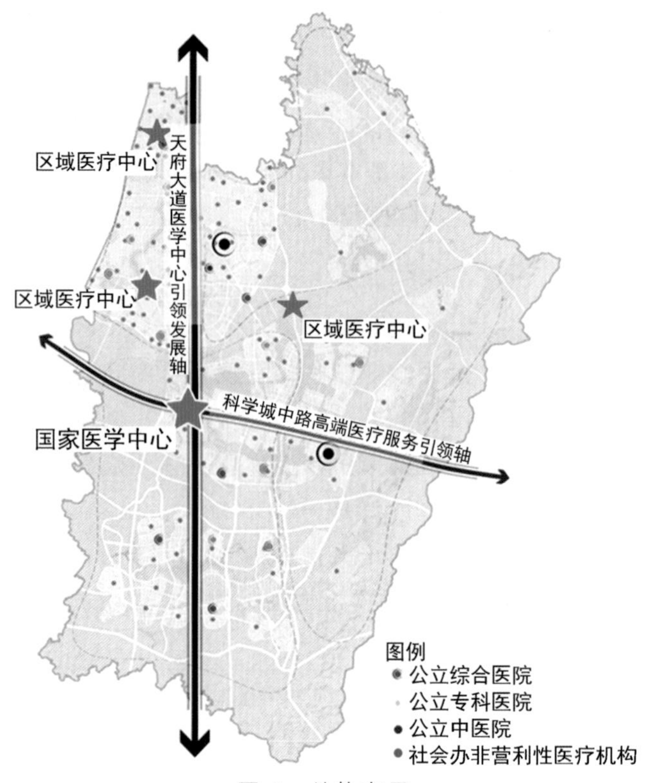

图 4　总体布局

贯彻“南拓”城市空间战略，在天府大道沿线，打造南北向引领轴；贯彻“东进”城市空间战略，在科学城中路沿线，打造东西向引领轴。依托南北、东西两轴合理布局公共卫生机构、基层医疗卫生机构及各类医疗机构，并积极促进省、市级重点医院在新区建设分院。

以分级诊疗为原则，结合“15 分钟公服圈”，构建以大型医院为中心，各类社会办医院、专科医院为补充，基层医疗卫生机构全覆盖的医疗卫生服务体系。

根据《成都市关于深入推进城乡社区发展治理建设高品质和谐宜居生活社区的意见》，结合《上海市 15 分钟社区生活圈规划导则（试行）》对 15 分钟社区生活圈的定义，即在 15 分钟步行可达范围内，配置满足基本生活所需的公共活动空间和服务功能，形成安全、舒适、友好的基本社会生活单元（见图 5）。

优化医疗资源配置体现在医疗资源的配置调整及合理的空间分布上。新区的医疗机构布局规划要基于新区现状人口密度特征、人口活动特征、路网分布特征、特殊人群需求（孕妇、老年人、儿童等）按照 15 分钟公服圈的概念等诸多因素，形成完善的医疗机构服务体系。

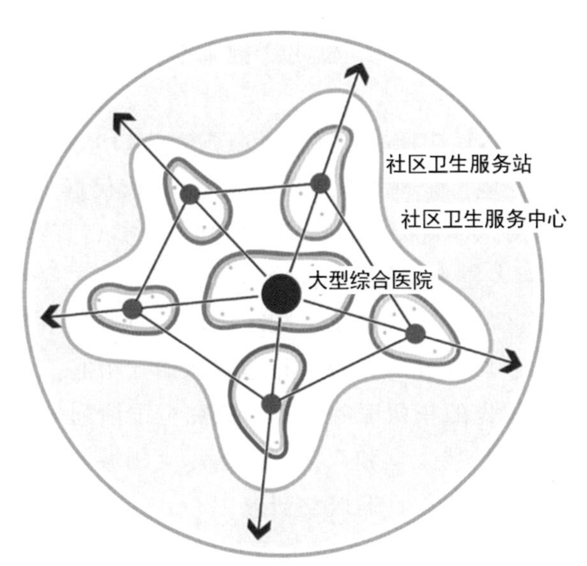

图 5　15 分钟布局概念示意图

② 围绕“13+*N*”战略，对新区基层医疗点位进行提档升级，真正实现“小病在社区，大病到医院，康复回社区，健康进家庭”。

依托现有 13 家卫生院/社区卫生服务中心，通过不同层级的医疗卫生机构的联合，实现资源共享，建设一批国际化社区卫生服务中心/站（见图 6），以社区居民为服务对象，开展包括疾病预防、全科医疗、家庭医生服务、计划免疫、儿童与孕产妇保健、康复等方面的综合卫生服务，构建均衡发展的医疗卫生设施服务网络，实现医疗设施服务均等化，合理利用医疗卫生资源。

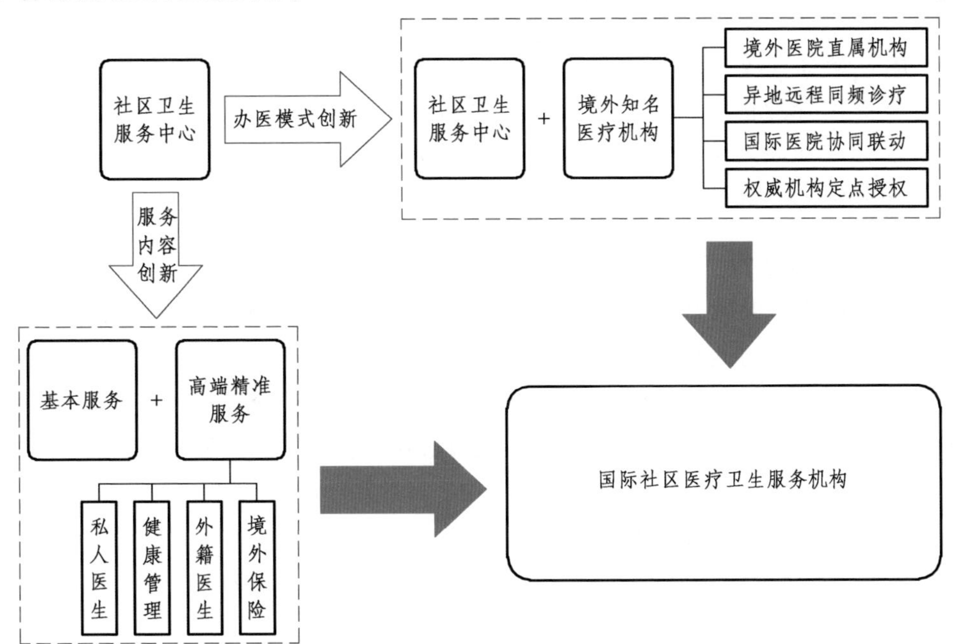

图 6　国际化社区卫生服务中心建设模式

③ 在医疗布局中体现人文关怀，立足于健康中国的战略要求，打造健康新区、健康社区。

统筹医疗、养老等基本民生服务设施，积极应对人口老龄化，构建养老、孝老、敬老的政策体系和社会环境，推进医养结合，为新区的人民群众提供全周期的健康服务，围绕公园城市建设的总体目标，打造绿色宜居、宜养、宜医的医养结合新模式。

④ 聚焦健康产业四大重点功能，强化产业链建设。

基于三甲医院在新区的集聚与建设，联合成都本地的医学院校和机构，突出临床医学发展与诊疗技术手段提升的结合，打造临床诊疗中心。

联合科研实力全国领先的华西医院、药学研究全国前列的成都大学，以及在大数据研究颇有建树的电子科技大学和双流天府国际生物城与成都国际医学城，发展医学科研和转化医学孵化功能，打造医学研究中心。

《关于医教协同深化临床医学人才培养改革的意见》中指出，大力推进以“5+3”为主体的临床医学人才培养改革，结合成都丰富的医学院校教育资源，培育医学教育功能，打造医学教育中心。

以公园城市建设为契机，利用新区优越的生态条件，营造以人为本、生态优美、绿色发展氛围，积极发展医养结合、康复护理、整形美容、健康管理等健康产业功能，打造健康康养中心。

2.4 规划保障措施

2.4.1 开发建设保障

由国有平台公司，在新区基层治理与社会事业发展局统筹指导下，确保医疗卫生设施建设合理推进，保障其服务均等化顺利实现。将医疗卫生设施布局规划作为控制性详细规划编制依据。加强与城市功能布局规划、土地利用规划以及国民经济和社会发展规划的衔接，做到“多规融合”。

2.4.2 刚、弹性控制

刚性控制是对保障基础民生的基本公共服务设施用地要优先保证，已确定为医疗卫生用地性质的地块或已建成的医疗卫生设施原则上不得转作其他用途。

弹性控制是新建和现有医疗卫生设施改扩建若涉及对原有控规补充、修改、完善的内容，建议依据规划按有关程序开展控规编制或修编，保障医疗卫生设施用地需求。

2.5 实践启示及下一步重点工作

2.5.1 保基本

梳理各类规范、标准，借鉴国内外先进城市规划案例，制定符合新区实际的标

准，基于“多规合一”的角度出发，以新区总规划人口为基础，预测新区各类医疗卫生设施需求，合理解决最基本的需求。

2.5.2 强调公共服务的均等性

（1）通过数据收集和数据处理，建立包括行政区划、人口分布、道路交通网络、医疗服务设施等空间要素的医疗服务数据库。

（2）利用泰森多边形模型和改进的引力潜能模型测度各居民点的医疗服务空间可达性水平。

（3）运用空间聚类分析法评价医疗服务的空间均等化水平，基于洛伦茨曲线、基尼系数和服务重叠率评价医疗服务的非空间均等化水平，并以此为基础鉴别医疗服务短缺区，探讨其分布特征及形成原因。

（4）结合上述分析结果，运用区位配置模型，对天府新区医疗设施不合理现状进行优化调整，并提出相关建议。

展示国家医学中心，优化研发服务环境，构筑医疗产业创新岭。构建以华西天府医院、华西口腔医院为核心的环华西协同创新空间，打造“教育培训—科研创新—医学转化—产品创造”全产业链条。

3 结 语

“公园城市”背景下，天府新区的医疗设施规划，要基于“山水林田湖草是一个生命共同体”的生态系统观，在集约发展、创新发展上下功夫，以国家级新区未来发展目标为指引，满足现状人口的医疗需求的基础上，建设更实用的医疗卫生配套设施。同时要关注相关公共服务设施的复合设置，打造一站式服务平台，切实提高公共服务效率，顺应“健康中国”的时代发展要求，确保规划能用、实用、好用，群众满意，营建和谐繁荣的城市公共空间。

参考文献

[1] 房良，吴凌放. 基于功能社区视角下的雄安新区卫生服务发展研究[J]. 卫生软科学，2017（12）：31.

[2] 林利剑，滕堂伟. 世界一流科学园产城融合的分异、趋同及其启示——以硅谷与新竹科学工业园为例[J]. 科技管理研究，2014（8）：34-37.

[3] 高重奎，杨雪锋，胡晓磊. 建设公园城市，共享优美生态[J]. 中国环境报，2018（10）：3.

[4] 李萌. 基于居民行为需求特征的“15 分钟社区生活圈”规划对策研究[J]. 城

市规划学，2017（01）：111-118.
[5] 刘承承，李少达，杨容浩，等. 基于实时路况的成都市医院可达性分析[J]. 地理信息世界，2019（01）：72-76.
[6] 刘璇. 基于可达性的医疗服务均等性评价与优化布局[D]. 武汉：武汉大学，2017.

探索公园城市近郊区农业项目的开发
——以天府童村项目为例

杨宇菽，钟文静
（成都天府新区农业投资有限公司）

【摘　要】天府新区是“公园城市”的首提地，其中约1/2的区域是非城市区域，且紧邻城市功能区组团，具有城市近郊的特点，针对此类近郊区农业项目的开发，从前期选址、规划设计到建设实施、运营管理，都有不同于城市的地方，以天府童村项目为例，提出农业项目开发存在的问题、解决问题的路径及模式创新等，为近郊区农业项目开发提供新的思路和经验参考。

【关键词】近郊区，项目，开发

1　引　言

作为“公园城市”首提地，天府新区成都直管区区位优势突出，距离成都市中心天府广场仅25 km，幅员面积564 km^2，70%属于生态农业区域，140 km^2龙泉山城市森林公园镶嵌其中。

秉承“创新驱动、科技引领”理念，强化顶层设计，依托科学城、博览城、文创城，规划构建“一心一带两环”乡村振兴空间布局，全力打造“农业科技高地”“都市农业典范”“乡村振兴窗口”，积极诠释公园城市乡村表达。

天府新区有13个街道，除华阳外，12个街道有乡村区域，且乡村区域离新区“一心三城”（即天府中心、西部博览城、成都科学城、天府文创城）城市组团非常近，都属于半小时经济圈的范围。本文以天府童村项目为例，提出对近郊区农业项目开发的思路和建议。

2　天府新区近郊区乡村特点

2.1　近郊区乡村的概念

近郊区乡村，由于城市和乡村的各方面对比，成为乡村变化最为显著、最为敏

感的地方。它是邻近城市，在经济、社会、文化等方面与城市关系紧密，并有便捷的交通联系，城市与乡村空间景观共存的区域。

2.2 天府新区近郊区乡村的特征

复杂性：区位优势及交通的便捷性使得近郊区乡村承载着城市与乡村的多重功能，不仅包括景观的交织，也包括文化的渗透、人流的流动、生活方式的改变等。

同质性：一方面土地资源由于周边城市组团的发展变得更有潜力，另一方面自然生态环境保护与开发使得这一区域建设活动集中，比其他乡村具有更大的挑战。

敏感性：城市组团涉及的建设项目多，且有一部分涉及小城镇建设，随着各类建设的增多，政策对于近郊区农民的福利制度、土地补偿制度等，使得这一地带的社会矛盾和冲突也尤为明显。

3 天府童村项目开发

3.1 天府童村项目基本情况

天府童村项目选址位于白沙街道茅香村、梅家村，是天府新区规划的“一心一带两环”中锦绣东山乡村示范线上的重要节点（见图 1）。项目实施主要是针对儿童而打造的乡村亲子研学乐园，按照“特色镇+川西林盘+田园综合体”的规划思路，实行整体规划、分期实施，通过植入“农业+教育+X”的新经济产业业态，呈现具有公园城市乡村表达的应用场景，同时总结一套在新区可复制、可推广的乡村振兴模式。项目一期（茅香学堂）位于茅香村，占地约 2 500 亩（1 亩≈666.7 m^2），打造以亲子教育、自然课

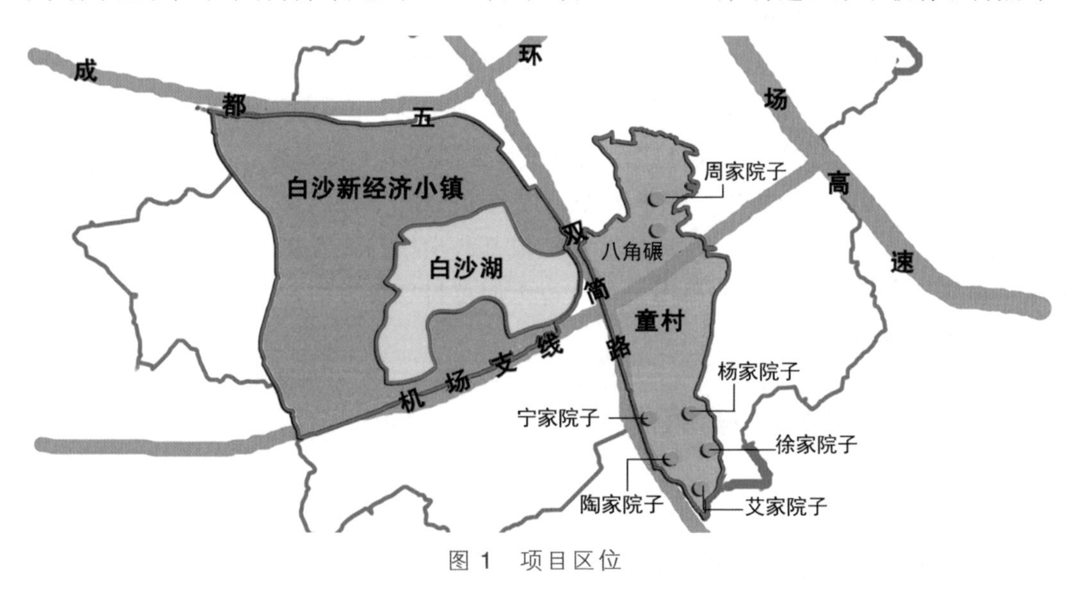

图 1 项目区位

堂为主的旅游网红聚集地。项目二期（汇源农谷）位于梅家村，占地约 2 000 亩。项目一期核心区位于茅香村九组，占地约 260 亩（见图 2 和图 3）。目前，已完成项目起步区约 60 亩大地景观建设（见图 4）。

3.2 商业模式

3.2.1 商业模式体系

以创新要素供给模式作为引领和贯穿天府童村项目建设与发展的主线，把盘活乡村资源、增加农民收入作为出发点和落脚点，重塑乡村旅游新形态，实现乡村振兴新架构，保障各方利益，构建利益共享体系。天投农业公司作为顶层引领主体，整合有效资源、参与基础设施投资、输出轻资产，实现资产溢价收益、基础物业收益、土地出让收益、项目运营收益（见图 5）。

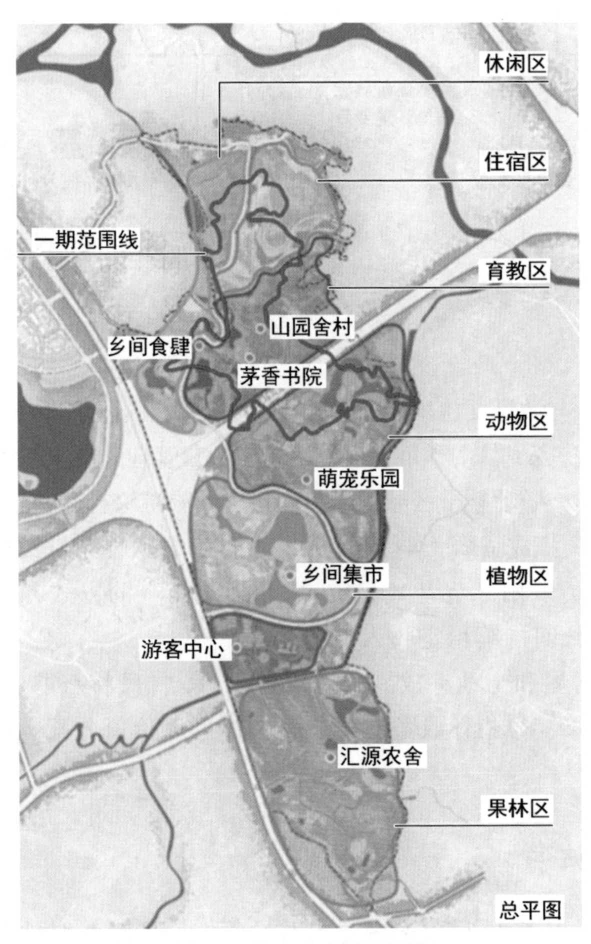

图 2　天府童村总平图

图 3　天府童村鸟瞰图

图 4　大地景观鸟瞰图

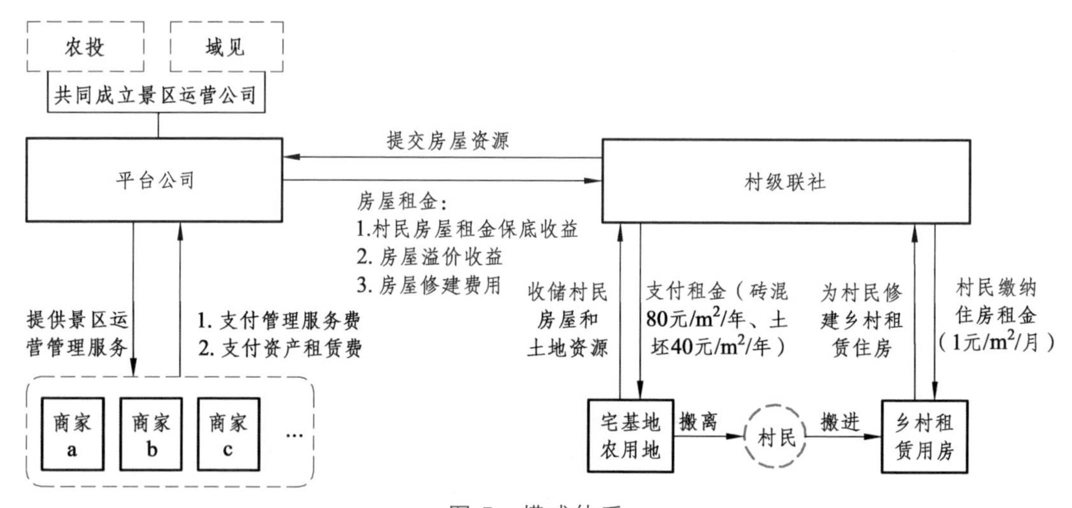

图 5　模式体系

天投农业公司：与域见文旅集团通过成立市场化项目运营平台公司，上联政府、中联社会资本、下接“三农”，主要负责项目招商、运营管理，植入特色民宿、文化体验、综合服务等多元业态，撬动整个区域价值，构建全域旅游综合运营管理产业集群品牌。

村集体经济组织：成立资产管理公司，协同社集体收储村民房屋和土地资源委托至运营平台公司，采用“宅基地租赁+农用地流转”的方式，放活土地使用权和经营权，实现村民长期持续稳定收入。

村民：自愿把房屋和土地存放到资产管理公司，村民将获取房屋土地租金收益、乡村租赁用房居住权、村集体收益分配、社集体房屋价值分配、用工劳动收益、农产品销售收益等。

3.2.2　经济收益体系

资产溢价收益：由景区运营平台公司对经营性资产统一对外招商运营，获取租金溢价收益。租金体系为村民房屋砖混 80 元/m^2/年、土坯 40 元/m^2/年，平台公司根

据资产情况、范围面积、房屋人员情况制定对外价格，获取房屋溢价部分与村集体按照签订的《投资合作协议》约定比例进行分配。项目一期（茅香学堂）现有宅基地使用权面积约 25 万平方米，宅基地面积约 14.8 万平方米，集体建设用地约 10.2 万平方米，其中 90%以上宅基地权属人愿意将资产委托给景区运营发展平台公司经营，按现出租砖混 80 元/m^2 的商业价值仅翻一倍计算，若实现使用权面积的 1/2 作为招引产业设施，那么租金收益为 2 000 万元/年，按照运营模式分配体系计算，保守预计景区运营发展平台公司收入约 200 万元/年 ~ 500 万元/年。

基础物业收益：未来项目一期（茅香学堂）招引商业空间可达 10 万平方米以上，根据目前市场调研价格 5 元/月/m^2 计算，景区运营发展平台公司物业管理收益可达到 600 万元/年。

土地出让收益：项目一期（茅香学堂）现有有条件建设区面积约为 429 亩，可根据景区发展情况逐步进行指标落地匹配。根据调研，该区域集体建设用地保守估价为 200 万元/亩，集体建设用地潜在变现价值约为 9 亿元。

研学课程收益：与天投教育公司研发中小学生研学课程，将“农业+教育+体验”融入化学、物理等专业课程，保守估计每周至少承接 4 次团体活动，团体活动每次参加人数按 100 人计算，费用为 50 元/次，不含餐饮消费，年收入约为 100 万元。此外，天府新区预设中小学学位数为 14 万人，未来可实行课程定制化，消费会员制，按单个会员费用 600 元/年计算，覆盖人数为 10%，年营收约 840 万元。

服务输出收益：景区运营平台公司在天府新区内乃至全国对外输出轻资产管理服务，承接商业策划、运营管理、营销推广、品牌植入等服务项目，收取业主方委托管理费用。

4 近郊区农业项目开发存在的问题

4.1 人

公园城市的提出，改变了地方政府乃至整个行业对于顶层设计的总体思路，由原来的“产城人”转变为“人城产”，充分遵循时代要求与城市发展规律，全面结合公园城市理念要求，着重从人的视角与人的切身感受出发，围绕“境、城、业”三方面，构建公园城市量化体系。

同样，在乡村，人的问题是最突出的问题：我国城镇化的特点决定了城乡二元角色将长期存在。在我国城乡发展的现实情境中，中高速城镇化的进程伴随着城镇人口与建设用地的增加，也意味着乡村人居空间仍将呈现逐渐收缩的态势。2016 年底，我国常住人口城镇化率为 57.35%，较 2015 年底显著上升了 1.25%，但从城乡人口结构看，全国户籍人口城镇化率（41.2%）低于常住人口城镇化率 16%左右，

城乡流动人口高达 2.2 亿。这类人群中，愿意放弃农村户籍的比例极少。在城镇常住人口扩张、农村常住人口减少的同时，大量“返乡兼业”“城乡双栖”人口也已成为我国城乡发展的常态。

如何调动项目区内村民的积极性，如何通过项目留住更多的人，包括新农人、投资人、游客等，这些问题成为农业项目开发的必问题目之一。

4.2 地

乡村有别于城市，近郊区农业项目的用地也有别于城市开发项目：城市开发项目用地一般为国有建设用地，通常情况下，可直接通过划拨或招拍挂的方式取得净地。乡村的用地则更加复杂，项目开发周期更长。

农业项目用地一般包括农用地、宅基地和集体经营性建设用地。农用地，即《中华人民共和国土地管理法》中“直接用于农业生产的土地，包括耕地、林地、草地、农田水利用地、养殖水面等”。宅基地承担的是农户的居住保障功能，宅基地制度设计的初衷即保障每个集体经济组织成员都能在乡村“居者有其屋”。集体经营性建设用地是指以营利为目的进行非农业生产经营活动所使用的乡村建设用地。

天府新区的农用地流转价格约为 1 kg 大米的价格，相较成都市其他区市县的农用地价格偏高；通过土地整理的方式取得集体经营性建设用地的周期长、审查流程多，不利于项目的短期快速开发；通过原图斑整治的方式取得集体经营性建设用地的出地率较低，村民对安置的要求高，有突破原政策，偏向征地拆迁标准的趋势，投入成本较高……这些问题都是农业项目开发面临的实际问题。

4.3 资　金

基于上述对人、地的问题阐述，不难发现，乡村农业项目不缺资源，是基于山、水、田、林、园的综合性开发，具有一定的复杂性和系统性。

如何引入投资合作伙伴，如何招商引资，如何融资，如何争取政府补贴做好基础设施配套，这是农业项目开发存在的核心问题。

5 近郊区农业项目开发思路总结

5.1 多主体参与，创新模式机制

城市近郊区的农业项目，不是单纯的一产，也不是单纯的二产、三产，而是一、二、三产有机融合的田园综合体项目，是连结城乡社会居民网络关系、促进城乡居民融合共生的社会空间载体。参与主体包括村民、村集体经济组织、村委会、街道

办事处、平台公司、第三方投资公司、第三方运营公司等。如天府童村项目，涉及白沙茅香村九组村民、茅香村集体经济组织、茅香村委会、白沙街道办事处、天投农业公司、域见文旅、村里时光旅游开发有限公司、迈高旅游资源开发有限公司等多个主体。通过多次研究讨论，初步构建平台公司与集体经济组织良性互动的模式，建立利益联结机制，通过房屋土地租金收益、乡村租赁用房居住权、村集体收益分配、社集体房屋价值分配、用工劳动收益、农产品销售收益等实现村民增收致富。

5.2 多角度思考，灵活用地方式

根据天府童村总体规划，分期分阶段招商引资，根据项目方的实际需求，提供定制化服务。不二山房组团位于项目起步区，规模小、建设周期短，根据项目实际情况和需求，选址于茅香村九组，选址范围内有多户土坯房，通过农用地流转、宅基地租赁的方式，快速启动项目规划建设，目前项目正在建设中，已初具规模；与域见文旅合作的一期，以引入项目，吸引人流为目的，建设用地需求量小，以农用地流转、宅基地租赁为主；二期涉及酒店、民宿等业态，对建设用地需求量大，拟通过原图斑整治的方式进行。分别从项目本身出发，结合招引企业需求及选址实际情况，灵活采用不同的用地方式，解决项目落地问题。

5.3 多方位结合，共构保障体系

针对农业项目前期投入大、建设周期长、投资见效慢的实际情况，天府童村项目积极拓展开发思路，除了根据规划定位“农业+教育+X”招引有实力、有情怀的合作伙伴，包括现已完成投资 1 200 万元的不二山房、完成投资 500 万元的子非我书院、完成投资 1 000 万元的道和国际书院，同时积极对接白沙街道办事处，争取关于基础设施、林盘整治等方面的资金补助，同时通过政府资金解决污水处理、管线迁改等问题；积极引进具有丰富文旅项目开发经验的域见文旅，就乡村文旅项目运营、开发进行深入合作；积极引进具有战旗村、青冈树村成功运营管理经验的迈高旅游公司，就童村模式搭建、集体经济组织合作等问题提供技术支持。

6 结　语

城市近郊区项目的开发，非一朝一夕之事，是一个复杂的系统工程。除了文中提到的各类问题，也有区位优势、交通优势，同时土地也存在较大的溢价空间。抓住项目开发的重点问题，通过城乡共构的思路，充分利用城市优势资源，挖掘具有差异化的乡村特色文化资源、生态资源、产业资源等，提前预判项目风险，做好风险措施，是此类项目开发的成功要点。

文旅产业消费场景构建及运营发展思路研究

肖凯文，李妍妮，敖 翔
（成都天投资产管理有限公司）

【摘 要】天府新区作为公园城市首提地，在规划理念、规划布局、规划形态等方面坚定贯彻“突出公园城市特点，把生态价值考虑进去”理念。在公园城市建设发展方面，积极探索生态价值转化通道，以生态、美学、人文、经济、生活、社会价值为目标引领，构建“人、物、场”的连接方式，结合现有生态环境，打造一批高品质文旅产业消费新场景，释放生态红利，实现文体旅商融合发展。

【关键词】成都，天府新区，文旅产业消费场景，文体旅商融合发展

1 公园城市发展理念

1.1 公园城市理论内涵

公园城市是“人、城、境、业”高度和谐统一的现代化城市，是新时代可持续发展城市建设的新模式，其内涵本质可以概括为“一公三生”，即公共底板上的生态、生活和生产，奉“公”服务人民、联“园”涵养生态、塑“城”美化生活、兴“市”推动转型。

1.2 公园城市场景营造

按照“可进入、可参与、景区化、景观化”的公园化要求，打造绿意盎然的山水生态公园场景、珠帘锦绣的天府绿道公园场景、美田弥望的乡村郊野公园场景；将公园建设融入社区和产业功能区建设，打造清新宜人的城市街区公园场景、时尚优雅的人文成都公园场景、创新活跃的产业社区公园场景。

2 公园城市理念对文旅产业的影响

2.1 传统文旅产业消费场景及运营模式

传统文旅产业的消费场景以主题公园、风景区、景点为主，运营模式上主要通

过门票、娱乐项目以及周边旅游地产销售取得收入。基于人口红利（2018 年国内游人数突破 55 亿人次），通过门票收入实现快速现金回流。但目前国内旅游市场存在优质景区资源较少、旅游产品单一、过度依赖门票收入、开发建设成本高、纪念品同质化等问题。

2.2 公园城市理念下文旅产业的消费场景和运营模式发展趋势

公园城市理念下的文旅产业消费场景不再单一，主要围绕生态保育、休闲旅游、文化展示、高端服务、体育健身、科普研学等主题打造各类消费场景。在运营模式上也将区别于传统景区依赖于门票收入经营模式，将在满足游客“走、停、看、品”需求的同时让游客有足够的时间认识和欣赏城市。

公园城市理念下的文旅产业消费场景打造可以实现各类公园、绿地空间生态价值有效转换，通过文化旅游串联城市文体旅商共同发展。

3 构建文旅产业消费场景的重要意义

（1）空间结构与公园城市发展理念契合度高，有利于构建各类文旅产业消费场景。

在天府新区，生态和农业用地占比不低于 70%，结合“三线一单”，科学开展资源与生态环境承载力评价，实施差别化环境准入政策。天府新区三川交融，未来将形成“一山两楔三廊、五河六湖多渠”的生态格局，目前正全面推进天府中心、成都科学城、西部博览城、天府文创城“一心三城”主体功能区基础设施和生态体系建设，新建成绿道 120 km，规划布局“15 分钟生活服务圈”118 个，启动白沙湖等重大生态项目 10 个，因此在空间结构上有利于构建各类文旅产业消费场景，通过对交通路网及规划的梳理，串联各个消费场景。

（2）有利于推动新区旅游业发展，带动城市经济活力。

2018 年春节期间成都全市接待游客 1 575.5 万人次，过夜游客 303.6 万人次、一日游游客 1 271.9 万人次，实现旅游收入 140.3 亿元，同比 2017 年增长 27.4%。成都旅游市场庞大，旅游消费群体众多。新区构建文旅产业消费场景，有利于全方位、多角度满足游客需求，推动旅游业发展，同时催生出的新业态、新产品、新商业模式、新技术、新 IP、新媒体能够拓展延伸整个文旅产业链，形成多产业聚集，将会创造更多新的就业机会，带动城市的经济活力。

4 文旅产业消费场景构建

4.1 消费场景构建思路

以“公园+”的思维打造消费场景，提升公园体系附加值，充分利用城市水系、

林木、湿地、文化、园林、艺术等资源，因地制宜、顺势而为，尊重场地原真性，在开发利用资源的过程中，将发展旅游和生态环境统筹考虑，突出天府新区特色。

4.2 消费场景构建内容

4.2.1 增设科普教育基地

依托天府公园、兴隆湖丰富的鸟类资源，一是布局天府新区鸟类资源保护中心，增设珍稀鸟类繁育设施，打造珍贵鸟类科普教育基地，为亲子旅游、研学基地建设提供硬件支撑；二是围绕科普教育基地和鸟类主题，植入互动、体验式游乐设施以及餐饮、休闲等配套功能，有效增强主题游乐性，达到吸引游客和留住游客的目的。

4.2.2 打造湿地动植物实验中心

建立动植物陈列馆，展示湿地生境演化或者动植物栖息活动。例如：可打造萤火虫自然栖息地，形成成都市内最佳萤火虫观测点和科普教育中心。

4.2.3 打造生态邻水商业组团

依托鹿溪河生态区良好的生态环境，一是打造“融情于景”的装配式酒店、太空舱、水上漂浮帐篷、星空帐篷等新型居住体验，形成低密度的生态区居住博物馆聚落；二是充分利用滨水生态景观条件，打造生态水街，满足餐饮、民俗文化展示；三是打造精品展览馆，联动西博城，形成会展群落。

4.2.4 打造复合型特色消费场景

主要依托智谷绿道，针对与自然相融的林下湿地生态空间，注重复合型功能植入，打造以亲水观景、社区交友为主的消费场景。

针对私密性较强的社区空间，植入服务居民的文化健身设施，打造休闲、餐饮、特色街区等消费场景；针对流动性较强的开敞空间，注重文化体育赛事引入，打造音乐主题公园、体育竞技场馆等文体活动消费场景，开展文化活动、体育赛事，吸引游客参与。

5 文旅产业消费场景运营策略

5.1 整体运营思路

根据现有项目及规划项目进行分析研究，针对不同类型的消费场景进行组织串联，统筹和综合运营模式，开发特色旅游产品，创造满足本地居民和外地游客的新环境、新产品，逐步形成自有旅游品牌。

5.2 近期运营策略

构建国有平台文旅公司，借鉴国内其他文旅板块的发展经验，以产业互动和协同发展为核心，推动旅游度假、旅游文化、旅游地产、会展旅游等业务融合发展，在新区文旅行业形成一定影响力。

5.2.1 针对境外或外地游客

一是打造新区全域旅游产品，如周游券、一卡通等；二是对接高铁、地铁、公交等交通企业，开展合作运营，持外地身份证或境外护照可在高铁站、地铁站、游客服务中心等区域购买不同类型的周游券，享受高铁往返、区域内现有旅游项目沿线地铁公交无限次换乘，部分景点及集团自营项目免费，集团酒店、餐饮等商业项目享受折扣等。

5.2.2 针对成都本地游客及当地居民

结合天府公园、兴隆湖、鹿溪河生态区、鹿溪智谷绿道等项目构建的消费场景，开展研学、亲子活动、体育赛事、文化展览等项目。

5.2.3 中远期运营策略

进一步整合新区旅游资源，梳理在建商业、产业、农业项目点位，以自主投资或联合运营的方式建设各类文旅项目。一是与文化娱乐产业合作，通过电影、电视剧、动漫等文化载体对清新宜人的城市街区取景，打造一批网红打卡街区（如日本东京代官山）；二是通过文旅产业带动商业、酒店、体育等项目融合发展；三是扩大服务范围，与南部组团各文旅项目开展合作，通过定制旅游产品取得经营收益。

参考文献

[1] 人民网.《成都市美丽宜居公园城市规划》：成都公园城市建设的顶层设计[OL]. [2019-04-25]. http://sc.people.com.cn/n2/2019/0422/c345167-32868380.html.

[2] 新华网. 文化和旅游部：2018 年国内游人数突破 55 亿人次[OL].（2019-05-30）[2019-06-03]. http://www.xinhuanet.com/politics/2019-05/30/c_1124564618.htm.

[3] 中共四川省委四川省人民政府. 关于加快天府新区高质量发展的意见[Z].（2019-05-30）.

[4] 人民网. 成都年大数据发布：接待游客 1575.5 万人次 实现旅游收入 140.3 亿元[OL].（2018-03-03）[2019-06-03]. http://sc.people.com.cn/n2/2018/0303/c345509-31305312.html.

浅论网红经济背景下无动力智慧乐园公园城市建设中的运用与展望

王 蒙
（成都天投新城市建设投资有限公司）

【摘　要】立足新发展、新机遇的当下，一个个网红项目拔地而起，伴随着区域形象、知名度、经济发展、产业集群的跨越式发展。以打造传统公园组团、大挖湖泊等单一造园手法已然是上个时代的产物，民众审美疲劳只是时间问题。创新，对提升公园城市的新定义显得格外耀眼，只有不断刺激民众对新鲜事物的“痛点”，不断革新公园城市新外延，以商业思维着眼打造一个个网红项目，形成可持续经营模式，才能以耳目一新的身姿走进民众的心坎里，成为引领国家级新区平台公司发展方向的新磁极。

【关键词】创新，痛点，网红，二孩政策，景观，儿童乐园

1　无动力智慧乐园概述

1.1　无动力智慧乐园的概念

1.1.1　无动力智慧乐园

无动力智慧乐园依托既有地形地貌，以大地景观为载体，定制化无动力游乐设备为核心，借助声、光、电、信息技术等前沿科技，针对 3～14 岁儿童为主，可定制化全龄段覆盖的新型场景化大地景观娱乐健身空间。无动力智慧乐园亦为山水乐园，其宗旨是亲子娱乐健身的同时，提供融入自然的机会，培养亲子感情，锻炼儿童意志力和协同配合能力。与传统游乐园不同，不借助任何机械动能、电力动能，更安全、更环保，在攀爬锻炼过程中实现寓教于乐的社交平台作用。

1.1.2　无动力游乐设备

无动力游乐设备简单来说就是指不带电动、液动或气动等任何动力装置的，由攀爬类、滑行类、钻筒类、走梯类、秋千类、弹跳类等功能类型辅之以声、光、电、石墨烯等前沿科技组成的游乐设施。

1.2 无动力智慧乐园的运用

1.2.1 运用领域

目前熟知的应用领域包含：教育版块、中高品质地产开发商社区和商业中心、市政公用工程（如公园、休闲广场、绿地走廊、社区公用空间等）、文旅版块。

1.2.2 适宜场地

无动力智慧乐园的适宜建设面积灵活多变。小至几百平方米，大至主题公园均可定义（见图 1 和图 2）。因其特殊的艺术创作成分，传统项目高差难以处理的问题，在无动力智慧乐园中堪称稀缺资源，场地越是多变，其项目可塑性越强，场地受限因素极小。

图 1 蓝海设计

图 2 网络公共资源

1.2.3 项目载体

无动力智慧乐园的运用与传统造园理念大相径庭。其不仅能针对新建项目量身定制一套原创 IP[一是指“无形财产权”（Intangible Property），二是指“信息财产权”（Information Property）；三是指“知识财产权”（Intellectual Property）]，通俗可以理解为某种具象化的文化符号，如唐老鸭、米奇等]化网红产品，也能在已建成项目中选择适宜区域定制化设计、落位，弥补功能缺失的同时，形成老树开新枝的正面效果。

1.3 无动力智慧乐园的建造流程

无动力智慧乐园的开发全流程分为七大步骤，分别是：IP 研发→景观规划设计→无动力设备设计→设备生产安装→运营服务→设备维护→产品升级。全流程中，最为

核心的部分是IP研发、无动力设备设计、产品升级三大部分（见图3）。

1.4 无动力智慧乐园与传统城市公园的区别

（1）融合与包容。

无动力智慧乐园可以是城市公园的一部分，城市公园亦可能成为无动力智慧乐园的一部分。因无动力智慧乐园场地可大可小的特殊性，选取哪一个平台作为主体，自主性非常强。

（2）以儿童为核心，引流作用明显。

我国多是“4+2+1”的家庭模式（4个老人、2个年轻夫妻、1个小孩），再加上二孩政策放开，家庭亲子游的需求非常旺盛，而无动力儿童乐园恰恰是以儿童为核心带动家长和孩子互动的游戏，其提倡的亲近自然，尊重儿童天性，包括亲子互动娱乐，这些因素都是吸引家庭周边游、长途游的关键。

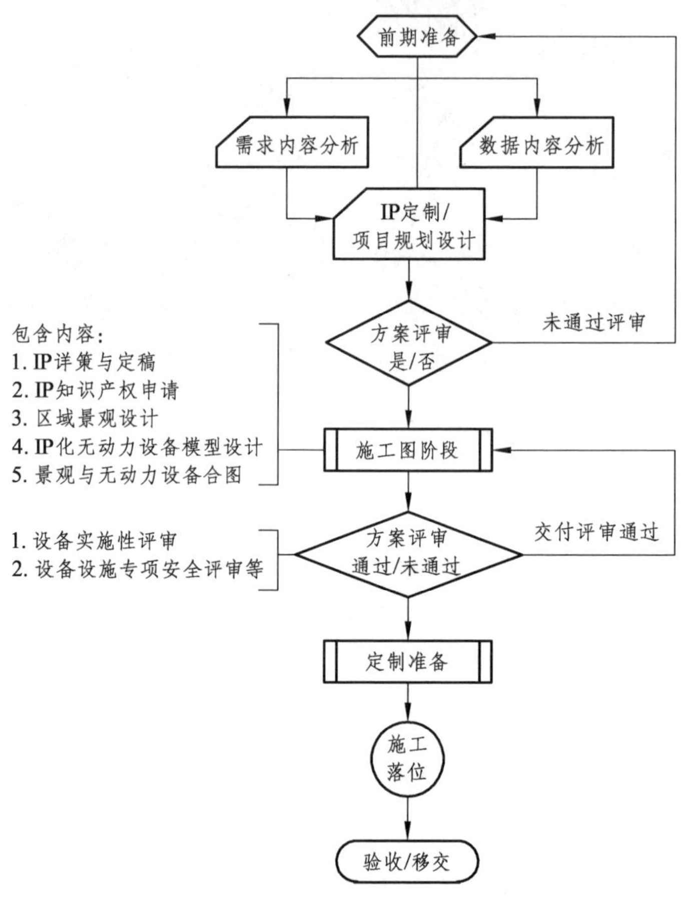

图3 无动力智慧乐园的工程建设基础流程

（3）性价比高，可适应不同规模和类型的项目。

由于其应用范围非常广，和动辄上千万或者上亿的动力特种游乐设备相比，投入相对较少。

（4）后期维护和运营成本非常低。

无动力智慧乐园有一个重要的功能，即可以灵活地组合，适应不同规模、不同环境的项目，便于产品的更新换代和业态的增加。一般无动力游乐园基本上都是 5 年起保，也不需要每年的国检，所以说后期维护和运营成本有其低的道理。

（5）沉浸式的娱乐体验，娱乐时间通常都比较长。

不等同于过山车、旋转木马等需要重复排队的体验过程，无动力游乐园都是呈组团模式，同时内置业态丰富，可让儿童、家长停留更长的时间，也增加了二次消费、三次消费的可能，提升客户对产品的黏性。

（6）场景式设计和环境融合度高。

通常很多文旅项目对于自然环境的要求非常高，而无动力游乐设施规划对自然环境的破坏非常小，能够和当地的文化环境与自然景观高度融合，这也是无动力游乐设施一个重要的特性。

2 无动力智慧乐园国内外发展现状

2.1 国外发展现状

无动力智慧乐园的概念在欧美最早可以追溯到 150 年前，已形成一套非常规范的行业协会守则、标准规范。

如同东西方文化差异一般，从婴儿降生至走进大学殿堂，东西方从孩童阶段起的启蒙娱乐方式有着很大的不同。从理论及实践出发，无动力智慧乐园的概念起源于西方应当无可争议。发展至今，国外无动力智慧乐园主要经历了两大阶段。

2.1.1 纯无动力设备场地

以欧美发达国家为代表的青少年锻炼娱乐方式，以户外活动为主，主要通过无动力设备设施和专项场地，起着锻炼身体、团队协作和挑战自我的核心作用。

2.1.2 景观化无动力智慧乐园

随着时代进步，在纯无动力设备场地基础上，配置了大地景观艺术，将无动力设备与雕塑、装置艺术等相融合，使原本刻板、模式化的参与方式有了艺术灵魂和游乐主题。当下的无动力智慧乐园，更是发展为亲近自然、传承科学、培育亲子感情、锻炼强健体魄的社区标准配置。曾几何时，中国人每每提及西方小孩，总喜欢赞扬其独立自主、动手能力强等优点。从科学层面讲，这与西方小孩从小的娱乐、锻炼方式有着密不可分的关系。

2.2 国内发展现状

无动力智慧乐园在国内的真正起源应该是 2011 年我国颁布了无动力游乐设施的国家标准 GB/T 27689—2011《无动力类游乐设施儿童滑梯》和 2012 年我国颁布了 GB/T 28711—2012《无动力类游乐设施秋千》，明确界定了无动力游乐设施的种类和应用。

国内无动力智慧乐园概念的兴起，最标志性的代表是肯德基将儿童乐园引入至餐厅。原本这只是一个商业营销手段，但肯德基察觉到，小孩们渴望娱乐的天性是背后巨大的商机，同时大人们也愿意陪同自己的小孩参与这种无动力模式下的社交、锻炼。

3 网红经济背景下建设工程的发展方向

很多人认为，网红经济如同“网红”一般，红极一时，但很快就会消逝在公众视野，是一种不可持续性的经济现象。其实不然，“网红”确实符合上述论调，但“网红经济”的本真是其推广度达到一定层面，商品创意达到一定高度，营销卖点符合公众消费需求的一种建立在传统商品经济模式下的发展与延伸。

2014 年 4G 时代的到来，形成了当下的网红经济背景，甚至形成了万物网红的新局面，各行各业都存在着行业知名“网红”。如今 5G 时代即将到来，我们应该如何在“新网红经济时代”争做时代弄潮儿呢？

3.1 让设计的本真回归到创新

网红经济有四大特征：消费主流年轻化、传统营销困境、信息爆炸需要引导、全频道网络（Multiple Channel Network）的形成。归根结底就是以网红经济思维，定调以年轻人为重点覆盖全龄段的商品类型，以新信息传播渠道为抓手，以打造创新型网红项目为根本，引领建设领域时代话题。这一切的一切，其最根基的就是创新，产业链的源头就是项目设计应回归其本真——创新。

在我国，设计费在工程建设中通常只占项目建安成本的 1.5%～3%，但项目设计的好坏直接影响着项目的成败，这一点在文旅项目中尤其突出。设计师不应该是画图匠，设计单位更不能因为所占项目比重不高，就失去其创新性和灵魂作用，如此一来巨额的建安成本也会因此实值大幅度缩水，这无疑是因小失大。

在公园城市的打造上，城市景观的重要性不言而喻。“好看的皮囊千篇一律，有趣的灵魂万里挑一”，无动力智慧乐园的营造，需要创新的思维、创新的模式、创新的生活体验及创新的公园城市新定位。

3.2 让好的创意为建设工程增值

成都春熙路自古以来便是商家必争之地，IFS 商场因一只熊猫屁股半悬于空，当之无愧地成为春熙路上“最靓的仔”。这个名叫“I Am Here”的熊猫装置，由英国设计师劳伦斯·阿金特操刀设计，仅方案设计费高达 3 000 万人民币，但间接为 IFS 商场带来了高达 1.7 亿元人民币（数据来源于：成都聚合旅游策划咨询有限公司）的营业额增幅，促进了 IFS 商场常年排行成都商业综合体营销前三名的行业地位。

好的创意不在于投入多寡，而在于是否定位准确，设计本真是否走心，是否切中了当下和预判到未来民众需求的“痛点”。故此，好的创意是设计应当具备的灵魂功能，好的创意理当为建设工程增值。

3.3 让增值的设计成为带动区域经济增长的新动能

兴隆湖的成功，已然成为天府新区最大的网红 IP。未来的兴隆湖不仅会像规划中产城融合，民众安居乐业，还会带动泛兴隆湖片区形成巨大的商业、旅游、休闲、餐饮、影视、娱乐等多维一体的完整文旅产业链闭合。

事实证明，好的项目确实能带动区域经济增长，促进一方可持续发展，不可回避的是市政景观类项目很难直接产生经济税收从而达到收支平衡甚至正向盈利的目的，但优质的景观项目对区域土地、投融资环境、配套的增值作用早已不是什么新闻。天府新区需要更多像兴隆湖一般优质的项目，但兴隆湖不能单纯复制、粘贴。民众对美好事物的向往，不仅仅只有大兴土木一条道路，将无动力智慧乐园等创新理念布置到社区、绿地、广场、企业等更多区域，亦可达到类似的景观辐射效应。

3.4 让区域经济增长新动能促进产城融合繁荣发展

当下“80 后”“90 后”进入了生育高峰期，我国现阶段的普式家庭构架模式决定了，新生儿、青少年大多由“50 后”“60 后”的爷爷奶奶辈协助代养模式成为社会主流。若公园城市建设中，有了更多、更好、更优质、更走心的无动力智慧乐园这样的健身娱乐平台，不仅孩子们的童年更加丰富多彩，在天府新区工作的年轻父母更能全身心投入工作中，全无后顾之忧。“50 后”“60 后”这样消费基础极强的群体在享受天伦之乐的同时亦有交流中老年生活的生活平台，必然会产生更多的消费机会带动区域经济发展。

工作是为了更好的生活，生活是为了更好地实现价值。若公园城市的建设中，能从群众（消费者）需求角度出发，直插他们最关心、最期盼的儿女软肋，这毫无疑问会成为天府新区人文发展促进产城融合的一张王牌。

4 无动力智慧乐园在天投集团项目的运用与展望

4.1 运 用

4.1.1 人文化

公园城市的内延至少应该具备两大特征：普惠，提高全民生活品质；系统，将生态引入城市。

天投集团打造公园城市的核心理念应该包含：将生态化、景观化的打造理念，融入提高民众生活品质，培育有利于产城一体的环境土壤，最终在天府新区每一处节点场景中，实践改善民众生活层级的新生活方式。因此，我们应当以无动力智慧乐园等创新理念为方向，将新生活模式带入公众视野，从而分期分批解决在我区居住、工作、生活的民众所关心的亲子互动等问题，形成独属于天府新区、天投集团的人文化打造新高度。

4.1.2 IP 化

全球目前最大的文创 IP（Intellectual Property，知识产权）品牌——迪斯尼，从最初平面卡通再到今天覆盖影视、乐园、旅游、酒店、餐饮、金融、周边等众多产业，一切都源于迪斯尼一个个鲜活的 IP 角色，所有的标志、符号、盈利点均围绕着 IP 展开。我们势必会老去，但曾几何时民众所喜欢的 IP 角色依旧年轻，甚至有可能会如格林童话一般一代代传承下去，这就是 IP 的灵魂力量。

本土文创 IP 需要平台和展示机会，传统的动漫、影视类作品成本高、周期长，很难实现成本回收。无动力智慧乐园则不同，每一处无动力智慧乐园均可以创造出独立的文创 IP 主题，甚至能根据民众喜爱程度，不断推出同一 IP 后续场景，不断创造热点，提升区域影响力。

4.1.3 品牌化

3G 时代，网速慢，体验形式以图片为主；4G 时代，随着网速提升，体现形式变革为小视频传播；5G 时代的新网红经济背景，必然属于沉浸式体验的天下。信息化时代是传统媒体、新媒体、自媒体共生的时代。热点传播速度之快，令人震惊，成功往往只需要一两个经典案例，可以尝试引入一两个无动力智慧乐园项目。

选择在此时落位沉浸式体验的无动力智慧乐园，我们不仅仅应该打造自己的 IP，还应在这信息化时代的风口浪尖打造出我们自身的文创品牌，传播公园城市的工作生活理念。

4.1.4 盈利化

个别企业以敏锐的洞察力已然成为第一个吃螃蟹的人，在无动力智慧乐园已取得相当亮眼的成就，如红石公园、麓湖云朵乐园等，其对品牌和商品房的溢价不言

而喻。在文旅项目中，以成都本土的松鼠部落为例，企业一期投资约 1 亿元，当年实现财务流入 1.2 亿元，类似成功案例亦不胜枚举。

无动力智慧乐园在市政景观领域尚未正式起步，行业成功案例少之又少，不失为价值洼地。无动力智慧乐园可以面向公众免费开放，通过无动力智慧乐园产生的倒流、聚集效应，挖掘出第三产业的巨大动能和剩余价值。据统计，全球 6 个迪斯尼乐园仅东京迪斯尼和香港迪斯尼盈利，其余 4 个乐园全部处于亏损状态，且依旧不影响乐园正常营业。这是因为品牌推广、餐饮、住宿、周边消费才是其核心盈利点。

4.2 展　望

4.2.1 重新定义公园城市应具备超前意识

过去 20 年的城市化进程，我们花了太多精力关注在城市绿化的视觉感受，对民众健身娱乐的关注还不够。

今非昔比，公园城市这一全新的理念，纵观国内外城市演变史几乎没有标准的成功模板可以借鉴。因此，打破传统景观理念，势在必行。打破传统的健身、娱乐、亲子活动可从无动力智慧乐园试点。

4.2.2 重新定义宜居城市“安逸的童年”

“公园城市”中的“公园”一词，字面理解其中一层内延可以定义为公共的乐园，既然是乐园理应符合青少年成长的身心需求。

在《我国青少年学生体质健康的现状与未来》一文中，我国青少年严重缺乏锻炼，近视、肥胖、肺活量、身体素质逐年下降，手机、计算机“依赖症”更是普遍情况。这个问题不仅仅是青少年学习任务重造成的，与课余的生活方式也密不可分。未来的公园城市，应该是每一处节点都能传来孩子们的欢笑声，安逸的童年应当伴随着启蒙和汗水。

4.2.3 响应国家二孩政策，争做国家级新区人文典范

国家大力推进二孩政策，站在时代的风向标下，我们应该响应国家政策，IP 化、品牌化打造无动力智慧乐园至社区、进公园、入产业园，解决青年父母之所急，打造公园城市人文典范样本。

5 结　语

无动力智慧乐园作为产品来讲，具有良好的社会效益、经济效益，但如何科学有效地运用在天府新区、天投集团项目中，这是一个系统性的问题。若仅从项目投融资、项目定位、工程造价、项目管理角度思考，格局明显偏小，若上升到借助无

动力智慧乐园这一好的IP，打造出属于天投集团自身的文创产业品牌的新高度，也不失为一种好的思路。

参考文献

[1] 托马斯·迦得. 品牌化思维[M]. 王晓敏，胡远航，译. 北京：中国友谊出版社，2018.
[2] 韩布伟. IP时代从0到1打造超级IP[M]. 北京：中国铁道出版社，2016.
[3] 华杉，华楠. 超级符号就是超级创意[M]. 江苏：江苏凤凰文艺出版社，2016.
[4] 克莱顿·克里斯坦森. 创新者的窘境[M]. 胡建桥，译. 北京：中信出版社，2014.
[5] 李舜，张予. 卡通IP时代品牌卡通形象设计揭秘[M]. 北京：人民邮电出版社，2017.
[6] 陈建明. 特色小镇全程操盘及案例解析[M]. 北京：新华出版社，2018.
[7] 基米尔·戈德曼，阿里·扎格特. 走红如何打造个人品牌[M]. 孔繁冬，译. 北京：中国友谊出版社，2018.
[8] 蓝海设计集团. 儿童智慧乐园研究. 来源：网络公共信息.
[9] 姜志明，王保勇. 我国青少年学生体质健康的现状与未来. 来源：网络公共信息.

成都公园城市背景下的建筑绿化策略浅析

郭桂澜
（中国建筑西南设计研究院有限公司 设计七院）

【摘　要】基于成都公园城市的背景，思考建筑除本身固有功能以外在公园城市中的角色，主要为：建筑作为城市的景观节点、建筑作为串联公共绿地与各地块之间的联络线。探索了建筑对公园城市规划结构的回应：利用立体绿化的手段将建筑塑造为景观节点，并就立体绿化与建筑一体化设计方法做了一定探索；本文对公园城市背景下的慢行系统做出一定梳理，考虑建立架空绿廊以组织便捷惬意的公园城市绿廊步行系统。公园城市的发展方向能够让城市具有持续的吸引力和生命力，使得城市得到一个良性的、永续的发展。

【关键词】公园城市，绿化

1　公园城市的内涵

随着城市人口的膨胀，城市用地愈发紧张，城市建设向天空发展，由横向发展转为纵向发展。高层建筑、超高层建筑成为城市建筑的趋势。集约化、高密度的建设，已然成为现代都市的标配，粗放式的建筑批量生产势必带来“千城一面”、公共空间拥挤、建筑冰冷独立等不良趋势。如何让城市公共空间最大限度地归还市民，如何让建筑空间更宜居美丽？“公园城市”应该是当下最适合成都的解答策略。成都市公园城市规划建设首席顾问吴志强作为牵头专家的“公园城市内涵研究”课题中，初步明确了“公园城市”的学理概念与定义，“公园城市”并不仅仅是“公园”和“城市”的简单叠加，“公”为全民共享，“园”为生态多样，“城”为生活宜居，“市”为创新生产。“公园城市”是公共、生态、生活、生产高度和谐统一的大美城市形态和新时代的城市新模式。

2　公园城市背景下建筑的角色思考

公园城市中的建筑并非是置身于公园环绕中的建筑，而应作为公园城市的有机

组成部分，作为城市的景观节点，作为地块与公共景观节点之间的联络线。这两点便是建筑除本身固有功能之外，建筑之于公园城市的功能定位。如何将建筑作为城市的景观节点？高层建筑的高开发强度使得其生态平衡策略必然引向立体系统，立体绿化作为高层建筑的生态平衡策略已经受到业界一致认可。如何将建筑作为立体慢行系统结合周边公共地块与公共景观节点之间的联络点？建筑除考虑本身的慢行系统以外，也应考虑公园城市整体城市规划，形成宜人的绿带慢行系统。

3 立体绿化与建筑一体化设计

一体化设计的内涵本质是“将互相联系的分散无序的各个个体通过相应的原则方法组合成一个有机的整体，并且各个个体之和发挥的作用远远超过每个个体简单相加之和。”立体绿化与建筑一体化设计的要义是在建筑设计初始便置入绿化的基因，将绿化有机地融入建筑的形式、功能、空间、构件的设计中，让建筑作为绿化的载体，让绿化成为建筑宜居的重点要素。

根据既往学者的研究，立体绿化主要包括但不限于屋顶绿化、垂直绿化、空中花园、种植阳台等。其中垂直绿化体系主要包括“线型牵引式”“网状型附架式”“箱式”“草坪地毯式”。

建筑中的绿化灰空间作为人造建筑与自然大气之间的柔和转换，让建筑空间面向自然呼吸起来。此类空间包括但不限于屋顶平台、空中平台、建筑阳台、建筑架空层、下沉广场、建筑外廊、空中中庭、室内公共空间等。增加此类绿化灰空间，并使之有机地融入建筑空间组合中，是花园城市中的建筑作为景观节点的实现方法之一。增加此类绿化灰空间的建筑形体手法可用：加法、减法、错位、叠落、连接、退台、架空（见表 1）。

表 1　增加绿化灰空间的建筑形体手法

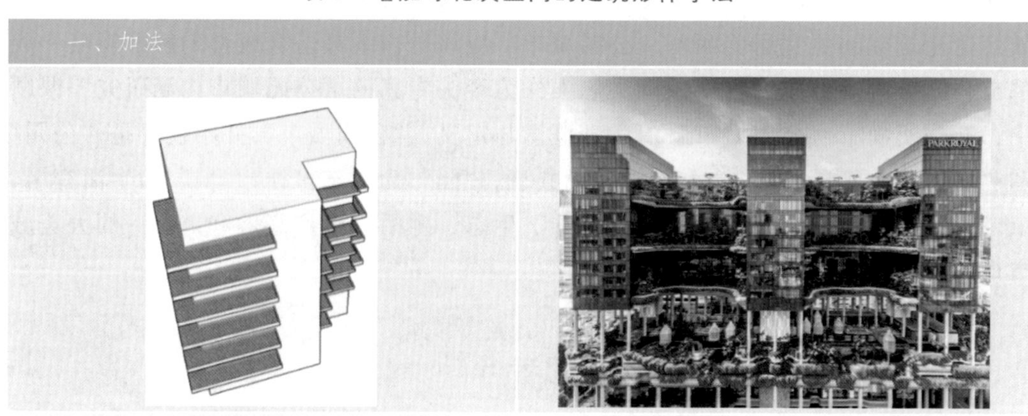

图 1　加法示意图（来源：作者自绘）　　图 2　皮克林宾乐雅酒店

续表

二、减法	
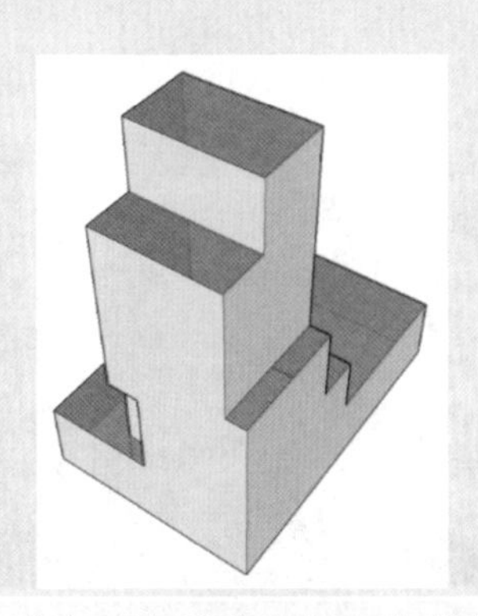	
图 3　减法示意图（来源：作者自绘）	图 4　新加坡豪亚酒店
三、错位	
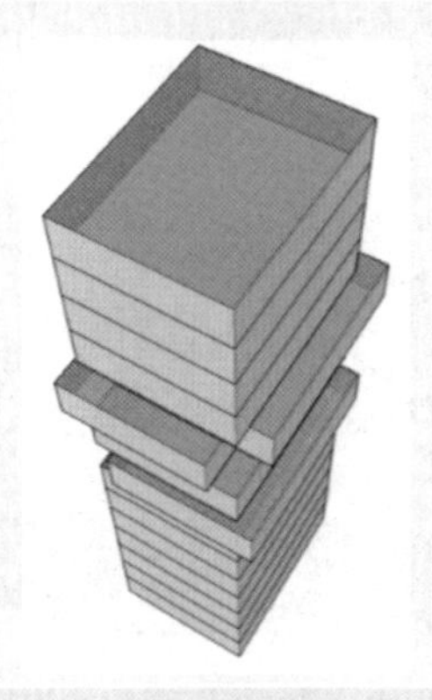	
图 5　错位示意图（来源：作者自绘）	图 6　柬埔寨 Empire City
四、叠落	
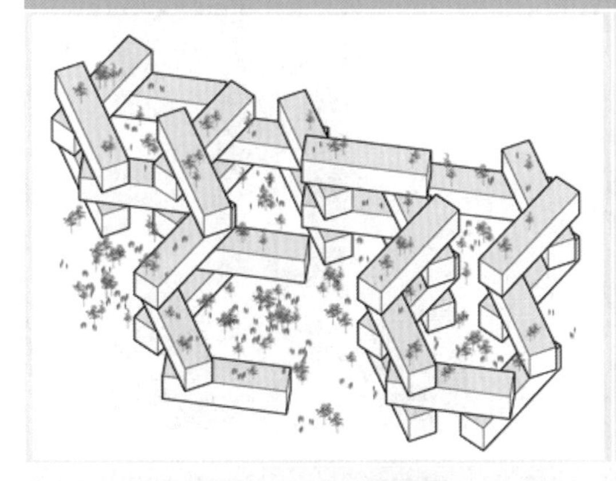	
图 7　叠落示意图	图 8　新加坡交织大楼

续表

五、连接	

图 9　连接示意图（来源：作者自绘）	图 10　新加坡永泰嘉苑（The Tembusu）
六、退台	
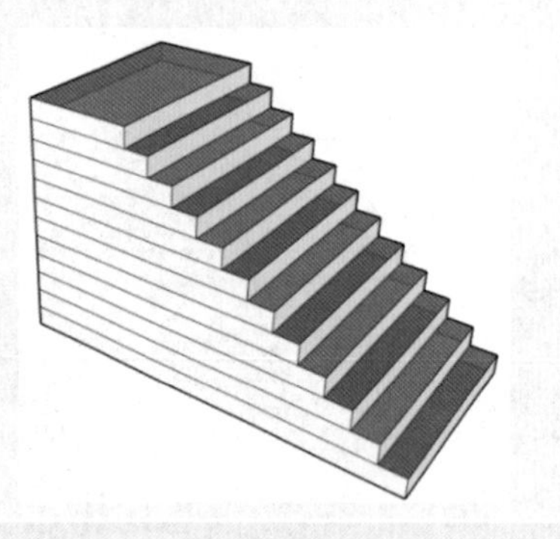	
图 11　退台示意图（来源：作者自绘）	图 12　日本福冈 ACROS
七、架空	
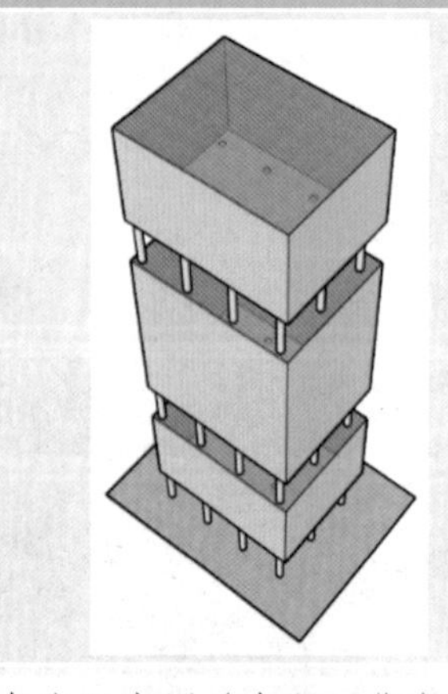	
图 13　架空示意图（来源：作者自绘）	图 14　新加坡银锋（New Futura）

以上手法仅为抛砖引玉，增加建筑绿化使其景观化的手法还有很多，需根据项目的具体情况研究绿化策略。

4　公园城市内建筑的慢行系统思考

在公园城市的背景下，基于市政道路的慢行系统对市民便捷并惬意地到达各市政景观节点并不友好。公园城市的背景下，应将市政道路归还于车行系统与利用车行系统的人流，地下空间归还于轨道交通与利用轨道交通出行的人流，建筑于 2 层及 2 层以上应打造一个串联各地块、各建筑与各市政景观节点的公园架空慢行系统（见图 15），使得片区的“公园心脏”能够通过各地块之间的架空绿廊慢行系统将“绿意血液”输送到各建筑，地块内的市民可通过“绿廊血管”到达“公园心脏”并获取足够的自然与惬意，进而激活公园城市慢行系统。建筑在此处不应是市政景观节点之间的阻碍，而是有机串联各景观节点的“血管”，使得公园城市形成一个友好且开放的绿道慢行系统。

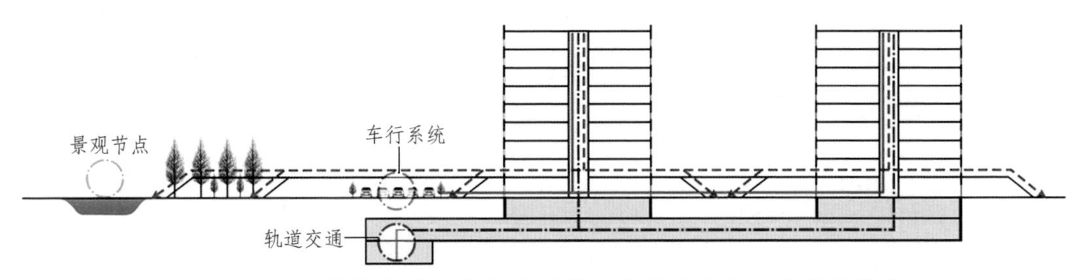

图 15　公园城市内建筑的慢行系统示意图（来源：作者自绘）

5　结　语

无论是建筑自身立体绿化抑或是公园城市绿道慢行系统，均面临着牺牲一部分建筑空间或增加造价等“弊端”。但在当下城市建筑为了节能，越来越封闭，利用空调系统来取代自然通风，利用照明系统来取代自然采光。市民的心理健康持续受到不良影响，城市或将逐步丧失自身的吸引力。乡村为人们提供着自然之美，健康与慢节奏的生活。在乡村和城市之间存在着第三磁极：一个人并不一定必须选择城市或乡村其中之一而放弃另一面。在城市和乡村之间存在第三个选择，也就是被称为第三磁体的“城市-乡村”。打造宜人且富有吸引力的美丽宜居公园城市：建筑让出一部分空间用于绿化，使得建筑本身成为城市的景观节点；市政让出一部分形成有机的绿色慢行系统，有机地串联起市政景观节点与建筑景观节点。这无疑将提升建筑的品质、市政空间的品质，让城市具有持续的吸引力与生命力，使得城市得到一个良性的、永续的发展。

参考文献

[1] 埃比尼泽·霍华德. 明日的田园城市[M]. 北京：商务印书馆，1898.
[2] 袁弘，王琳黎. 探索公园城市建设的“成都模式”[N]. 成都日报，2018.
[3] 于正伦. 城市环境创造：景观与环境设施设计[M]. 天津：天津大学出版社，2003.
[4] 吴玉琼. 垂直绿化新技术在建筑中的应用[D]. 广州：华南理工大学，2012.

新时代公园城市建设发展理念及方向研究

陈科历

（成都天府新区建设投资有限公司）

【摘　要】公园城市的提出充分体现了党和国家高度重视生态文明建设以及以人为本的城市发展理念，它反映了新时代城市建设可持续发展的新模式。本文对天府新区公园城市建设思路和理念进行了论述，同时对其全新发展方向和发展路径进行了分析。公园城市的产生说明我国对原有的城市发展模式提出了全方位的新要求，将引领城市建设迈入新方向，使城市功能和人文价值得到升华。

【关键词】公园城市，发展，天府新区，理念，方向

1　公园城市的发展背景

城市发展的本质是人类对自然环境利用和改造的过程，也是人类对自身赖以生存的自然生态环境不断认识、探索和适应的过程。无论是过去、现在还是未来，城市的发展质量在很大程度上取决于人类对城市的认知和定位，更取决于城市的规划和建设理念。随着全球城市化的快速发展，空间不断膨胀而导致的规划、人口、环境等问题与城市可持续发展的矛盾日益突出，如何探索科学、可持续发展的城市模式，成为当下的一个时代命题。习近平总书记指出："要正确处理好经济发展同生态环境保护的关系，牢固树立保护生态环境就是保护生产力、改善生态环境就是发展生产力的理念。"2018 年 2 月，习近平总书记来川视察时指出，天府新区是"一带一路"建设和长江经济带发展的重要节点，一定要规划好建设好，特别是要突出公园城市特点，把生态价值考虑进去，努力打造新的增长极，建设内陆开放经济高地。习近平总书记提出的公园城市，正是基于绿色发展理念的城市发展模式，是高质量发展背景下的城市建设全新模式探索。

2　公园城市的内涵

谈到公园城市，人们可能会不自觉地将它和城市公园联系在一起，但两者的意义却大相径庭。从城市公园到公园城市的发展经历了剧烈的蜕变，其内涵也发

生了本质上的变化。当然，公园城市的发展离不开公园，它是一个城市中公园持续发展所形成的一个体系，需要在公园建设上实现从零散、稀疏、单一的城市公园升级到相互连通、体系呼应、星罗棋布的城市公园系统，从而为公园城市提供景观生态基础。

2.1 公园城市的定义

公园城市是生命、生态、生产、生活“四生共融”得以实现的新型城市形态，是在“花园城市”的基础上对城市绿化景观、生态环境、产业发展、市民生活、城市文脉的深度融合。

因此，公园城市可以定义为：以生态文明思想为遵循，按照生态城市原理进行城市规划设计、施工建设、运营管理，以绿量饱和度、公园系统网络化为主要标志，兼顾生态、功能和美学三大标准，实现生命、生态、生产、生活高度融合，运行高效、生态宜居、和谐健康、协调发展的人类聚居环境。

2.2 公园城市的属性

首先是公用属性。公园城市体现“公园中有城市”的规划理念，星罗棋布、错落有致的生态公园系统是公园城市不可或缺的主体要素。这种公园系统的开放性、连续性和广域性，使得生活在城市的居民易于亲近绿色，拥抱绿色，从而实现“生态福利”的均等化、获取化和全覆盖化，进一步增强城市居民对生态环境品质提升的幸福感和获得感。

其次是生态属性。公园城市强调绿量饱和，园林绿化达到“开门见绿、出门进园”的要求。这种绿化增量不仅满足视觉的美感和心情的愉悦，更重要的是绿化增量提质本身就是在为城市打造更为强大的“肺”功能，让公园绿地系统担负着城市空气生态循环中碳汇和氧源的作用，成为城市保障人类吐故纳新的空气循环系统中的重要环节。

最后是空间属性。公园城市不同于城市公园，就是因为城市是人类活动集聚之地，是人类文明的中心，并不是一个世外桃源，也不是乌托邦式的理想境地，而是生产空间集约高效、生活空间宜居适度、生态空间山清水秀、人文空间丰富多彩的四维融合、生态宜居的人类住区，在这里，人、城、园、野四大要素达到城园合一、人城和谐、充满活力、持续发展的状态。

2.3 公园城市的特点

2.3.1 由公园引领城市可持续发展

公园城市的建设将不再局限于风景园林行业内，也不再局限于主管的业务部门，

而是以公园城市的概念，引领人居环境学科所涉及的各个学科和行业的进步，是要通过公园型的诗画城市的目标引领城乡发展，促进城市转向诗意栖居的更高层次。公园城市与城市公园的关系是系统与要素的关系。

2.3.2 满足人民对美好幸福生活的向往

美好生活不仅仅是美景和美好的物质精神产品的享受，更是人的本质的实现。公园等城市绿色开放空间日益成为联系人与自然的平台；优秀的风景园林可以成为国家政务活动的平台，良好的公园绿地可以成为人民群众的优质生活保障。城市中有形的结构、布局、用地、道路等“形而下者”，要为“形而上”的人与自然、人与社会、人与人的关系服务，要为人的本质和类本质的实现而服务。城市要从关注实体到关注空间、从注重场所到注重构建人的关系来发展。

3 建设公园城市的原因

近几十年来，我国城市化发展取得巨大成就。但与此同时，城市在快速发展的过程中也积累了大量生态环境问题，人民对改善生态、倡导绿色发展等方面的问题反映日益强烈，因此城市的发展模式和路径需要发生转变，建设“四生融合”、科学协调发展的公园城市俨然已成为时代主题。

（1）生态空间原因。

随着社会的持续进步和经济的飞速发展，城镇化率现象持续攀升，城乡建设用地增长迅猛，城市空间发展诉求强烈，生态空间侵占现象普遍严重，生态服务功能退化，急需构建以空间规划为基础、以用途管制为主要手段的国土空间治理体系，从而保障城市绿色高质量发展。

（2）城市生态产品供给原因。

城市绿地总量仍然不足，生态服务产品供给的数量、类型、品质、特色仍然无法满足人民日益增长的美好生活需要。

（3）城市自然文化风貌特色趋弱。

城市建设普遍存在破坏自然山水格局和历史城区风貌的问题，“千城一面”的现象突出。

（4）城乡二元结构仍然明显。

城市对乡村的反哺带动不足，多数地区乡村发展动力不足，各类设施建设滞后，传统文化逐步消亡。

综上所述，城市的发展模式亟待升级转型，从以规模扩张、经济增长为主，向以人为本、科学发展、城乡协调和优化提升为导向转型。

4 天府新区“公园城市”建设发展浅析

继成都市完成绿色城市、花园城市、生态城市、田园城市等目标之后，公园城市是在成都城市建设经济发展和生态文明建设发展的道路上，所提出的一个敢为人先、主动探索的全新概念，山川秀美、生态优良的成都市，已经全面具备建设公园城市的基础。

4.1 天府新区“公园城市”发展思路和理念

天府新区作为国家级新区，是“一带一路”建设和长江经济带发展的重要节点，努力打造新的增长极，建设内陆开放经济高地。天府新区的公园城市建设需要努力转变传统城市的发展模式，对“公园城市”的发展进行科学规划和精心设计。

4.1.1 转变传统城市发展思路

针对公园城市的建设发展，应当在传统城市发展思路上进行转变。首先，发展逻辑应当转变，要从“产—城—人”模式向“人—城—产”模式进行转变。如今进入经济飞速发展的新时代，城市发展应从工业逻辑回归人本逻辑、从生产导向转向生活导向，在城市高质量发展中创造高品质生活。城市只有依托良好的生态环境和公共服务，方能让人才住得下去、留得下来，只有通过人力资源的提升，方可大量吸引企业的汇聚，进而带动产业的繁荣，最终实现“人—城—产”的和谐发展。其次，要从“城市中建公园”向“公园中建城市”转变，城市建设必须要符合公园化环境的生态、美学、文化、经济与形态等要求，将公园形态和城市空间有机融合，将高标准生态绿道融合到城市公园,科学布局便于使用的休闲游憩和绿色开敞空间，使公园绿地真正成为城市公共服务体系的一部分，实现“无公园不城市，先公园后城市”。再次，是从“城市建造”向“场景营造”转变，聚焦人民日益增长的美好生活需要，坚持以人民为中心推进城市建设，以人为本，紧密围绕广大人民群众的需求，让城市功能设施设置的意见从群众中来，让体验良好的设施到群众中去，以增强群众空间归属感，同时通过设施嵌入、功能融入、场景带入，全面营建城市生活场景、消费场景、创新场景等。

4.1.2 天府新区“公园城市”发展理念

首先，建设公园城市当以新发展理念为导向，城市建设过程中须符合公园化环境的生态、美学、文化、经济与形态等要求，将公园形态和城市空间有机融合，深刻把握新时代城市发展的新矛盾；其次，在打造经济增长极、筑就开放新高地的过程中，以“绿水青山就是金山银山”和“腾笼换鸟、凤凰涅槃”理念为指导，

在规划建设中，按照“望山见水忆乡愁”的设计理念，让天府新区走在全国前列，力争成为公园城市理念的最新实践和建设标杆。

4.2 天府新区“公园城市”的发展方向及现实路径

4.2.1 注重以人为本，共享城市发展

将公园游憩服务作为满足人民美好生活需要和建设幸福家园的城市基本公共服务，强调以人民为中心的普惠公平和活力多元。

现实路径主要包括：推进公园系统分级分类配置，构建多层级、多类型的公园体系，应对多元化的游憩需求；推进公园基本服务均等化，创造“出门见绿、步行入园”的公园绿地基本网络；提升公园服务能力，加强儿童游乐、体育健身、自然科普教育等基础性休闲游憩服务的空间、场地和设施的配套建设；丰富公园特色和主题类型，创新多元类型的专类公园体系，打造城市特色品质的城市公园系统，满足美好生活需要；推进城市绿道网络建设，实现城市绿道系统多层级的相互衔接和均布完善，创造便捷通联的休闲机会。

4.2.2 坚持生态筑基，弘扬绿色发展

将公园城市格局作为城市空间结构布局优化的基础性配置要素，强调城绿共荣的城市生态文明建设理念。

现实路径主要包括：构建和保护区域一体的生态绿地网络，按照山水林田湖是一个生命共同体的理念统筹构建系统完整、城乡协调、内外联通的生态绿地网络，让城市成为绿色环抱的大公园；加强结构性绿色生态空间规划管控，避免城市“摊大饼”和城镇群连绵发展；控制开发建设强度，新城以绿为底，旧城留白增绿，为生态保护建设腾出空间，塑造“密度高度适宜”的城市形态；实施生态修复和景观重建，结合“退二进三”，加强城市受损土地的生态、景观、功能重建。

4.2.3 城乡发展并举，狠抓转型升级

将区域风景游憩体系构建作为城乡统筹发展的重要抓手，强调互促共生的新型城乡关系建构。

现实路径主要包括：构建区域风景公园体系，有风景的地方即有公园，发展类型多元的区域性休闲游憩服务；建设产业融入、公园融合的美丽乡村和山水园林特色小镇，保护和提升传统村镇，带动村镇发展转型升级；建设区域绿道网络系统，以绿道串联城乡，将城市居民带入乡村，辐射联动乡村地区产业发展，促进城乡融合。

4.2.4 美丽宜人导向，科学规划空间

将公园化的城市风貌作为城市转型发展的重要引领，强调美丽怡人的城市景观风貌塑造。

现实路径主要包括：塑造山水城景融合的城市格局，因地制宜保护和融合山水景观，提升城市环境整体水平；推动实施绿色触媒项目，通过规划建设结构性城市公园和亮点项目引领城市片区发展；发展建设公园化新型片区，适度混合城绿用地打造创新创意产业空间，建设“职住一体、城园融合”的人本格局，引领创新发展、绿色服务和消费升级；塑造绿树掩映的整体风貌，通过道路水系沿线绿化和社区公园的布局建设，塑造街区尺度融汇贯连、城绿融合的绿色开放空间网络。

4.2.5　展示多元化面貌，促进全方位发展

将绿色开放空间系统作为促进社会善治和文化传承宣展的场所平台，强调和谐繁荣的城市公共空间营建。

现实路径主要包括以下几个方面：将公园和开放空间塑造成文化传承展示的场所平台，精准定位展示城市文化特色和历史景观风貌，通过景观手法宣传、展示城市历史与文化特征；发挥公园和开放空间作为城市客厅的社会交往空间特性，促进社会融合和社会善治；利用公园和开放空间培育丰富的文艺活动和展会，彰显和宣传地域文化特色；利用公园和开放空间承接国际交往功能，开展外事活动，促进国际交流、展现民族文化；建设智慧公园系统，将互联网+技术广泛运用于公园绿地的智慧管理、智慧服务中。

5　结论及展望

“公园城市”作为新时代城乡人居环境建设和理想城市建构模式的理念创新，是将公园形态与城市空间有机融合，生产生活生态空间相宜、自然经济社会人文相融的复合系统，是指导新时代城乡规划建设的生态文明观和城市治理观。同时，“公园城市”理念在指标体系、规划和建设体系方面仍须不断探索和总结经验。

天府新区的公园城市建设还处于刚起步的阶段，各种规划建议都在酝酿并逐渐成型。天府新区应以自己的城市特色为依托，打造新区特色的公园城市，为全国公园城市的建设提供宝贵的参考经验。

参考文献

[1]　郭川辉，傅红. 从公园规划到成都公园城市规划初探[J]. 现代园艺，2019(11)：100-102.

[2]　李晓江，吴承照，王红扬，等. 公园城市，城市建设的新模式[J]. 城市规划，2019(3)：50-58.

[3] 袁琳. 城市地区公园体系与人民福祉——“公园城市”的思考[J]. 中国园林，2018（10）：39-44.
[4] 顾浩，陈勇. 浙江省新型城市化背景下城乡规划编制的探索与实践[J].城市规划学刊，2012（02）：106-111.
[5] 赵佩佩，顾浩，孙加凤. 新型城镇化背景下城乡规划的转型思考[J]. 规划师，2014（04）：95-100.
[6] 刘春丽，徐跃权.“公园城市”的理念内涵和实践路径研究[J]. 中国园林，2018（10）：30-33.

公园城市背景下成都市中心城区生态环境评价研究

刘怡君

（成都天府新区规划设计研究院有限公司）

【摘　要】本文基于公园城市理论，以成都市中心城区生态本底和城市空间格局为研究基础，构建成都市中心城区生境分类和评价体系，并根据土地利用类型、人工干预等方面的影响因素对成都市中心城区典型用地单元生境多样性的总体情况进行评价，期望为公园城市的建设提供基础数据与支撑。

【关键词】生态环境；生境多样性

1　研究背景

2018年初，习近平总书记在川视察时首次提出了“公园城市”的新理念，对成都提出了“要突出公园城市特点，把生态价值考虑进去”的新发展要求。公园城市理念是“人、城、境、业”高度和谐统一的现代化城市样板，是新时代可持续发展城市建设的新模式。

伴随高速城市化，城市生态环境日益恶化。提高城市人居环境质量，实现可持续发展是城市竞争的目标。生态文明建设动摇了长期以来的传统的粗放城市发展建设模式，生态环境水平指标成为公园城市建设的要素。

生境多样性能直观反映城市生态环境水平的高低。加强城市生境多样性保护，对于维护城市生态安全和生态平衡、改善人居环境具有重要意义。对城市生境多样性进行调查与分析，旨在为公园城市的建设提供基础数据与支撑。

2　城市生境多样性评价体系

2.1　城市生境系统分类

为研究不同城市功能、建设方式对生境多样性的影响，针对当前城市规划建设及管理的重要依据，参考《城市用地分类与规划建设用地标准》（GB 50137—2011），结合研究区实际情况，对成都市中心城区进行生境单元分类（见图1）。

2.2 评价体系构建

为了反映生境多样性的优劣以及生境单元的格局特征，需要建立一个综合的生境多样性评价体系，对生境单元内的主要元素进行科学的评估并给分。

城市生境多样性评价体系应该综合考虑在城市生境中占有重要地位的因子，如城市景观、人工自然景观、人类建设行为等。

城乡用地分类	类别代码 大类	中类	类别名称
建设用地	R		居住用地
		R1	一类居住用地
		R2	二类居住用地
		R3	三类居住用地
	A		公共管理与公共服务用地
		A1	行政办公用地
		A2	文化设施用地
		A3	教育科研用地
		A4	体育用地
		A5	医疗卫生用地
		A6	社会福利设施用地
		A7	文物古迹用地
		A8	外事用地
		A9	宗教设施用地
	B		商业服务业设施用地
		B1	商业用地
		B2	商务用地
		B3	娱乐康体用地
		B4	公用设施营业网点用地
		B9	其他服务设施用地
	M		工业用地
		M1	一类工业用地
		M2	二类工业用地
		M3	三类工业用地
	W		物流仓储用地
		W1	一类物流仓储用地
		W2	二类物流仓储用地
		W3	三类物流仓储用地
	S		道路与交通设施用地
		S1	城市道路用地
		S2	轨道交通线路用地
		S3	综合交通枢纽用地
		S4	交通场站用地
		S9	其他交通设施用地
	U		公用设施用地
		U1	供应设施用地
		U2	环境设施用地
		U3	安全设施用地
	G		绿地与广场用地
		G1	公园绿地
		G2	防护绿地
		G3	广场用地
非建设用地	E		非建设用地
		E1	水域
		E2	农林用地
		E3	其他非建设用地

城市生境分类	类别代码 大类	中类	类别名称
建设用地生境类型	SJ-R		居住用地生境类型
		SJ-R1	一类居住用地生境类型
		SJ-R2	二类居住用地生境类型
		SJ-R3	三类居住用地生境类型
	SJ-A		公共管理与公共服务用地生境类型
		SJ-A1	行政办公用地生境类型
		SJ-A2	文化设施用地生境类型
		SJ-A3	教育科研用地生境类型
		SJ-A4	体育用地生境类型
		SJ-A5	医疗卫生用地生境类型
		SJ-A6	社会福利设施用地生境类型
		SJ-A7	文物古迹用地生境类型
		SJ-A8	外事用地生境类型
		SJ-A9	宗教设施用地生境类型
	SJ-B		商业服务业设施用地生境类型
		SJ-B1	商业用地生境类型
		SJ-B2	商务用地生境类型
		SJ-83	娱乐康体用地生境类型
		SJ-84	公用设施营业网点用地生境类型
		SJ-B9	其他服务设施用地生境类型
	SJ-M		工业用地生境类型
		SJ-M1	一类工业用地生境类型
		SJ-M2	二类工业用地生境类型
		SJ-M3	三类工业用地生境类型
	SJ-W		物流仓储用地生境类型
		SJ-W1	一类物流仓储用地生境类型
		SJ-W2	二类物流仓储用地生境类型
		SJ-W3	三类物流仓储用地生境类型
	SJ-S		道路与交通设施用地生境类型
		SJ-S1	城市道路用地生境类型
		SJ-S2	轨道交通线路用地生境类型
		SJ-S3	综合交通枢纽用地生境类型
		SJ-S4	交通场站用地生境类型
		SJ-S9	其他交通设施用地生境类型
	SJ-U		公用设施用地生境类型
		SJ-U1	供应设施用地生境类型
		SJ-U2	环境设施用地生境类型
		SJ-U3	安全设施用地生境类型
	SJ-G		绿地与广场用地生境类型
		SJ-G1	公园绿地生境类型
		SJ-G2	防护绿地生境类型
		SJ-G3	广场用地生境类型
非建设用地生境类型	SJ-E		非建设用地生境类型
		SJ-E1	水域生境类型
		SJ-E2	空闲地生境类型
		SJ-E3	其他未利用地生境类型

图 1 城市用地分类与城市生境分类关系示意图

根据相关文献研究以及成都市中心城区现状总体分析，最终确定本次研究的三个评价单元分别为基础分单元、结构分单元及提升分单元。基础分单元和结构分单元是对每个生境单元进行评价打分，提升分单元是针对整个研究区进行评价打分。

其中，基础分单元反映了城市中人类建设活动的基础情况，包含了绿地率和建筑密度两个指标，两个指标相互呈反比例增长关系。结构分单元是城市生态环境情况的直接体现，包括植被类型、生态小结构以及乔木 1 m 高胸径三个指标，三个指标之间呈相互交叉的关系。提升分单元反映了物种对城市生境的认可度，即指示物种分布与城市生境呈正相关的关系。

通过文献以及资料的阅读研究后，建立评价指标体系，为增加体系科学性与严谨性，通过咨询专家对其进行评判。根据本次研究的内容，筛选出 10 余位在城乡规划与设计理论、景观规划设计、生态城市规划理论等相关领域有所研究的专家，通过专家打分确定了指标权重，最终得到的评价指标体系见表 1。

表 1　生境多样性评价体系一览表

	评价要素	取值标准	分值	专家权重
基础分指标	绿地率/%	$X \geqslant 40$	5	20.7%
		$30 \leqslant X < 40$	4	
		$20 \leqslant X < 30$	3	
		$10 \leqslant X < 20$	2	
		$X < 10$	1	
	建筑密度/%	$X < 20$	6	14.9%
		$20 \leqslant X < 30$	5	
		$30 \leqslant X < 40$	4	
		$40 \leqslant X < 50$	3	
		$50 \leqslant X < 60$	2	
		$X \geqslant 60$	1	
结构分指标	植被类型/组	自然植被类	8	18.0%
		半自然植被类阔叶林植被组	7	
		半自然植被类灌丛植被组	6	
		半自然植被类草本植被组	5	
		半自然植被类伴人植被组	4	
		人工植被类园林绿地植被组 1（人工乔木）	3	
		人工植被类园林绿地植被组 2（人工灌木）	2	
		人工植被类园林绿地植被组 3（人工草地）	1	

续表

	评价要素	取值标准	分值	专家权重
结构分指标	生态小结构[大树（1 m高胸径≥50 cm）、水面（面积≥25 m^2）、林片（面积≥0.01 hm^2）的组合情况]	3种	3	16.9%
		2种	2	
		1种	1	
		无	0	
	乔木1 m高胸径/cm	$X \geqslant 25$	5	15.9%
		$20 \leqslant X<25$	4	
		$15 \leqslant X<20$	3	
		$10 \leqslant X<15$	2	
		$5 \leqslant X<10$	1	
		无乔木分布	0	
提升分	指示物种（鸟类）	A类：长耳鸮、游隼、雀鹰、普通鵟	5	13.6%
		B类：白鹭、苍鹭、夜鹭、普通翠鸟、白眼潜鸭、绿头鸭、黑水鸡、彩鹮、小䴙䴘、矶鹬	3	
		C类：红头长尾山雀、大山雀、喜鹊、领雀嘴鹎、白头鹎、鹊鸲、金腰燕、白骨顶、果卷尾、棕腹啄木鸟、白腰文鸟、灰椋鸟、八哥、白颊噪鹛、白鹡鸰、灰胸竹鸡、树麻雀、珠颈斑鸠、红胸啄花鸟、蓝喉太阳鸟、乌鸫	1	
		无指示鸟类	0	

3 完城市生境多样性评价体系的构建

3.1 研究对象的选取

考虑具体实施与操作，根据土地利用性质丰富、分布均匀等原则，在成都市中心城区范围内，沿同一横切面选取了具有代表性的3个研究区作为主要研究对象，分别是：犀浦镇工业研究区、武侯区大专院校及其周边研究区、锦江区旅游开发研究区。考虑分布的均匀性和生境类型的普遍性，又新增2处补充研究区，分别是：九里物流仓储研究区和市中心商业开发研究区（见图2）。

3.2 生境多样性评价结果及分析

3.2.1 各研究区生境多样性评价相关分析

犀浦镇工业研究区位于成都市西北部，绕城高速内侧，用地性质以工业用地为主，同时分布有少量商业商务用地、绿地等，共包含 28 个生境单元，用地规模 203 公顷（1 公顷 = 10 000 m^2）。武侯区大专院校及其周边研究区位于成都市中部偏西南方，一环与二环之间，研究区内还包括公共管理与公共服务用地、商业、居住等用地，共 24 个生境单元，用地规模 374 公顷。锦江区旅游开发研究区位于成都市东南部，三环路与绕城高速之间包括三圣花乡幸福梅林景区、周边的商业、居住等用地和农田、林地等非城市建设用地，共 40 个生境单元，用地规模 171 公顷（见图 3）。

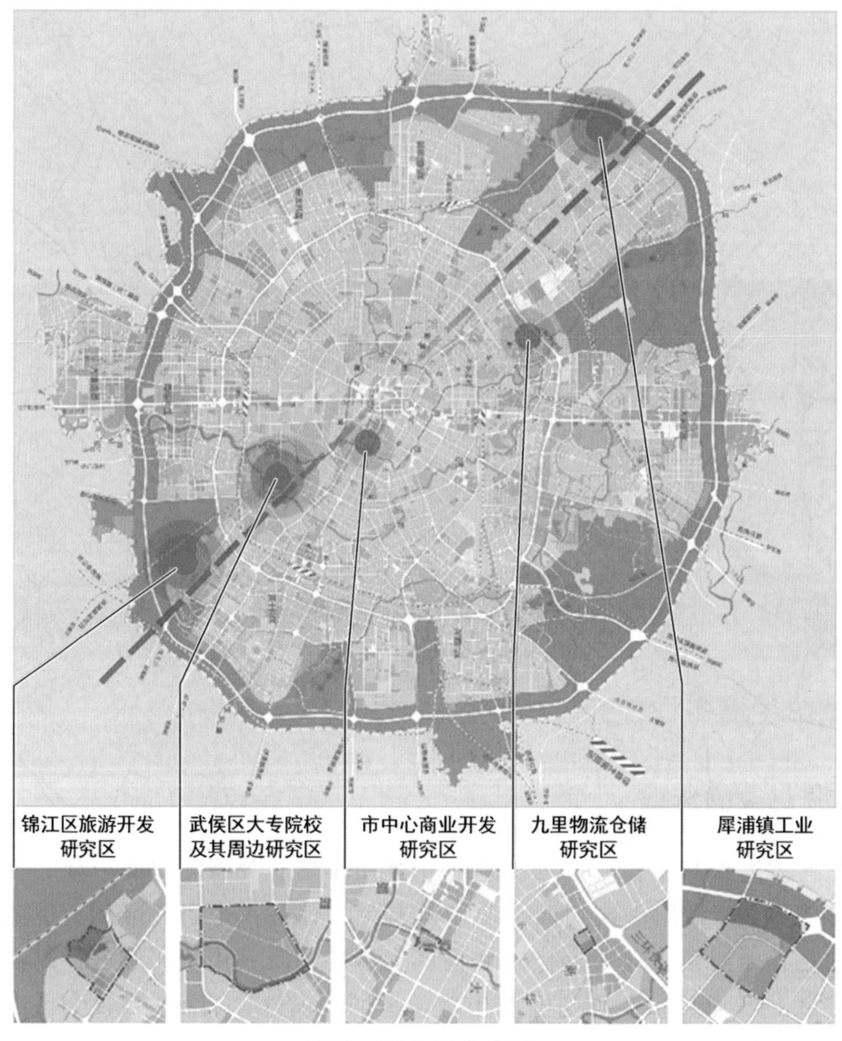

图 2 研究区分布图

犀浦镇工业研究区

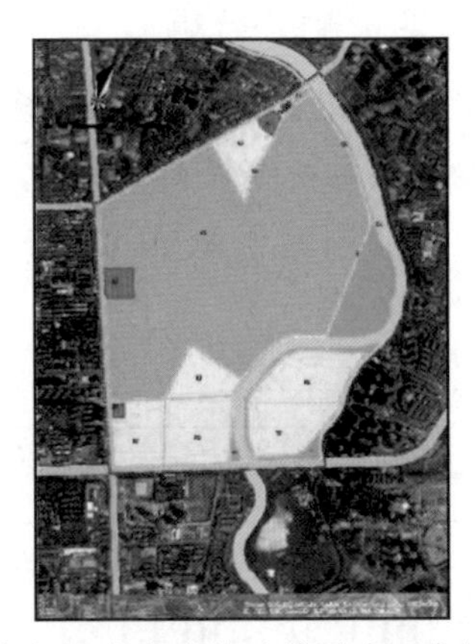

武侯区大专院校及其周边研究区

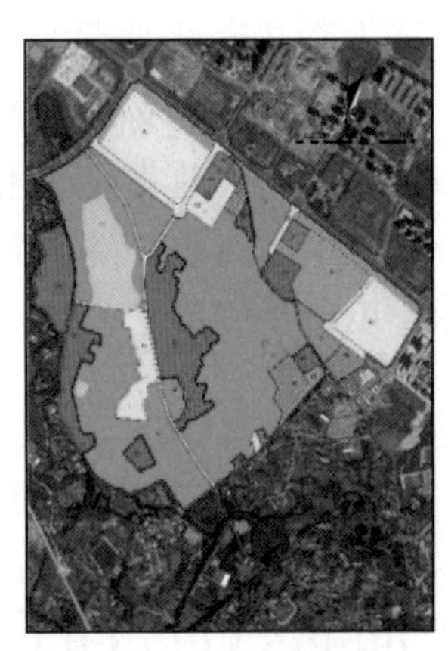

锦江区旅游开发研究区

图 3　各研究区土地利用现状示意图

由各研究区生境多样性评价示意可以看出，得分最高的生境单元为犀浦镇工业研究区的非城市建设用地单元、武侯区大专院校及其周边研究区的大专院校用地单元、绿地单元等；得分较低的生境单元为各研究区的道路生境单元、犀浦镇工业研究区的工业用地单元等（见图 4）。

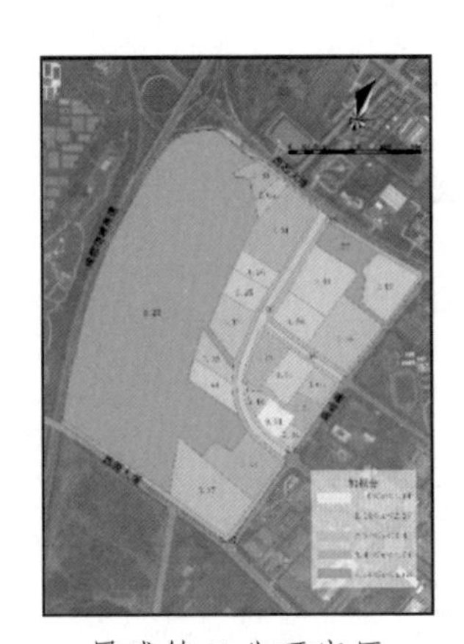

犀浦镇工业研究区

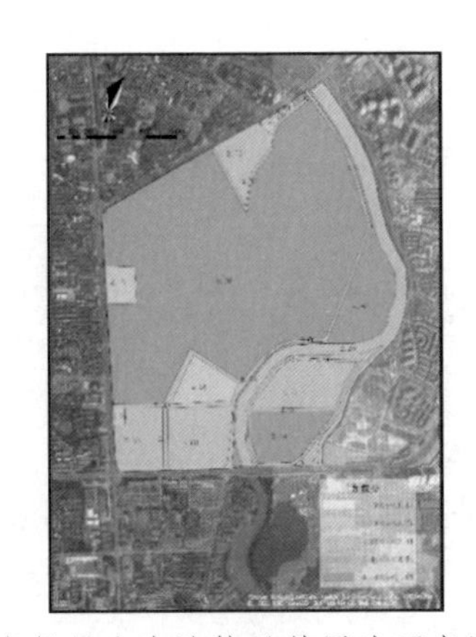

武侯区大专院校及其周边研究区

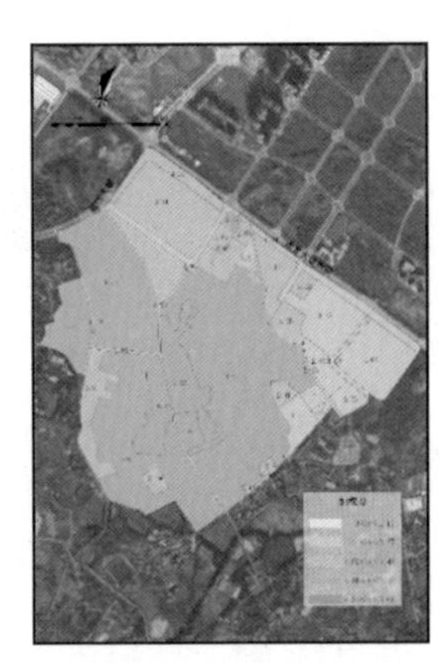

锦江区旅游开发研究区

图 4　各研究区生境多样性评价示意图

得分较高生境单元的显性共同点主要有：地块面积较大；地块内植被覆盖情况较好。

经过相关分析可以得知：生境多样性指标高低与人舒适度角度考虑的环境品质、景观效果并无直接关系；生境单元面积大，生境类型丰富的研究区其指标较高；生境多样性指标与其生境发育历史更加具有相关性；随着城市建设管理要求的不断提高，产业区的生态效力逐步提升。

3.2.2 城市各生境类型多样性评价相关分析

本次调研涉及5个研究区，共97个生境单元，多样性评价指标最高的为犀浦镇工业研究区的非建设用地生境单元（绕城高速绿化带），其得分为5.27分，最低分为市中心商业开发研究区的商业用地生境单元（IFS）与九里物流仓储研究区的商业用地生境单元，其得分均为0.536分（见图5）。

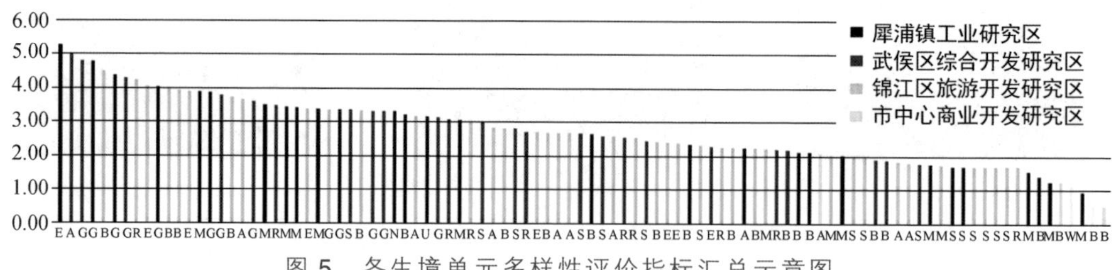

图5 各生境单元多样性评价指标汇总示意图

本次调查研究所涉及的97个生境单元中，评价指标处于高分区的有5个；较高分区有15个；中间分区31个；较低分区41个；低分区5个。如果以总分的60%为及格分，本次调研的生境单元仅有高分区与较高分区中的生境单元达到及格水平，占调研单元总数的21%（见图6）。

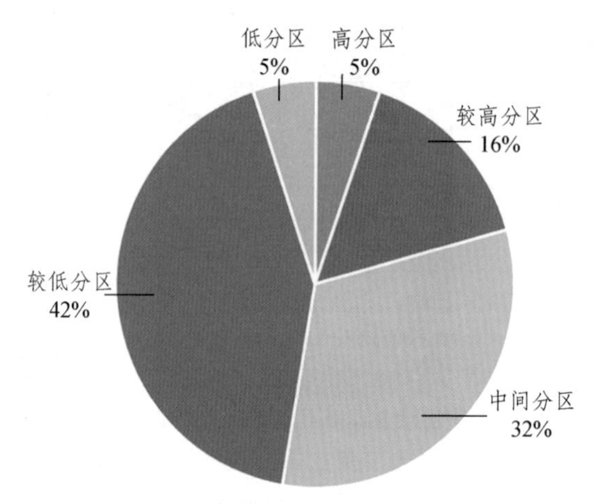

图6 生境单元评价指标总体分布概况示意图

根据本次调查研究与分析，得出以下结论：大专院校极其周边区域生境多样性评价普遍较高；产业集聚区通过相关城市建设管理手段，在提升人居环境水平的同时，也可提升生境多样性；景区内虽景观环境较好，然而由于某些因素（人工过度干预、生境的连续性等），其生境多样性评价具有一定波动性；若以总分的60%为及格分，本次调研的生境单元达到及格水平的单元数占调研单元总数的21%，且本次调研的生境类型中仅有SJ-G绿地生境类型平均分达到及格水平；城市中心城区

总体生境多样性较差。

4 结 语

本研究通过 3S 技术法、专家打分法、实地调研法、层次分析法等多种方法相结合的手段，对成都市中心城区生境多样性进行评价分析，由于城市生境类型多样且影响因子众多，加上数据获取较困难等因素，本研究具有一定的局限性。但从城市的宏观角度探讨生境质量和城市建设与人类活动之间的关系，可以从一定程度上对成都市中心城区的生境现状情况及形成原因提供参考和借鉴；为今后城市生态环境建设发展、城市生物多样性的保护提供依据；为生境破碎区的确定、景观格局的优化、景观连续性的提升等方面提供基础资料；从实际出发指导成都市公园城市的建设，树立人与自然和谐相处的城市规划价值观。

参考文献

[1] 吴志强，李德华. 城市规划原理[M]. 4 版. 北京：中国建筑工业出版社，2010.

[2] 王献溥，李文埕. 城市生境的维护和营造[J]. 现代城市研究，2004(11)：46-52.

[3] 高天，邱玲，陈存根. 生态单元制图在国外自然保护和城乡规划中的发展与应用[J]. 自然资源学报，2010（06）：978-989.

[4] Sukopp H，Werler S. Biotope mapping in nature conservation strategies in urban areas of the federal republic of Gemany[J]. Landscape and Urban Planning，1988（15）：39-58.

[5] 孟伟庆，李洪远，祝玉敏，等. 生态单元制图及其在西部生态环境保护中的应用[J]. 世界科技研究与发展，2006（02）：86-89.

[6] 赵振斌，薛亮，张君，等. 西安市典型区域城市生境制图与自然保护规划研究[J]. 地理科学，2007（04）：561-566.

公园城市建设的核心要素浅析

周健敏
（成都天投地产开发有限公司）

【摘　要】在很多城市的运营中，已出现了一些大城市病，如人口密度大，生活舒适性差，缺乏户外休闲场地，高楼林立缺少绿地、园林等。在天府新区的新城市规划建设中，必须要分析当前的大城市通病并通过应用全新的公园城市理念，来满足人民对美好生活的向往。公园城市的核心要素是公园，公园承担的文化、交流、休闲、体育等诸多功能必须在规划之初就要全面考虑。

【关键词】大城市，公园，规划，核心要素

1　大城市建设现状

1.1　现有城市公园难以匹配人们的精神需求

随着人们生活水平的不断提高，现代化生活节奏的不断提速，人们越来越追求通过一些快速、便捷的方式完成人与人之间的沟通，有人则花更多的时间用于饭局、应酬。公园所具有的慢属性被忙碌的人们所抛弃。而城市公园逐渐成沦为人们路过的花园而非理想的活动场所，而原本其可为人们提供休憩娱乐的公共空间，成为家庭亲子活动的开展地、思想交流的聚集地。一切的问题还是应该从公园设计的方面寻找原因。

1.2　缺少生态可持续发展和既有历史的保护

现有城市公园在场地原有地形地貌的保护上并未完全以原生态为基础，因地制宜地以原始地貌为基础进行保护性改造，通过不同维度和层级的景观打造立体的公共空间，而主要是以推倒重建的二维平面广场的方式打造。同时，对既有的拥有城市历史底蕴的建筑、地标物未进行有效的规划、保护或打造成为“名片”。

1.3 没有形成与小区功能的互补

现阶段，城市各种类型的居住小区都充分考虑了人们生活散步、邻里交流这样的普适性社交、初级健身需求，而公园只是更大的小区绿化，那对公园这样稀缺的公共资源就是极大的浪费。公园作为生活品质化、多样化的平台，人们生活交流、思想碰撞的文明推进发动机，赋予公园的意义要与居住的小区绿化区分。

1.4 人性化设计，人文关怀需进一步提升

目前，我国社会逐步进入老龄化，对出行的便利要求也更高了，在景观设计时应考虑坡道的增设。同时，对残疾人的出行关怀也在不断提升，这些因素都应在设计之初在公服配套建设中考虑进去。城市公园设计的目的就是让人与人获得开放、交流、放松、锻炼的空间，是大家释放活力、舒缓工作压力的场所。因此公园设计的主要诉求应为人民服务。设计之前，我们应考虑未来的景观将给人们提供一种什么样的需要——包括生理和心理上的。例如：卫生间应该醒目但是又不与景观造成冲突，可以通过更详细的导视牌进行解决。

1.5 公园设计过度追求面积

公园设计方面太过于追求面积，每一个公园用途的普遍化、平庸化是不可忽视的趋势，忽略在规划阶段、设计阶段对其进行特定的用途和功能定位，尤其是对于大城市的公园设计，似乎成了比大的竞赛。实际上，公园的设计应该考虑其所在整个城市环境系统中的位置，面积的叠加、景观的堆砌并不能凸显公园的功能性、适用性。更多的景观、设施设计需要我们认真思考和对待从而满足我们的使用诉求。

1.6 过度商业开发

目前城市公园大范围被一些高端餐饮垄断了资源，虽然随着管控措施的进一步加强，局面开始得到扭转。但是仍然有公园过度商业开发的问题，失掉了公园的本心，远离了公园本身的定位。

2 公园设计发展核心要素分析

2.1 面积因地制宜，功能动静区分

从城市整体发展上考虑公园的布局及搭配，从距离中心城区面积较大的郊野

公园到城市非中心区域的面积适中的城市公园再到面积较小的社区公园形成一套成体系布局。按照动静区分，可根据城市地貌将郊野公园定位成为“动”的公园，主要承担一些自行车骑行、翼装飞行、山地越野跑等体育、健身类主题公园。而城市公园作为主要承担小型公众活动、艺术人文交流、篮球等体育运动的平台，属于“动静结合”的公园。社区公园因其靠近居住区，可定位为“静”的公园，主要为周边居住人群服务，可纳入部分商业，如露天咖啡、读书会等，提升人们的人文品位。

2.2 公园的地形

地形是公园的骨架，通过合理利用地形，可在公园中创造人们休闲娱乐的优美环境。造园讲究因地制宜，对公园内原有的地形地貌要适当保留，采用合适的处理手法使其发挥最大的景观效益。在处理不同地形时，可根据其特点满足不同的使用需求。例如，自然坡地可以成为人们休憩、静坐的好去处；梯形地可以设置符合人体工程学的台阶；垂直地则可以布置舒服的座椅等。

2.3 公园的园路

公园的园路是公园景观的重要组成部分，对于公园景观的营造起着非常重要的作用。它不仅可以组织园林空间和引导交通游览路线，还是人们休息散步的场所。在城市公园中，需要通过对游人特征、行为、数量等的调查与预测，全面系统地考虑游人的行为特点，进行人性化的园道设计。如人们有抄近路、走捷径的行为习惯，在布置公园游览路径时，就应该考虑不同使用者的需求，使他们能迅速便捷地到达自己想去的活动空间，减少不必要的路程，避免相互之间形成干扰。又如，当公园中道路存在高差的变化时，也应尽量避免使用台阶，用缓坡代替，这样可方便坐轮椅的使用者。

2.4 公园建筑及构筑物

建筑及构筑物作为公园景观设计中的附属要素，也可以起着画龙点睛的作用，除了本身作为公园的景点之外，它们也是为方便游人休息和观赏而设置的景观空间，所以其内部空间使用的舒适性也应该注意。从人性化的角度来说，要求建筑内部空间尺度亲切宜人，遮阴避雨的效果好，视野开阔，座椅等配套休息设施使用起来舒服。不同的建筑及构筑物设计的方式也应根据功能不同而适宜安排，如小卖部要考虑选址及为大众服务的宗旨；雕塑要符合公园的主题和人的美感需求。

2.5 公园的植物

植物是营造公园景观不可缺少的因素，它不仅可以构成优美的环境，还有衬托主景的作用。植物景观人性化的要点，首先是合理地选择植物，应优先考虑乡土树种，可以体现当地的民风民俗，从而使公园具有独特的地方特色。其次，在植物配置上，结合当地气候特点，合理搭配各种乔木、灌木、花草等，为使用者提供一个风景优美的休憩处，并创造一个宜人的气候环境。在草坪的布置中，要注意选择耐践踏的草坪品种，为人们休息、嬉戏、聚餐提供便利。切忌布置纯观赏性的草坪，避免使草坪成为人们可望而不可即的风景。此外，还需要考虑公园中一些特殊使用者对欣赏植物的特殊要求，主要包括一些残疾人、老人和儿童，在植物的配置中，要合理配置其高度，方便残疾人接近植物；对儿童群体，应注意避免选择带毒、带刺、花粉易引起过敏的植物，保证其安全、舒适性；对于盲人的欣赏需要，注意选择一些芳香的、声响和树干有质感的植物品种，让他们可以通过其他途径感受大自然。

2.6 公园的设施小品

公园设施小品应遵循观赏性与实用性相结合的原则，既要有安全性和舒适性，又要能够体现地域特色，并且有亲切的尺度，能够反映生活情趣等。设施小品也是公园中和人民最贴切的要素，所以必须保证设施小品的数量充足，位置布置合理，并且保证每个单体具有人性的尺度，给使用者以认同和亲切感。例如，座椅布置设计必须满足人们的生理舒适性以及适度的开放和私密性。同时，人们在公园中活动，游园的安全性尤为重要。这不但依赖于必要的防护措施，还要特别注意公园的晚间照明设施。另外，必须在整个公园设置清晰、醒目、引导性强的标志牌，标明道路、设施、出入口、电话亭、厕所，并提供如何求助等标示性设施。

2.7 公园的水景

水是人类生命的源泉，公园里的水体可以调节空气湿度和温度，净化空气，形成气候宜人的环境。水有声有色，有动有静，能给人以不同的体验，作为公园中的主要活动者，人都具有亲水性，在公园中适当地设置水体，也是以人为本思想的体现。在人性化的水景设计中，首先要考虑的是安全性，要对池岸和水体深度进行控制，处理成浅水或设置深水保护措施，保证游人安全。同时，再因人而异，结合不同年龄的不同要求，设置不同的具有亲和力的水景，如涉水池、旱喷泉、水台阶、水流雕塑等，使人能与水亲密接触，增加空间的活力。

3 结 语

公园城市不等于修建了公园的城市，让公园成为人们生活、文化交流、休闲娱乐的载体才是公园之于城市的核心诉求。公园成为人们生活中的交流区，而非城市中的风景区，突出公园发展的软硬结合，避免硬性地通过宽阔的道路切断了人与人之间的联系。追求效率不等于切断人们交流的通道，打通人际沟通与交往的堵点，才是人们生活慢下来的意义。不要一直赶路，也要欣赏路边的风景。在公园城市的运营过程中也应考虑受众及实际需求，而非脱离实际居住人群的需求。

2 规划设计

超高层建筑钢结构深化设计管理

王韧峰
（成都天府新区投资集团有限公司）

【摘　要】钢结构深化设计作为钢结构工程的一项前期重要工作，是后续钢结构构件的加工、运输及安装必须考虑的重要因素，将对工程进度、施工安全、制造安装质量和商务成本产生较大影响。在超高层建筑施工总承包管理中，总承包管理企业要对工程深化设计、采购、制造、安装施工每个阶段负责。本文结合天投国际商务中心项目，分析了核心筒钢框架结构体系的超高层建筑钢结构深化设计的过程管理，探讨了钢结构专业的深化设计管理措施。

【关键词】钢结构，深化设计，管理措施，配合因素

1 引　言

天投国际商务中心的两栋主楼，均为超高层建筑，B 栋和 C 栋塔楼结构形式为圆钢管混凝土柱+钢筋混凝土核心筒+组合楼板，外框周边均有 16 根钢管柱（从负二层开始，其中地下室部分为劲性钢管柱），钢管柱直径为 1 600 ~ 800 mm，壁厚为 36 ~ 12 mm，标准层每层钢梁数量 314 根，总体用钢量达 2.7 万吨。钢结构工程体量大，工期紧，在整体工程中占比较大，下面就钢结构的深化设计管理进行分析。

2 钢结构深化设计管理

钢结构深化设计是在施工图设计完成之后，设计人员对原施工图的构件布置、构件截面与内力、主要节点构造及各种有关数据和技术要求及规范进行细化完善。依据制造厂的生产条件和现场施工条件，并考虑运输要求、吊装能力和安装条件，确定构件的分段。最后将构件的整体形式、梁柱的布置、构件中各零件的尺寸和要求、焊接工艺要求以及零件间的连接方法等，详细地表现到图纸上，

以便制造和安装人员通过图纸，能够清楚地领会设计意图和要求，准确地完成制作和安装。

2.1 深化设计组织管理体系

建立深化设计管理制度，编制钢结构深化设计工作方案，确立深化设计管理目标。组织建立天投国际商务中心超高层建筑钢结构深化设计领导小组和工作小组，小组成员单位包括业主、设计、监理、总承包、深化设计、制作安装共6家单位的项目负责人。主要职责是：业主单位进行总协调，统一管理，对工程中涉及的各专业分包单位进行有效管理，协调各专业分包单位之间的信息沟通与交流；设计单位就原设计意图向各方进行技术交底，对深化设计进行审定；监理单位驻进钢结构分包单位的加工制造厂监督制造；总承包单位规范确定深化设计单位，在专业分包合同中明确工作界面及双方职责和权利；深化设计单位依据边界条件与各相关单位做好协调沟通，按时完成深化设计并进行相关校核；加工制造单位及时提供工厂的基本加工安装条件，供深化设计单位作为输入边界条件。

2.2 深化设计流程

深化设计团队要熟悉钢结构设计图纸，与原结构设计人员形成良好互动，同时与土建、机电、幕墙等相关实施单位就钢结构安装中需要配合的事项进行充分的沟通。将深化设计所需要的输入条件调查清楚后，建模型绘制详图。对详图按照深化设计单位自校—安装单位校核—设计单位（业主、监理、咨询单位）审核—各方签字认可的流程完成逐级图纸审核。钢结构深化设计流程图见图1。

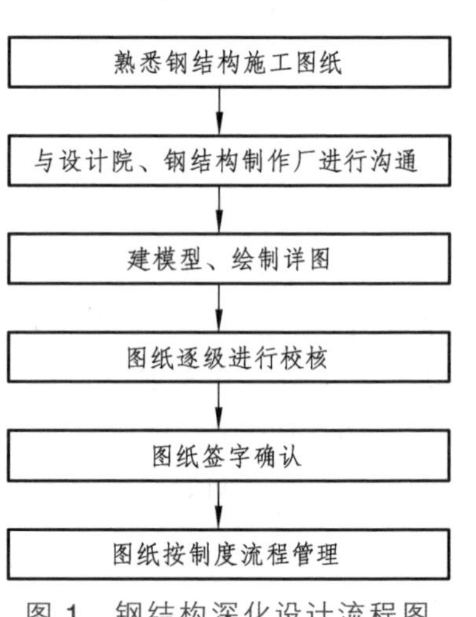

图1 钢结构深化设计流程图

2.3 深化设计管理内容

首先要认真研读施工设计图纸，明确项目深化设计内容，确定项目深化设计管理内容。天投国际商务中心深化设计的重点内容是钢管混凝土柱、楼层钢梁及组合楼板。采用分区整体三维建模的方式进行深化设计，在整体建模过程中要保证设计的精度和质量。结构深化设计主要管控内容为进度管理、质量管理、半成品制造管理、技术问题协调管理。

2.4 进度管控

钢结构深化设计是项目建设中的重要环节，处于项目建设进度安排的关键线路上，直接影响总的项目工期，需要制定深化设计保障工期的进度目标措施进行有效管控。深化设计单位应根据总承包的总体施工进度计划编制详细的钢结构深化设计进度计划，并报总包单位批准；每周向总包单位报深化设计完成情况；分批提供钢结构深化设计图纸；按专业分包合同进行考核；报业主进行备案。

2.5 质量管控

深化设计是项目实施中的关键环节，深化设计质量决定整个工程的质量。总承包单位在深化设计中采取的主要管理措施：深化设计单位应具有专业设计资质和经验丰富的深化设计人员及专业的详图深化软件，总承包管理中应对上述部分进行审查；深化设计应按照国家标准和规范、设计文件、技术交底、安装方案进行；深化设计工作方案应报业主审批后执行；深化设计单位应对完成的深化设计图纸进行校对和审核，并按照分包合同要求及时向总包、设计、监理、业主单位项目负责人报审；深化设计详图必须由深化设计单位的结构工程师和专业负责人签字并盖章。

2.6 深化设计成果文件

深化设计的节点构造、放样设计、工艺设计、加工、运输、吊装的分段均应在施工详图中得以体现，施工详图是指导工厂加工及现场安装的有效文件。深化设计的成果文件主要包括：施工详图设计说明、预埋件平面布置图、构件平面布置图、构件图、零件图、构件清单、零件清单、螺栓清单等。

3 深化设计重点因素分析

3.1 钢结构加工制作

3.1.1 深化设计前工艺评审

制作工艺是钢结构加工制作的直接指导文件，钢构件加工制作前，首先需要进行制作工艺评审，得出可实施的具体方案。深化设计前，深化人员应和工艺人员熟悉图纸，对图纸中的信息进行整理，对重难点部位的制作工艺进行分析，如对特殊的材质、特殊规格截面、涂装要求、检测要求等应予以明确，并提出相关建议，对暂时不明确的问题由深化设计负责人与设计、现场、业主等进行沟通，在深化设计前形成合理的工艺评审文件，在深化设计文件中得以体现。

3.1.2 加工制作工艺方案

深化建模过程中应紧密结合制作工艺方案，考虑安装运输对深化设计的要求。深化设计人员要深入了解零部件的工厂加工方法，车间施工用器具的使用方法，零部件的工厂组装顺序，厚板的焊接处理方法、季节变化对加工制作的影响。结合工艺方案，在深化图纸中对工艺方案所需的所有信息进行表达。

3.1.3 工艺板采取的技术措施

梁、柱的现场连接部位，合理设置工艺板，以防止构件在组装、吊运过程中发生变形，同时设置合理的工艺衬板等以保证焊接质量。

3.2 钢结构运输、安装条件

（1）深化设计前，应和运输、安装等相关单位沟通协调，充分掌握运输的方法、现场塔吊布置和吊重能力、现场条件。

（2）确定合理的构件三维尺寸和单元吊装重量要求，考虑压缩变形的影响，对构件制作单元做合理的划分，在软件三维空间内，对构件安装空间进行放样测量，确保其满足施工过程中的各项要求。

（3）在深化设计阶段合理划分节段，根据运输方案设置相应的临时措施，如设置绑扎用临时耳板等，尽量减短绑扎绳索的长度，改善绳索的线弹性变量，将构件在运输过程中的晃动降到最小，以达到运输安全、可靠的目的。

（4）在深化设计建模过程中，对构件安装的可行性逐一验证，确保安装现场顺利施工。具体考虑构件重量是否满足吊装要求、构件安装操作空间是否足够和其他需考虑的安装因素等。

3.3 钢结构与土建专业的配合

在钢结构施工过程中，与土建的及时配合非常重要，设计人员在前期深化设计时应综合考虑钢结构与土建的关系，做好预埋件平面定位与标高定位图。跟踪土建的进度，现场深化设计配合服务人员应及时提醒土建施工单位和钢结构制作厂做好预埋件的制作与预埋工作，及时检查预埋件的位置与土建钢筋、梁的位置等有无矛盾。

4 结 语

天投国际商务中心主体钢结构施工已接近完成，通过对钢结构深化设计的系统管理保证了设计质量和工期目标的实现。钢结构深化设计单位要服从业主的整体安

排，配合各专业做好相关工作，对深化设计工作进行系统、有效的管理，严格控制好进度和质量，做好信息管理，及时满足各方需求；细化原结构设计，优化设计方案，在深化过程中充分考虑制作、运输、安装要求，合理优化构件单元，使质量、效益最大化；协调处理钢结构设计部分与土建、机电、幕墙等相关联专业的配合设计与施工，做到提前预知与及时解决问题，确保钢结构工程的顺利实施，为整体工程完工做好保障。

参考文献

[1] 单红波，潘剑峰，刘晓斌，等. 施工总承包模式下钢结构深化设计管理[J]. 施工技术，2015，488（21）：20-23.

天府新区轨道交通规划方面的几点思考

曹尚斐
（成都天府新区规划设计研究院有限公司）

【摘　要】天府新区正处于城市快速发展和轨道建设同步时期，科学合理地选择轨道交通廊道和完善站点周边用地布局，对协调轨道交通和城市空间的关系，构建以轨道交通为主的绿色交通体系，落实“公园城市”新发展理念极为重要。本文在借鉴国内外经验的基础上，在轨道交通廊道与核心区、轨道廊道和城市街区两个方面对新区的线网规划进行了评价，指出现有规划的不足之处；在站点周边用地布局规划中补充完善了公共服务设施和公交场站的用地布局。

【关键词】轨道交通，站点，廊道，街区尺度

1　轨道交通线网规划

根据《成都市城市轨道交通线网规划修编（2016—2030年）》，天府新区成都新区内共规划轨道线网总里程307 km，城市建设区范围内线网密度为1.2 km/km^2，站点1 km覆盖率达到78%（见图1）。线网里程可以满足构建三网融合的城市绿色交通体系的要求。

《成都市城市轨道交通第四期建设规划》已经获批，新区境内的19号线位于其中。随着城市快速发展，新区的轨道交通建设将进入快速网络化的发展时期，未来将有大量轨道线路获批建设。参照国内其他城市的经验，轨道交通尚在未实现覆盖全市空间网络化运营的时期，已经造成许多线路高峰时期的拥挤，降低人们对这种交通出行方式的认同感。因此在轨道线网规划阶段，使城市轨道交通与城市空间紧密结合，强化轨道交通相对于小汽车交通的吸引力，满足引导居民生活和城市的可持续发展等要求，避免城市轨道交通快速成网建设中产生遗憾和不足。

本文借鉴国内外城市轨道交通规划建设过程中的经验，旨在发现轨道线网规划以及站点周边用地规划方面的不足之处，并希望能对轨道线网优化和站点周边用地规划调整提供参考。

2 轨道交通廊道选择

为加强与城市空间的紧密结合，轨道交通廊道的选择就显得至关重要。影响轨道交通廊道选择的因素包括核心区规划、街区尺度等。

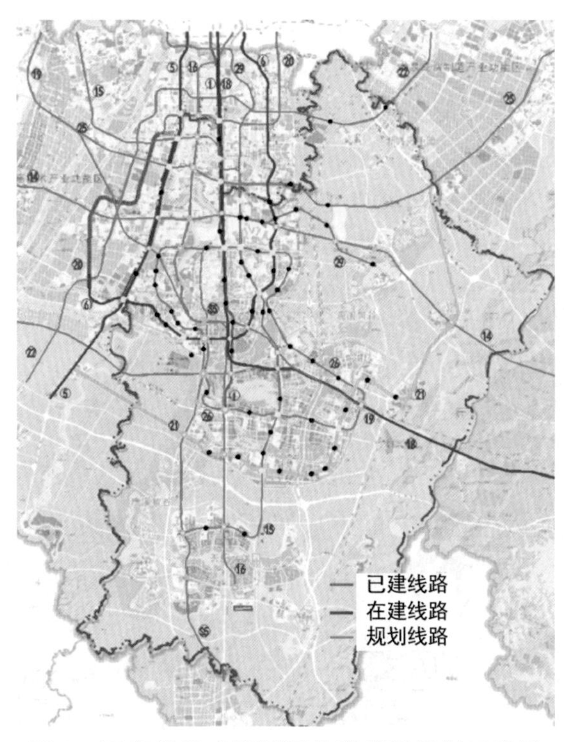

图 1　天府新区成都新区轨道线网规划示意图

2.1 核心区规划

城市轨道交通系统可以改善城市的通达性，并提高沿线地区土地价值及发展潜力。在充分利用轨道交通运量大、快捷、站点交通可达性高的优势基础上，建立以轨道交通为主导的高密度集约化发展模式，以地铁的建设对土地利用进行重组，使地铁站点成为高度集中的城市活动中心（包括城市各级中心、商业中心、人流集散中心及社区中心等）和空间结点。日本轨道交通的发展及其客运效益较好，其中最重要的因素之一就是土地利用与轨道交通相互协调发展。土地利用与轨道建设的关系如图 2 所示。

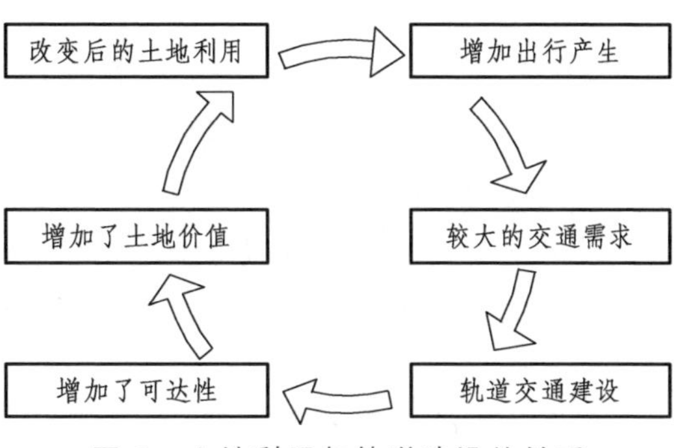

图 2　土地利用与轨道建设的关系

《成都市城市规划管理技术规定（2017）》按规划区位、交通条件、产业发展和市政基础设施的综合承载能力，将中心城区居住、商业服务设施等建设用地划分为核心区、一般地区和特别地区，形成疏密有致、高低错落、建筑与自然环境和谐相融的城市空间形态。其中核心区指综合交通枢纽、城市轴线、城市中心区等建设强度相对较高的区域。

高强度开发的城市开发区应有轨道交通站点支撑，保障核心区的交通承载能力。因此，轨道交通廊道应尽可能串联城市核心区，轨道站点应布设于核心区的中心位置。如图 3 所示，以成都科学城为例，发现成都科学城的核心区与轨道交通线路衔接关系较弱，不利于轨道交通与城市土地利用的协调发展，难以支撑核心区高强度的开发。

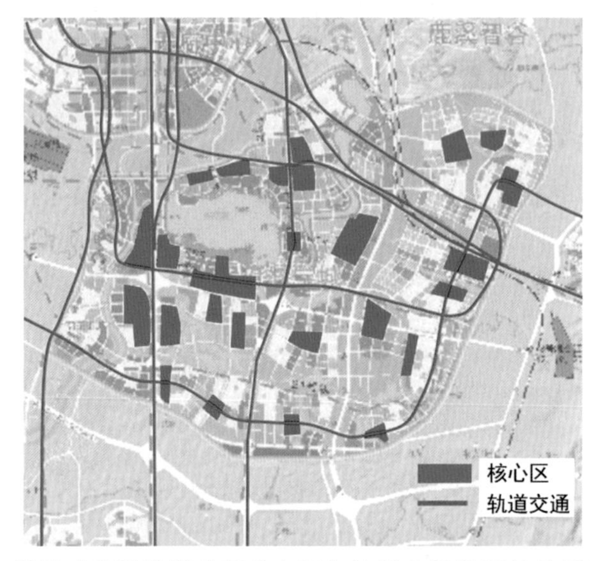

图 3　新区成都科学城片区核心区与轨道交通线网的关系示意图

[注：核心区位置来源于《成都市城市规划管理技术规定（2017）》中成都市中心城区形态分区图]

2.2　街区尺度

新区范围内轨道站点 1 km 覆盖率为 78%，因此在居民采用轨道交通完成出行时，慢行（步行或自行车）+轨道交通的出行组合较为常见。而在不同道路等级中，以慢行交通为主的支路和巷道由于车速较慢，对慢行比较友善，与城市生活紧密相联；以机动车交通为主的城市快速路和主干路由于车速较快，慢行交通体验较差。另外，以次干路、支路和巷道为主的街区地块尺度较小，路网密度较高，慢行绕行距离小。

因此，轨道站点影响区宜采用小街坊、密路网的道路规划形态，利于慢行交通与轨道交通的接驳，缩短慢行到达轨道站点的时间，扩大轨道站点的吸引范围。

另外，参照国内外结合轨道站点“珠链状”的土地开发模式，是实现土地利用与轨道运营性互动的理想模式。通过以轨道交通为主导的高密度集约化发展，形成沿轨道线路以各站点枢纽为中心的“珠链状”发展格局。

因此，轨道站点核心范围内的用地应以建设用地为主，高强度开发，使轨道线路修建产生的土地效益最大化，“珠链状”节点形成紧缩发展的城市形态后会将节点外围更多的土地留给自然，形成生态绿地，落实公园城市理念，如图 4 所示。

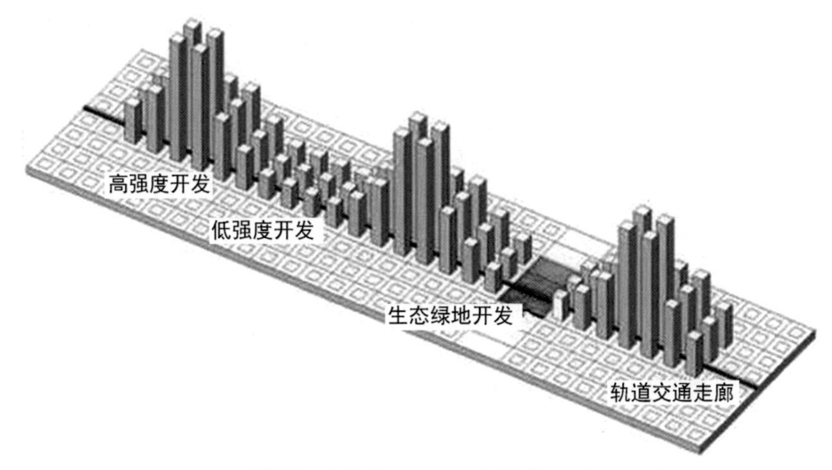

图 4　以地铁车站为核心的“珠链状”发展示意图

如图 5 和表 1 所示，新区范围的轨道线路大部分布置于城市主干路，存在以下问题（以红石公园站和青岛路站为例）：

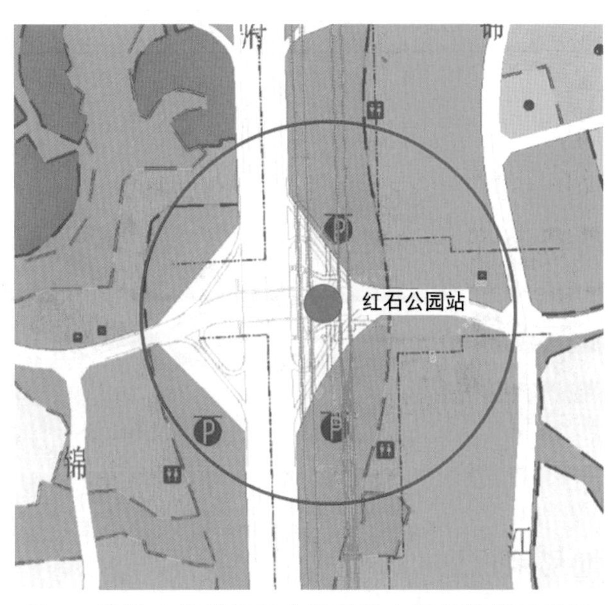

图 5　地铁 1 号线红石公园站核心覆盖范围示意图

表 1　地铁 1 号线红石公园站核心覆盖范围用地

用地类型	面积/m^2	用地比例
可利用建设用地	96 463	34%
绿地	83 816	30%
道路	101 545	36%
合计	281 824	100%

（1）与站点联系的道路为主干路，以交通功能为主，慢行交通环境较差。

（2）主干路两侧街区尺度较大，慢行绕行距离较大，通过慢行交通解决站点最后 1 km 的效果不佳。

（3）廊道位于主干路上，与城市生态绿廊重合，站点周边可利用建设用地较少，轨道交通带来土地收益较小，浪费站点周边的开发资源，与“珠链状”土地开发模式相违背。

（4）主干路一般为规划市政管线的重要廊道，地铁区间及其附属构筑物的修建和保护距离占用大量的道路地下空间，不利于市政廊道的修建。如图 6 所示，综合管廊从地铁出站口附属物下方穿越，管廊顶与地铁出站口底板外壁最小净距仅为 1 m，管廊外壁与地铁区间结构外壁最小水平净距为 5 m，如不能同步修建，管廊的形成难度较大。另外，位于城市主干路下方的地铁构筑物将会影响远期重要交叉口节点立交化的改造。

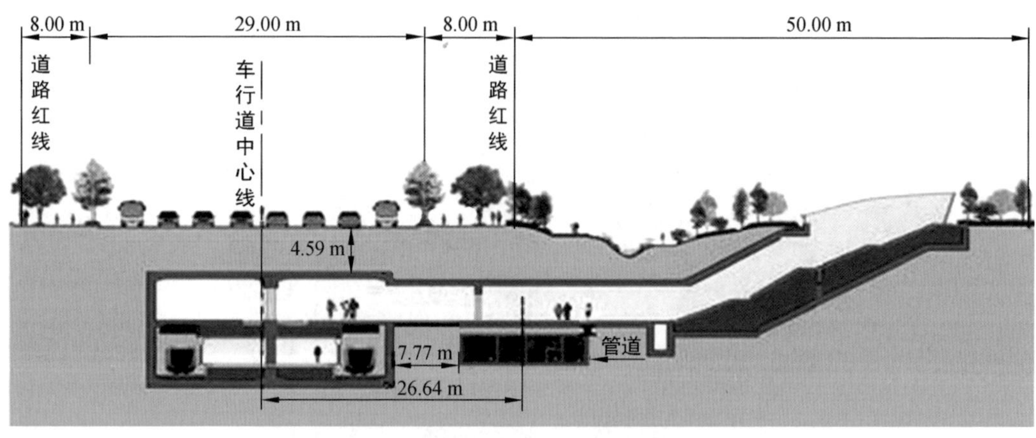

图 6　6 号线青岛路站地下空间利用示意图

3　站点周边土地利用规划

为实现土地利用与轨道运营性互动的“珠链状”土地开发模式，站点周边的土

地利用以高收益的土地类型为主，优先布置商业、办公、居住等用地，而往往忽略公共服务设施用地和常规公交场站用地的布置。

3.1 公共服务设施用地

城市轨道站点周边的用地应以商业服务业、公共管理和公共服务、居住等服务功能为主，在轨道站核心区范围内，鼓励以多种形式灵活利用立体空间，提供为周边社区直接服务的中小学、幼儿园、公共医疗设施、文化设施、养老设施、体育设施等公共服务功能，鼓励采用多种形式灵活利用立体空间提供公共绿地和广场，满足居民方便享用服务的需求，减少不必要的绕行。将公共服务设施用地有效集约地布置于站点周围，不仅可缓解地段服务设施分散和难以同步配置齐全的弊端，还可以发挥城市轨道交通人流汇集的优势，为城市环境注入活力，有利于提升公共服务设施的利用效率和经营效果。此外，将公共服务设施集中布置于站点周边，有助于增加城市轨道交通周围空间城市活动的丰富性。

3.2 常规公交场站用地

借鉴广州市的经验，近年来，广州常规公交客运量随地铁里程增加呈常态性下降趋势，常规公交占比从 2011 年的 30.6%下降至目前的 27.8%，地铁则增长 4.5%，常规公交客流向地铁转移趋势明显。自 2013 年以来，广州市轨道交通运力增长了 43%；常规公交运力增长 6.2%。随着公共交通设施的大力投入，公共交通日客运量小幅增长 6%。公共交通设施的投入，对公共交通机动化分担率的改善收效甚微。原因之一是公交与地铁衔接不畅，影响全过程出行体验。一是常规公交设施衔接不足。外围部分地铁站建设对城市发展和轨道辐射能力预计不足，大型客流换乘枢纽只能采取中途站集散，能力不匹配导致秩序混乱、候车时间较长等较差、低效的出行体验。二是网络衔接不足。由于设施能力不足，部分线路不得不采取“过境型”线路集散，集散能力有限，换乘效率低，导致公交与地铁衔接不畅，影响出行体验。

因此，为达到轨道和常规公交融合发展的目标，需完善地铁与公交接驳能力，强化一体化出行体验。针对新区发展现状，应对地铁站大型公交集散客流点进行梳理，鼓励采用多种形式灵活利用立体空间，在站点周边提供公交场站用地，改善中途站集散能力不足的情况，提升换乘效率和换乘体验，达到轨道交通和常规公交协调发展的目标。

4 结　论

新区轨道交通廊道的选择与城市规划、路网规划和市政基础设施专项规划的协

调性较差，不利于土地效益最大化，不利于绿色交通系统的构建。下一步应尽快结合城市用地布局优化轨道交通廊道规划，统筹考虑轨道交通廊道与城市核心区、路网（小街坊、密路网）规划、市政廊道和城市生态绿地的关系，并优化调整轨道站点周边的用地规划，在有效覆盖范围布设公共服务设施和公交场站用地，提升站点周边城市活力，推动高效便捷、三网融合的城市绿色交通系统的构建。

参考文献

[1] 张育南. 北京城市轨道交通与城市空间整合发展问题研究[D]. 北京：清华大学，2009.

[2] 殷广涛. TOD：从理念到现实之路[R]. 中国城市交通发展论坛，2018.

[3] 刘澍. 新时代下广州地面常规公交转型发展的思考[J]. 交通与运输，2019(3).

[4] 王仕春. 城市轨道交通规划选线存在问题及建议[J]. 铁道工程学报，2011，28（6）：76-80.

[5] 韩宝明，王悦欣. 城市轨道交通换乘站换乘效率研究[J]. 山东科学，2014，27（6）：86-90.

浅谈成都天府大道南延线大地景观设计

窦晓霞
（成都天府新区建设投资有限公司）

【摘　要】天府大道南延线是成都市南北向主干道的一段，也是成都天府新区的景观迎宾大道。道路两侧绿地以大地艺术设计手法，设计突出了特色鲜明的红砂岩大地景观和浅丘地貌的特点。不但体现了成都天府新区尊重自然保护生态的理念，也通过创新的景观手法赋予天府新区新时代公园城市的形象。

【关键词】地形塑造，红砂岩大地艺术，道路景观

1　大地景观的概念

大地景观是指地理区域内的地形和地面上所有自然景物与人工景物所构成的总体特征，既包括岩石、土壤、植被、动物、水体、人工构筑物和人类活动的遗迹，也包括其中的气候特征和大气形象。艺术创作结合自然环境，不是用艺术理念和设计去改变自然，而是融入自然，使自然渗入人的意识，让现代人重新关注大自然、感受大自然，实现人与自然的和谐交流，这也符合我们东方园林“天人合一”的思想。中国是“园林之母”，早在明代《园冶》就要求园林虽由人作，宛自天开。

2　天府大道南延线景观带大地景观地形设计的理论体系

2.1　地形的概念

地形指的是地表的形态，是地形与地貌的统称。地形与地势、地貌又不完全相同，地形偏向于局部结构，地势指走向，地貌则是整体特征。在自然界中，五种突出的地形是平原、高原、丘陵、盆地和山地。

2.2　地形塑造在园林中的运用

受“天人合一”思想影响，我国文人和造园人都有一种喜山乐水、归隐山林的

情怀，《园冶》在“相地”一节中将山林地列为最胜，“有高有凹，有曲有深，有峻而悬，有平而坦，自成天然之趣”。因此，历代造园师都把地形的处理当作是一项重要的工程。在现代园林设计中，地形是连接景观所有要素和空间的主线，可以称之为景观的骨架，犹如美人在骨，骨相匀称、凹凸有致，总会有些情致。因此，现代景观设计师常用以小见大的手法，通过对原有地形重新塑造，师法自然，塑造出高低起伏的地形空间。其作用主要就是增强局部景观效果，控制游人视线，营造丰富的空间感受。常见的几类塑造地形有平面型、斜坡型、土丘型、沟壑型、下沉型共五类。

2.3 地形塑造与大地艺术的关系

与传统以画纸为载体不同，大地景观以大地为载体，运用原始的材料，结合自然的神秘性和神圣性，在大地上形成了独特的带有强烈标识性的、人工的自然属性雕塑。大地景观在20世纪60年代一经出现，就引起了巨大的反响，它不同于以往任何古典园林的设计手法，它就像艺术家手下巨大的雕塑，所不同的是场地已不是可供展览的场所，而是作品的主要内容，人也不再是在画外观望，而是参与其中，成为活动的、有机的一部分。在这过程中场地的特征通过作品得以淋漓尽致地体现。

在大尺度的空间设计中，越来越多的普通景观设计师采用大地艺术的手法塑造地形，形成具有强烈视觉冲击力和雕塑感的别具特色的大地景观。

3 天府大道南延线景观带地形设计

3.1 天府大道南延线概况

天府大道是成都市南北向主干道之一，既是成都市重要的交通干道又是成都市的一张名片，在成都具有重要的政治意义。

天府大道南延线位于四川天府新区成都直管区，北接华阳老城区，南连仁寿县，是承载成都市向南发展战略的重要交通要道，也是四川天府新区成都直管区的一条重要干道。四川天府新区成都直管区规划面积约564 km^2，规划区内水系发达，植被丰富，生态环境优质，拥有明显区别于主城区的浅丘地貌特征。本文中所述天府大道南延线道路主要从牧华路立交桥至成都市第二绕城高速，长度约17 km，道路两侧充分体现了成都天府新区优良的生态环境特点。

3.2 天府大道南延线景观带设计原则

为尊重周边优美的自然环境和农田景观，保护浅丘地貌不被人工破坏，突出天府新区国家级新区的生态特点，天府大道南延线景观带从设计之初就定位为打造现

代、生态、具有国际品质的轴线景观大道。设计手法则采用大地艺术的创作手法，将天府大道及两侧绿带的设计融入自然生态环境之中，以大地作画布，道路和绿带被创作成了凝固的雕塑。

3.3 天府大道南延线景观带现状特点分析

3.3.1 直线型道路的特点

天府大道南延线作为天府新区主要快速通道和景观大道，平面形式采用直线型，设计速度为 80 km/h，双向 8 车道，道路红线宽度为 80 m，四板五带式，如图 1 所示。道路两侧是道路开挖后保留的丘陵、植被以及长满植物的待开发用地、农田、水系等。

图 1 天府大道南延线

3.3.2 浅丘地貌的特点

成都天府新区区别于主城区最大的特点是天府新区具有浅丘地貌特征，这对于成都平原来说是难得的，尤其是作为中心城区，天府新区地形的变化，让创造错落有致的城市风貌成为可能。

天府大道道路开挖后，道路所在位置原有的浅丘地形被切割，在道路两侧形成了多个高低起伏的工程边坡，主要有工程高边坡、普通工程边坡、矮边坡、低于路面凹地、平缓段 5 种形态，如图 2 所示。

3.3.3 表层土壤的特点

经探查，天府新区表层土壤以粉质黏土为主，可塑性强，具有弱酸性和易板结性，对乔木生长有一定不利影响，丘陵山体主要以暗红色中风化砂质泥岩和强风化砂质泥岩为主。

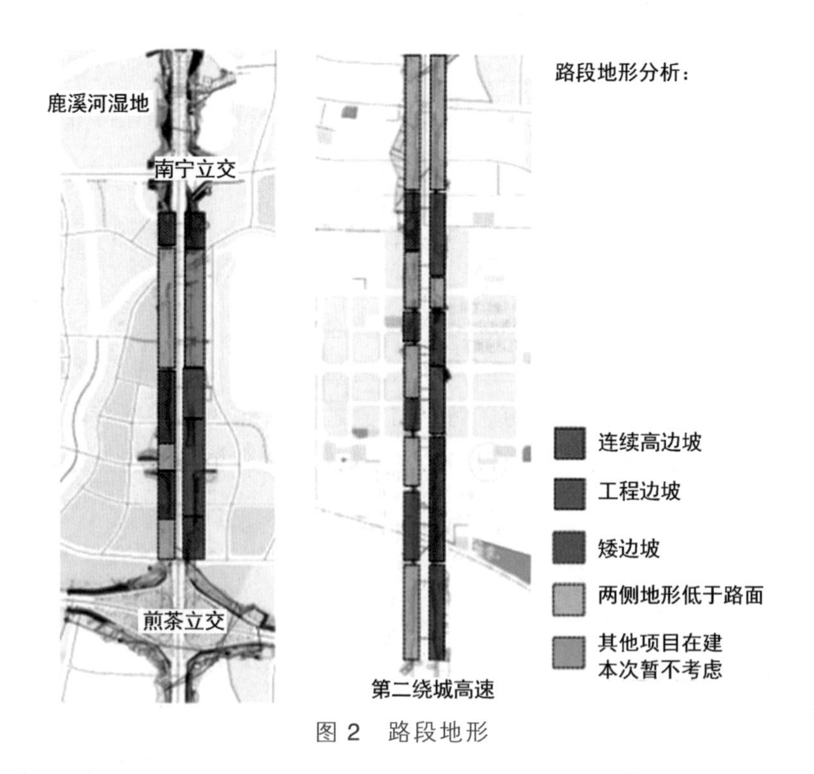

图 2　路段地形

3.4　天府大道南延线景观带地形设计

3.4.1　场地设计

大地景观是一种最有生机活力的景观，是基于自然生态系统有机更新的基础上，通过科学和艺术手段，突出了场地的特点。经过以上分析，天府大道南延线景观带的现状正具有这种独特的地貌特征、地理属性和文化属性，因此，该工程在保护和尊重现状地形与植被的情况下，地形塑造突出浅丘地貌，根据现状 5 种不同的地形特点，用大地景观的创作手法，逐段进行地形塑造。

对于道路两侧平缓的地形，设计采用微地形的设计手法，横向延伸空间，增加人在行车时的视宽，利用借景手段，将道路绿化与远处的自然环境有机融合，如图 3 所示。

图 3　平缓地形

具体设计时，考虑到道路的坡度、宽度和人的视线高度对人的心理影响，每个微地

形组团高差为 1 ~ 4 m，沿道路横向宽度为 50 ~ 200 m，沿道路纵向长度为 100 ~ 300 m，契合道路起伏，形成 2 ~ 3 个前后交错的坡，模仿自然界山形掩映，层层递进的特点。

对于 6 ~ 10 m 高的连续高边坡路段，在保证高边坡稳定的前提下，清理边坡面层破碎岩体，梳理裸露红砂岩，按照岩体肌理走向，人工加深肌理效果，模拟自然山形，让岩体局部艺术性裸露，现状多余裸露区域则通过梳理地形或喷混植生的工程手段覆绿，并在局部地形平缓区域挖树穴种植小乔木、花灌木等增加竖向层次和色彩，形成独特的红砂岩大地景观，如图 4 所示。

图 4　连续高边坡路段

对 3 ~ 4 m 高的工程边坡路段，在保证边坡稳定的前提下，敲掉部分混凝土，人工凿出红砂岩面层肌理，梳理出平缓的微地形，保留现状植被作为背景林，突出红砂岩大地景观，如图 5 所示。

图 5　工程边坡路段

对于 1 ~ 3 m 高的矮边坡路段，则是在道路绿线范围内进行微地形梳理，并在其上覆一定厚度的种植土，种植草坪、灌木等，保留现状长势良好的背景林带，如图 6 所示。

图 6　矮边坡路段

对于低于道路的凹地，人的视线所不及的区域，对地形梳理不作重点要求，补充两侧林冠线即可。

对于立交桥绿地区域，因地制宜，保留现状山体和岩石，以微地形的设计手法顺接道路多个曲面，平缓地面则采用模纹花坛图案突出各个立交的特点，如图 7 所示。

图 7　立交桥绿区域

3.4.2 植物设计

植物设计原则秉持突出地形起伏的特点和红砂岩景观的雕塑感。高大乔木以植物组团形式进行设计，突出起伏的林冠线，并围合视线空间，使视线空间开合有度，主要起到背景林带的作用，同时，设计突出前景植物景观或者中景红砂岩景观。具体在设计时，考虑 80 km/h 的车速和人在视网膜成像的时间，高大乔木组团沿道路纵向以 120 ~ 160 m 设置一组的原则布置，结合丘陵地形顶部的乔木背景林，林冠线在空中形成了有韵律的起伏变化，与地面起伏的景观地形实线，“一虚一实”两条起伏变化的线交相辉映，大大地丰富了空间层次和视线的开合关系。大面积的绿色草坪则作为基本底色，衬托红色的岩石景观，突出主景的雕塑感。路边作为前景则布置观花乔木、色叶乔木、灌木等植物。

4 成果及前景

大地艺术是生存的艺术，这种真实的人地关系给人们文化归属感以及与土地的精神联系，实现人与自然、地理与历史文化、生态环境等多重元素的高度协调。目前已经有越来越多的景观设计师采用大地艺术的形式，在大场景以及微观场景中形成了丰富多样的大地景观。天府大道南延线在天府新区乃至成都都具有重要的政治意义，其景观采用国际上声采斐然的大地艺术作为打造手法，突出天府新区丘陵地貌特征和红砂岩的景观雕塑感。这种做法不但体现了尊重自然保护生态的理念，也通过创新的景观手法赋予天府新区新时代公园城市的形象。

参考文献

[1] 郭列侠. 浅谈大地艺术景观中的自然观[J]. 山西建筑，2009（10）：99.
[2] 刘聪. 大地艺术在现代景观设计中的实践[J]. 规划师，2005，21（2）：107-110.

天府新区市政道路设计探讨

母炙林
（成都天府新区建设投资有限公司）

【摘　要】市政道路作为城市最基本的基础设施，在推进城市经济建设方面具有十分重要的意义。市政道路的设计影响着城市的方方面面，道路的合理设置在城市建设中举足轻重，影响城市的通达性、宜居环境、海绵城市建设等。四川省天府新区作为第十一个国家级新区、“公园城市”首提地，在区域内市政道路设计时，总结既往设计经验，结合新区环境特点，建立有效管控体制，严格落实公园城市、宜居城市、海绵城市等建设要求。本文以天府新区为例，共同探讨公园城市市政道路设计。

【关键词】公园城市，市政道路，设计

1　目前市政道路设计的基本特点分析

1.1　系统性

现代城市建设为了最大限度地满足人们的日常生活需求，所以系统性非常高。而为了满足城市建设整体的这种系统性，市政道路设计也必须要划分出详细的系统分支，以最大限度地满足人们对于市政道路的设计需求。

1.2　复杂性

现代市政道路设计涉及的范围非常广，需要多种专业相互配合才能完成，必须要有一个专门的负责人来进行统筹协调，才能顺利完成从方案到施工图的设计。而整个过程却非常复杂，它涉及照明、排水、测量钻探、信号、桥隧、道路、管线、交通以及绿化等多个专业分工，且与市政道路的系统性是相互依存的。而且根据设计工作进度的不同，设计工作中所需要侧重考虑的内容也有所不同，比如交通专业需要着重完善道路信号控制、道路标志标线等内容的设计，而道路专业

则需要重点完善路基、平纵横以及路线走向处理等内容的设计。

1.3 统筹性

市政道路设计是施工的一个基础性环节，它对整个市政道路的建设而言，具有指导性、关键性的作用及意义。所有市政道路建设的相关部门都需要根据设计方案来开展工作，由于设计方案会影响到诸多部门，所以各方都会对设计方案提出一定的看法与建议。设计人员需要综合这些建议，并运用自身的专业知识，才能够最终完成方案设计，并保证各个部门能够在有序、高效的状态下顺利完成市政道路工程建设。

2 天府新区市政道路设计分析

2.1 建立片区设计统筹，强化设计的系统性理念

为了使道路设计作品同城市全局性道路设计进行杰出的匹配，应对道路工程地点区域的全体环境情况加以重视。由系统论的观念得出：系统的全体性功用一般大于系统内部各分项系统功用的单纯累加。

基于新区区域宽广，且原大部分为农村区域，基本需要全面新建的客观情况，在缺乏基础依据的情况下，如何做到统筹安排、总体管控、详细落实是一个新的命题。政府、建设单位、设计院等多方共同探索，确定了片区设计院统筹的原则。根据区域特点，最初将天府新区划分为几大片区，按区域引进大型设计院，由设计院对区域详细研究，总体把控，拟定区域内道路、给排水、景观等设计原则，在后续区域内项目设计中严格予以落实。

2.2 重视纵断面设计，坚持区域特点

道路纵断面表达了道路沿线起伏变化的状况，需满足道路的性质和等级，汽车类型和行驶性能，沿线地形、地物的状况，当地气候、水文、土质的条件以及排水的要求。

在遵循设计规则要求的前提下，新区要求保留区域独特浅丘地貌，保留小山小水、青山拥翠、山水相融的生态自然感。所以，在区域内道路纵断面设计时，结合周边区域环境及规划要求，原则保留既有山体，尽量不大填大挖，保留既有水系，保存生态本底。

2.3 重视横断面设计，提倡以人为本设计理念

机动车道、非机动车道、人行道和路缘带等均是市政道路横断面的重要构成要素，将上述要素加以科学性装备，将前沿理论和实践经验加以充分交融，充分考虑目标设计地点区域的经济根底和地点区域在全体环境中所承当的功用。

城市交通系统中，行人以及非机动车辆对交通通行速度具有较大的影响，新区在建设过程中，充分考虑行人及非机动车安全，积极探索人非共板设计方案。在人行道设计中，为保证行人通行舒畅性，在规划道路宽度不便的情况下，探索充分利用管线实施带，拓宽人行道宽度。

2.4 合理设置道路排水，贯彻海绵城市建设要求

在新形势下，海绵城市是推动绿色建筑建设、低碳城市发展、智慧城市形成的创新表现，是新时代特色背景下现代绿色新技术与社会、环境、人文等多种因素下的有机结合。

新区特别强调海绵城市设计，在道路设计文件中要求设置海绵城市设计专篇，论证道路海绵城市设计可行性，从雨水排放、路面结构设计中充分考虑雨水收集利用，坚持能设既设的要求，例如新区范围内人行道设计基本全面设置透水结构。

2.5 提升道路附属绿化，落实公园城市建设

公园城市的内涵是公共、生态、生活、生产的叠加，这是一个各类功能相互协调、复合性高的系统，应该是生态文明的城市版，城市发展的绿色版，美好生活的现实版，田园城市的未来版。公园城市最大的亮点和难点在于“连接”，即将原先土地属性不同、管理部门不同的公园绿地资源进行统筹管理和综合运用。

新区在道路设计时响应“可进入、可参与、景观化、景区化”的建设要求，提出道路森林化设计理念。道路行道树坚持能种既种的要求，保证既不影响行人通行，又达到道路绿化景观要求。对行道树胸径、分支点、开丫高等均作出明确要求，将一排排行道树作为隔离使用，既提高行人通过的舒适感，又能净化汽车尾气，还能起到美化城市的作用，可谓一举三得。对于道路开挖边坡的设计，也基本坚持切合原状的原则，开挖的石质边坡，进行简单技术处理及雕刻勾画后予以保留，对土质边坡，结合周边环境进行塑性绿化。

3 结　语

公园城市是具有前瞻性、前沿性的人居环境改善工程，这需要城市建设的参与者

必须具备眼界的开阔性、眼光的前瞻性。天府新区作为“公园城市”的首提地，市政道路设计作为众多城市设计中的一部分，一直积极探索，不断分析和钻研专业技术知识，提出新的设计理念，提高公园城市建设标准。公园城市建设要求是提升市政道路设计的新思路，也是所有城市建设人员值得研究的课题。

参考文献

[1] 乔华. 市政道路设计过程中的问题分析[J]. 科技创新用，2012（08）：371-373.
[2] 陈米迪. 道路设计过程中的问题及对策[J]. 黑龙江科技信息，2011（17）：68-69.

探索公园城市的最美乡村表达
——国际会展小村项目前期策划研究

杨伊雪
（成都天投地产开发有限公司）

【摘　要】习近平总书记来川视察时指出，天府新区是“一带一路”建设和长江经济带发展的重要节点，一定要规划好建设好，特别是要突出公园城市特点，把生态价值考虑进去，努力打造新的增长极，建设内陆开放经济高地。党的十九大提出，实施乡村振兴战略是建设现代化经济体系的重要基础、传承中华优秀传统文化的有效途径、健全现代社会治理格局的固本之策、实现全体人民共同富裕的必然选择。因此，如何将公园城市发展理念与乡村振兴战略相结合，成了天府新区国际会展小村项目的研究课题。

【关键词】公园城市，乡村振兴，生态价值，传统文化

1　引　言

田园商业项目主要基于乡村各类分散性资源进行资源整合，综合评估当地资源价值，以生态农业体验、乡村特色餐饮住宿、民俗产品展售、商业休闲及经济作物等方式建立乡村集现代农业、休闲旅游、田园社区为一体的综合发展模式。而近些年来随着田园商业产业的不断发展，田园产业不断融入当地文化及国际化商业元素，建立以生产、产业、经营、生态、服务及运营六大体系相互渗透融合的新动向，衍生出涵盖商务会务、文化交流、宗教信仰、创新创业等一系列城乡一体新型格局，顺应农村新型产业发展，成为实现乡村现代化、新型城镇化、社会经济全面发展的一种可持续性模式。

2　案　例

2.1　华侨城·欢乐田园

华侨城·欢乐田园位于成都市双流区黄龙溪古镇旁，是由华侨城西部集团投资

打造的现代农业创意博览园区。项目致力将农、商、文、旅融于一体，通过驱动旅游市场助力当地发展，为区域经济发展注入新动能。同时，欢乐田园从“天府名镇”黄龙溪的川蜀农耕文化出发，将古镇人文精神融入产品理念，打造了川江草海、锦城花岛、古佛花溪、武阳茶谷、七彩森林、大河梯田、鹿溪牧场等七大主题区域，让游客在欢娱中认识乡村、探索农业、享受田园，最终对整个川蜀田园文化生活全景展示。

2.2 崇州·竹艺村

竹艺村，位于崇州市道明镇龙黄村九、十一、十三组所在区域，包括86户村民，占地面积123亩（1亩≈666.7 m^2）。凭借优美的自然景观和改造后的田园风光，依托着非物质文化遗产道明竹编及网红建筑“竹里”，成为成都乡村“农商文旅体”融合发展的典范。这里除了川西林盘代表地标“竹里”外，同时吸收迎合当地文化元素还集合了竹编博物馆、餐饮、书院等包含文创、民宿、文旅等多元业态。其中，来去酒馆、三径书院、遵生小院等商业体均已投入运营，吸引世界各地游客前来观光旅游。

2.3 杭州·乌村

乌村（见图1）位于乌镇西栅历史街区北侧500 m，总面积450亩。乌村对原有的自然村乌镇虹桥村整治改建、重新规划建设，保留搬迁农房和原有村落地貌。以江南原有的农村风情为主题元素保留原有老房屋建筑，围绕江南农村村落特点，内设酒店、餐饮、娱乐、休闲活动等一系列的配套服务设施。采用一价全包的套餐式体验模式——集吃、住、行、游、购、娱活动为一体的一站式乡村休闲度假项目。

图1 乌村

3 国际会展小村定位选择

3.1 项目解析

（1）区位特色：公园城市区位核心，田园农村规划中心。项目地处官塘村，位于天府新区（成都直管区）内，为正兴街道西南部的“158 组团”田园农村规划区域；地处西部博览城组团中，北接天府中心，东靠成都科学城，西临锦江；是天府新区西部博览城功能区核心位置，区位条件优越，自然环境丰富。

（2）生态肌理：环境卓殊，资源独厚——山拥水润，自然资源极其丰富。项目位于平原与丘陵交汇处，属于浅丘地形地貌，规划区内地形以丘陵为主，起伏不大；降水丰富，气候湿润，适于作物生长。场地内景观多样性较高，丘、塘、林、田资源优厚，鱼塘遍布，林地植被丰富，项目内以农田及部分乡村小道为主，主要作物有水稻、蔬菜、水果、竹林等。

（3）文化脉络：昔日苏码头，今观西博城，官塘小村，古今商贸核心配套要地、人文汇聚之所。项目区域内古代苏码头历来是成都平原水陆交通、商贾云集的重地，千船云集，在此地兴建店子、街房，形成小市，此时官塘便是这个繁华水肆达官商贾的休养生息之地，配套村落；21 世纪初，天府新区，西博城成为天府会展高地，官塘小村毗邻西博城，再次成为承载西博城重要配套之地，可谓千年古村，古今契合，天时地利人和。

3.2 项目定位

以乡土古建筑形成特色反差，创新打造文化地标。项目以“昔日苏码头，今观西博城，官塘小村，古今商贸核心配套要地、人文汇聚之所”为理念，深挖新区历史文化资源，对标国际一流乡村田园及特色会展配套项目，打造“逸成都，乐天府”的田园时尚新高地。农林布局方面，项目着力打造大地农田景观区：规模种植展示景观、特色农田景观、艺术田园景观；农耕文化展示区：农业科普馆、农耕文化展示厅；乡野生态体验区：瓜果采摘园、田园牧场、星空露营、丛林花园等。产业布局方面，建设产业配套建筑包括集中居住区、产业交易区、再加工区、配套商业等。以现代科学技术，修复农耕时代建筑，再现古代农耕文化生活场景，与现代都市形成强烈特色反差，创新创建乡村振兴文化地标。

4 结 语

（1）乡村振兴是公园城市理念的组成部分。

乡村振兴关乎民生民心，关乎城市发展全局。实施乡村振兴战略就是立足资源

禀赋、生态底蕴和比较优势，着力重塑乡村形态、业态和文态，大力推进乡村振兴，努力探索区域乡村特色的城乡融合发展之路，是建设宜居公园城市的重要途径，也是打造生态公园城市的必经之路。项目围绕深入推进城乡融合发展，实施规划境内古建筑建设、乡村特色文化提升、大地景观再造、古法农业再现、乡村人才培育集聚等促进农业全面升级、农村全面进步、农民全面发展。大力发展无公害、绿色、有机农产品，支持发展种养结合、古法生态互融、稻鱼共生循环农业，推进美丽宜居乡村建设，重塑“推窗见田、开门见绿”的川西田园风光，加快呈现美田弥望的乡村郊野公园场景。

（2）国际会展小村经济社会效益预期。

项目共投入约3.68亿元，按照3年的工期计算，每年投入约1.2亿元，后期通过有序的运营，带动片区消费，有效拉动内需，这对促进当地经济发展是极为有利的。

项目着力打造世界一流生态人文会展配套、公园城市田园示范区、成都顶级乡村野奢聚集地，项目建成后，经济层面上当地村民通过流转土地租金、加入田园旅游观光有偿服务经济收益将得到极大提升。

生态层面上项目园区利用原生态地理环境优势，将农业产业和乡村旅游产业紧密结合，树立农业休闲园区的创新示范作用，树立优势特色产业品牌的榜样。

园区通过体验及满足从客户端拉动需求，从而反推第一产业及第二产业的快速建立，带动周边农户有计划、规模化、标准化地种植产业农作物，并实现就地销售，有效地增加项目及区域农户整体收入。

（3）乡村振兴与公园城市的结合，探索实现公园城市的乡村表达。

项目以打造天府新区“文化地标”为目标，通过全面挖掘梳理村落历史文化沿革，还原本土文化，保护利用原始田园风貌，丰富和创新商业业态，将原乡土与新业态结合，力争实现将文创、旅游、乡村振兴融合发展，并对整个片区乡村振兴起到发展带动作用。

公园城市语境下的城市设计浅析

李飞翔
（成都天府新区规划设计研究院有限公司）

【摘　要】公园城市的本质内涵可以概括为“一公三生”，即公共底板上的生态、生活和生产。公园城市的价值转换路径和措施需要考虑“绿色”和“金色”所涉及的各个方面，建立一套完善的指标体系。

【关键词】公园城市，城市设计，价值转化

1　公园城市的科学内涵

习近平总书记关于建设公园城市的指示，是城市规划建设理念的升华，蕴含大历史观、体现哲学辩证思维、充满为民情怀。公园城市作为全面体现新发展理念的城市发展高级形态，坚持以人民为中心、以生态文明为引领，是将公园形态与城市空间有机融合，生产生活生态空间相宜、自然经济社会人文相融的复合系统，是人、城、境、业高度和谐统一的现代化城市，是新时代可持续发展城市建设的新模式。

公园城市的本质内涵可以概括为“一公三生”，即公共底板上的生态、生活和生产。“一公三生”同时也是“公”“园”“城”“市”四字所代表的意思的总和，奉“公”服务人民、联“园”涵养生态、塑“城”美化生活、兴“市”绿色低碳高质量生产。

2　城市设计

2.1　城市设计的含义

城市设计又称都市设计，很多设计师和理论家对这一名词的定义都有自己独特的看法。现在普遍接受的定义是：城市设计是一种关注城市规划布局、城市面貌、城镇功能，并且尤其关注城市公共空间的一门学科。相对于城市规划的抽象性和数据化，城市设计更具有具体性和图形化；但是，因为 20 世纪中叶以后实

际上的城市设计多半是为景观设计或建筑设计提供指导、参考架构，因而与具体的景观设计或建筑设计有所区别。城市设计复杂过程中主要以城市的实体安排与居民的社会心理健康的相互关系为重点。通过对物质空间及景观标志的处理，创造一种物质环境，既能使居民感到愉快，又能激励其社区精神，并且能够带来整个城市范围内的良性发展。

2.2 城市设计与城市规划、建筑设计的区别

2.2.1 城市设计与城市规划的区别

研究对象不同。当代城市设计的主要处理对象是“城市的一部分”。常见的情形则是，城市设计工作被镶嵌在更大范围、更长期的城市规划工作之中。当城市规划将城市区域中的各种主要机能区域予以选址之后，城市设计专业便得以接手城市规划未能更为详细处理的工作，即在各个特定区块之中，建立其空间组织与其所属建筑量体的整体形构。

研究目的不同。城市设计是对城市空间的优化，是对理想空间形态的描绘，目的在于描绘了一个理想的空间结果，这个理想的结果包括适宜人的街道尺度、体贴好用的景观细节、统一的建筑风貌、连续的公园体系等。总体城市设计可以对整个城市的景观结构、建筑的高度风格进行把控，而细部的城市设计强调景观、建筑与城市空间的一体化设计。城市规划是对城市空间的整体谋划，关注的是实施过程及其法律保障。从总体规划确定城市的性质、发展目标、发展方向、重大的基础设施落实，到详细规划对上一层次规划的重重落实，实际上是偏重实施的整个过程体系。其规定的内容都会有法律或政策的手段保障其实施。

研究尺度有差别。城市规划所处理的空间范围较城市设计为大。城市规划工作的空间尺度，不仅超越城市中的分区，还涉及整个城市的整体构成、城市与周边其他都市乡村的关联。城市规划工作经常需要考虑城市在更大范围中的定位，此处所指更大范围，可以指涉都市群、区域、省、国家，甚至国际政经网络，而这些往往是城市设计较少着墨的问题。

2.2.2 城市设计与建筑设计的区别

城市设计处理的空间与时间尺度远较建筑设计为大。城市设计处理街区、社区、邻里，乃至于整个城市（总体城市设计），其实现的时程多半设定在 15 ~ 20 年。相对于建筑设计，仅需处理单一土地范围内的建筑工作，建筑物完工至多仅需 3 或 5 年，城市设计在空间时间方面有着相当大的尺度差异。

城市设计所面对的变量也较建筑设计为多。一般城市设计的工作范围涉及城市交通系统、邻里认同、开放空间与行人空间组织等，需要顾及的因素还包含城市气候、社会等。变量众多，使得城市设计的内容较为复杂，另外加上实现城市设计方案所必

需的漫长时程，其结果是，城市设计方案与实现成果之间充满着高度不确定性。

3 公园城市的城市设计

3.1 主要特征

天府新区成都直管区的城市设计在全面体现新发展理念、建设国家中心城市的背景下诞生，尤其是在“公园城市”理论提出后，具有了更多的划时代意义和现实需求。

自成都的空间发展出现新千年格局之变，天府新区的发展建设就不仅仅是一个国家级新区的内涵。新区的建设与发展是成都实现发展方式和格局转变、贯彻五大发展理念的重要战略抓手。

在天府新区成都直管区 564 km^2 的范围内，形成了“三分山水五分田，二分林地嵌其间”的生态格局。龙泉山为东侧屏障，占全区总面积的 18%，是重要的城市森林。龙泉湖、三岔湖两个重要湖泊以及锦江、东风渠、鹿溪河、江安河、南河、跳蹬河等六条河流及其支流纵横交织，面积共占比 15%。田野呈面状分布、棋盘交错、基底肥沃，面积占比 46%，生态本底资源丰富。林地茂密、沿山脉密布、点缀于田野之间，形成生态廊道，面积占比 22%。

3.2 总体设计结构

由于天府新区成都直管区的独特背景与优良的生态条件，城市设计应当从总体层面确定设计框架结构，以体现“公园城市”的价值内涵。

在成都市“十字方针”中，直管区独占“中优、南拓、东进”六字，因此其总体设计结构应当从整个成都千年发展大计的角度进行考虑。直管区总体城市设计结构被总结为“双轴拓展，带动三大片区；一带引领，串联一区三镇；三川交融，推动城乡一体”。

总体设计结构，既保护了山水骨架，也塑造出东倚青山、沿河展开、城乡共融的特色空间风貌。同时也有利于指导各个片区的分区城市设计，使不同区域的空间特征、产业发展侧重和资源特色能更有效融合，实现“公园城市”的价值转换。

4 城市设计评析

4.1 充分体现了公园城市内涵

直管区城市设计充分体现了公园城市的价值取向，完成了从生态价值提升到公

共服务提升，从生态环境融合到人城产融合，从产业发展转变到智慧创新经济、全面永续发展的根本性跃进。

设计以全新的视角，站在划时代的理论高度，将直管区的规划、建设进行了一次高屋建瓴的梳理和统筹，既落实了成都空间发展新战略的各项部署，更全面贯彻了五大发展理念，为今后成都乃至全国城市创新发展提供了示范性的标杆。

4.2 创新了公园城市价值转换路径

对直管区来说，公园城市当前的核心议题是“绿色”与“金色”的价值转换。城市设计并未简单地停留在生态价值提升或是产业发展能级提升两个割裂的命题下进行规划设计，而是通过对生态、公服设施、道路交通和城市空间等各类要素的分析与综合，探寻其内在的价值联系和联通途径，打通各要素联通的重要环节，并将其落实到城市空间中，体现在具体的要素控制指标和可视化参数等方面。譬如天府大道两侧景观时空序列的控制变化与多元化复合的功能设置、天府中心天际线与建筑高度控制、地上地下分层复合利用，以及轨道交通与地下空间一体化开发等。

城市设计凭借对浓缩的理论深入理解和分析，将其落实到城市建设的每一个专项工作中，实践出可操作、可实施、可动态完善的方法，真正创新出适合新区特点，体现新区特色的公园城市价值转换路径。

4.3 公园城市实践应全域覆盖

纵观直管区城市设计，其南拓区域基本上做到了全覆盖，对新区的规划建设起到了很好的指引作用。但直管区“中优”和“东进”区域并未落实城市设计，尤其是华阳、万安和新兴产业园片区，由于大多为建成区，情况相对复杂，将来的建设引导缺乏在公园城市以及新理念下的行动纲领和具体引导。

公园城市理论不仅仅是针对城市新建区的指导方针，其同样适用于城市建成区的规划建设。城市旧区的建设改造、环境品质提升、产业提档升级都需要公园城市理论的系统指导。反之亦然，公园城市理论也需要不同类型的城区实践来完善和充实理论体系。

对于建成区的公园城市理论实践，其难度会更大，更具有挑战性，但正是实践与理论的不断反馈与总结，才能使公园城市理论成为更有深度和内涵的伟大理论。

4.4 公园城市的价值转化措施应进一步细化

城市设计对公园城市的价值转换提出了一系列的转化途径，但从其实质内容来看，不少内容仍然属于传统的城市设计范畴（譬如生态层面的绿地率、地块临

绿比、景观要素等；用地层面的建设强度、高度控制，建筑色彩控制、建筑退线，建筑风格和墙窗比等），并未提出更有控制效力的指标体系和控制要素。

公园城市的价值转换路径和措施需要考虑“绿色”和“金色”所涉及的各个方面，建立一套完善的指标体系，制定健全的实施方略，在二者结合的基础上，细化各项指标和控制要素的赋值动因和取值范围。同时还应结合公园城市的消费场景，补充对智慧设施、智慧系统、人体舒适感知等方面的研究内容；将传统的、冰冷的指标体系逐渐转化成生动的、可感知的、具有动态调整空间的新型指标系统，并按照新的系统，逐一细化公园城市价值转化的具体措施。

5 结 语

公园城市不仅是理论和实践的抽象概念，更是寄托人类对于美好生活向往的终极追求，这种追求是我们探寻真理、构建人类命运共同体的动力源泉。公园城市的城市设计也不仅仅是一个学术话题，而且是值得我们穷尽所学去研究的全新课题。

参考文献

[1] 成都市公园城市建设领导小组. 公园城市：城市建设新模式的理论探索[M]. 成都：四川人民出版社，2019.

[2] 上海同济城市规划设计研究院有限公司. 天府新区直管区南拓区域总体城市设计.

公园城市街区制生活住区规划策略初探

石泓可，李海朝，邓含雪
（成都天府新区规划设计研究院有限公司）

【摘　要】公园城市是城市发展的新理念，生活住区是城市生活功能的基本单元，也是体现公园城市理念的基本载体。本文基于公园城市理论，对街区制生活住区进行探索，从“人、城、境、业”出发提出规划策略，探索相应的规划新方法。
【关键字】公园城市，街区制，生活住区

1　引　言

公园城市是城市发展的新理念，也是城市文化与活力的载体。而生活住区是公园城市的基本组成单元，也是城市居民的重要活动场所。营造公园城市理念下的街区制生活住区，有助于打造“人、城、境、业”高度统一的“诗意栖居”场所，提升城市的“可居住性”。

本文以公园城市理念为出发点，思考街区制生活住区的规划方法，以期形成相应的规划方法，对相关理论和实践内容进行补充。

2　公园城市理念下的街区制生活住区营造原则

本文首先着眼于公园城市理念下的“人”“城”“境”“业”四大要素，提出街区制生活街区的营造原则——围绕居民日常生活、现状空间弹性修正、街区环境结构系统、产业类型活力多元。

2.1　围绕居民日常生活

公园城市理念中支出人的价值取向和日常生活是主导城市发展的原动力，因此街区制生活住区规划首先要围绕人的生活需求展开。以街区为单位形成动静皆宜、便捷宜居的生活场所，促使不同性别、年龄的人群活动都能得到充分展现。

2.2 现状空间弹性修正

通过适当手段对现状空间进行具有弹性的修正，使其延续文化脉络，又能激活创新功能。修正生活住区中的消极空间，使其重焕活力，激发居民的情感共鸣，也有助于提升生活住区的生活归属感。

2.3 街区环境结构系统

营造结构系统的街区环境，使其与城市形成良性互动。结构系统着重关注外部区域的物质环境、道路交通与内部居民出行、日常活动之间的关系，使局部的街区制生活住区与城市发展形成和谐关系。

2.4 产业类型活力多元

稳定而有吸引力的产业是保障生活街区持续发展的动力所在。因此，本文认为需要以社区组织为基本依托，为街区提供经济效益的多元产业，使生活住区从单纯的居住功能模式向以居住主导下的多元复合功能共存模式转型。

3 街区制生活住区的规划举措

3.1 人：围绕居民需求配置生活设施

3.1.1 按照需求层级划分设施类型

设施等级可以根据日常生活的需求水平细分。如表 1 所示，基本层次需求满足居民生活最基本内容，是居民常去的采购场所；中等层次需求是为居民提供非必要又有一定重要性的服务，提升居民的生活水平；高层次需求是为丰富居民精神文化生活所建的非必要设施。

表 1　基于社区居民需求层次的功能设施划分

需求层次	开放水平	设施等级	生产服务类别	居民生活相关度	服务对象	设施内容
基本需求	半私密空间，具有较强的领域感	邻里级	基础保障类设施	保障基本生活需求	邻里院落内部住户	便民采购服务
中等需求	半开放空间，服务对象以居住街区住房为主	住区级	品质提升类设施	提升物质生活水平	街区住户为主，部分周边住户为辅	医疗卫生服务 日常餐饮服务 养老幼托服务 家政帮扶服务 商业金融服务

续表

需求层次	开放水平	设施等级	生产服务类别	居民生活相关度	服务对象	设施内容
高等需求	开放空间，具有较强的城市公共属性	社区级		丰富精神生活内涵	社区中全部住户	休闲娱乐服务
						社区文化活动服务
						教育培训服务

3.1.2 根据步行距离布局设施

生活住区中的设施可以根据步行距离布置，提升生活便利水平。本文基于老年人的极限步行距离，建议将慢生活设施布置在 5 分钟步行圈（约 500 m）之内。

在此基础上构建 15 分钟社区日常生活圈。如图 1 所示，在 5 分钟步行范围内布置基本业态需求，在 10 分钟步行范围内布置中等层次业态需求，在 15 分钟步行范围内布置高层次需求。

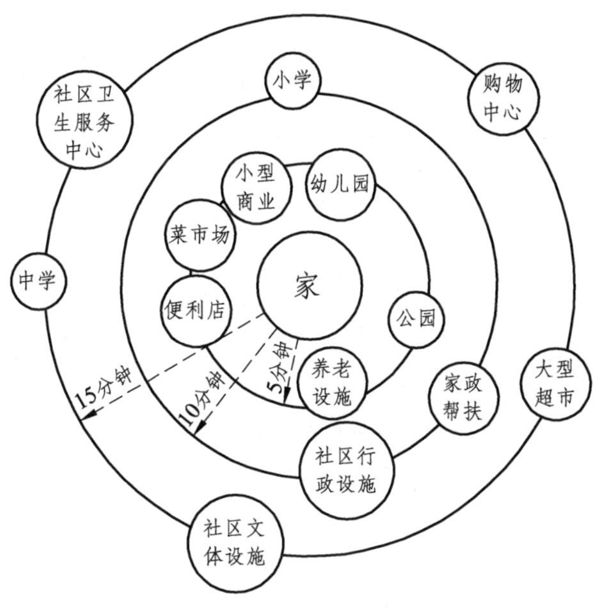

图 1　15 分钟生活圈示意图

3.1.3 基于主导功能的设施复合布局

功能复合包括商贸复合、文体医养复合、文教复合三种模式。如表 2 所示，商贸复合表现为商业功能的集聚，功能之间存在一定的竞争。文体医养复合更多体现功能互补关系。文教复合主要体现为以教育设施为中心，周边围绕若干辅助功能的复合模式。

3.2 城：优化现状空间结构

3.2.1 细分现状道路系统

根据服务对象细分生活住区内部道路。如表 3 所示，交通性道路和生活性道路

主要承担城市道路交通和住区内部交通，而内部支路和生活街巷则主要承担居民日常生活需求。

表 2　功能设施集中复合布局模式

设施关系	布局模式	布局特点	布局示意图
竞争关系	商贸复合	以农贸市场为中心布局早餐店、水果店等小型商业设施，主要满足居民一站式购物需求	大型超市 农贸市场 小型菜肉店铺 早点铺 水果店 药店
互补关系	文体医养复合	集中布置文化和体育设施，体现为综合文化活动中心、综合体育活动中心、小型体育活动点的复合布置，集中布置养老设施和医疗设施	综合文化活动中心 小型菜肉店铺 银行 综合体育活动中心 医疗服务机构
辅助关系	文教复合	在幼儿园和小学周边集中布置综合性文化活动中心、书店等，在以上区域周边设置的文化设施不仅满足学生的文化生活需求，也为接送儿童的家长提供休闲去处	书店 综合文化活动中心 幼儿园、小学 医疗服务机构 便利店 早点铺

表 3　街区制生活住区中的道路等级划分

主要作用	道路等级	空间活动	道路交通开放状态
城市和住区内部交通出行	交通性道路	承担城市主要的交通功能	完全开放状态
	生活性道路	道路交通和居民交往、休闲场所	半开放状态
承载居民日常生活	内部支路	承担部分交通功能，主要是居民休闲交流的场所	以半开放状态为主，开放状态为辅
	生活街巷	居民日常交往的主要场所	开放水平相对较低

在明确道路等级的基础上阐述生活街巷的组织模式。如表 4 所示，根据交通量

承载大小提出 3 种道路组织模式，使内部支路与生活街巷交织，塑造居民日常活动的场所。

表 4　内部支路与生活街巷的道路组织模式

模式	A	B	C
街巷组织方式	两条支路都进行生活街巷设计	一条设计为交通优先的城市支路；另一条进行生活街巷设计	进行立体分离，地面形成生活街巷，地下结合静态交通组织车行
使用情况	交通负荷较低	交通负荷较高	交通负荷高，且周边地块开发强度大（容积率>2.0）
示意图	400~500 m 内部支路 生活街巷 内部支路	400~500 m 内部支路 生活街巷 内部支路	400~500 m 内部支路 生活街巷 内部支路

3.2.2　增设道路设施

街区制生活住区重视对居民主体多样性的包容，认识到性别、年龄等客观因素导致的空间结构认知差异，重视不同居民群体的空间需求，增设各类便民设施、无障碍设施，保证街区中日常生活的公平性和便利性。

（1）增设道路标识。

与男性相比，女性的空间认知能力相对较弱，她们时常需要通过节点标志物来识别方向。因此改造既有居住空间时，需重视两性在空间认知结构上存在的客观差异，在道路适当增设各类标志物，以提升女性群体的空间认知能力。

（2）优化街道夜间照明。

完善的照明设施可以扩大老年人在夜间的可视范围，防止摔倒，也可以在心理层面增强安全感与归属感。可以采取以下措施优化夜间照明：①在有不可移动障碍物的地方加强照明警示；②道路交叉口加强照明，保证视野通透；③采用暖光以减少夜间活动的不安全感。

（3）增设休憩座椅。

座椅的设置需要考虑身体素质和心理安全两方面因素。老年人的活动能力下降，每隔 100 ~ 125 m 设一处座椅较为适宜。如图 2 所示，座椅周边最好利用植物进行围合处理，并设置回转空间，方便居民放置杂物。

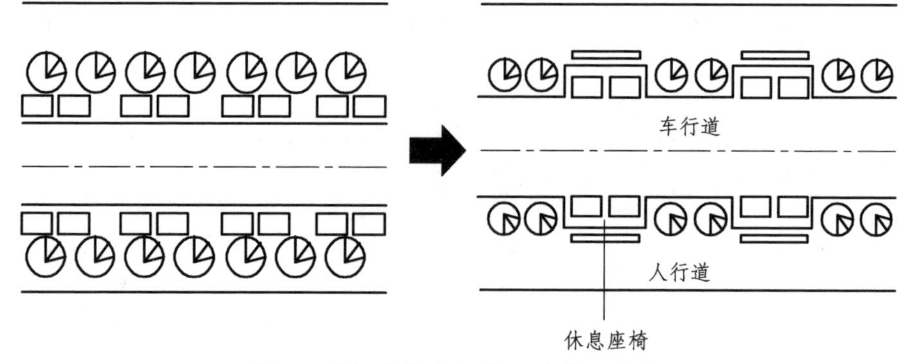

图 2　休闲座椅空间设置改进示意图

3.2.3　根据物权归属开放住区道路

《中华人民共和国物权法》规定住区内部的绿地、道路、公共设施等都属于业主所有。然而已建生活住区中还分布有不属于居住建筑权属范围（如酒店、学校、社区服务站等）的公共服务设施，内部道路的开放首先需要解决道路的物权归属问题。现状生活住区的道路开放需要根据具体权属情况，运用法律手段加密现状路网，保证内部道路开放的合理性和合法性。

3.3　境：街区功能提档升级

3.3.1　提升住区生活品质

（1）凸显地域人文特征。

生活住区是居住生活的空间载体，对居民生活行为特征和社会文化心理有重要影响。生活住区中的住宅建筑需要在外观上体现出地域特色，考虑协调建筑与周边环境的关系，凸显地域特征和人文魅力。

（2）形成多元住房结构。

街区制生活住区倡导建设多元化的住宅类型，满足不同类型人群差异化的合理住房需求。可通过以下 3 种手段实现这一目标：①增加中小户型的住房，形成合理的住宅户型结构；②为不同人群需求提供差异化的公共租赁房；③增加租赁房所占比重。

（3）提升住宅适老化水平。

已建住宅可按照《老年人居住建筑设计标准》等标准进行适老化改造，满足老年人对居住空间的安全、便利和舒适性的需求。此外，还可根据实际情况安装无障碍设施（电梯或升降梯、坡道、扶手等无障碍设施，消除卫生间地面高差，铺设防滑地砖等）。

3.3.2　疏导街头摊贩活动

街头摊贩是城市自组织作用下形成的“非正规”就业，无法“一刀切”地彻底

根除。街头摊贩整治需建立正确的激励约束机制，保证个体行为的弹性，也为街区的非正规生长留有空间。如图 3 所示，街头摊贩整治需要城市政府领衔，规划和管理部门相互协作，实施“疏堵结合”管理措施——利用商贩侵占街道的“天性”塑造更好的街道空间，重视各部门主导力量，建立有效监督机制，调动居民参与管理建设的积极性。

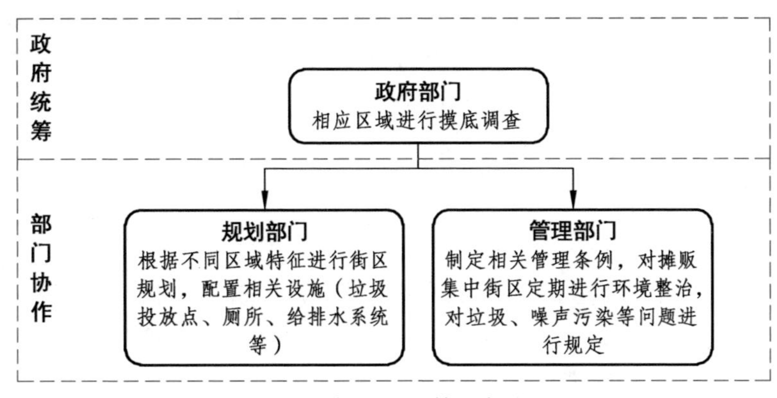

图 3　街头摊贩管制机制

3.4　业：营造宜居宜业活力街区

3.4.1　适度职住混合

建议街区制生活住区中保证一定比例混合用地，提供就近就业机会，实现职住平衡。生活住区中的就业用地控制在 15%~25%，主要布置办公、商业、服务业、企业和无干扰的工业企业等。职住混合有助于缩短上班族的日常通勤距离，降低高峰期的城市交通量，还能够延长生活住区的活力时段，形成“街道眼”以保证居民日常活动的安全性。

3.4.2　激活文化产业

受到生活方式变化影响，街区制生活住区需要转型为居住主导下的多元复合功能共存模式。文创产业作为未来国民经济的先导产业，具有创新性强、发展潜力大的特征，也是街区经济的重要发展方向，可以通过以下举措激活文化产业：

传承现状既有文化：传承传统工艺和生活方式，进行发展转型或者创意包装。许多传统工艺是住区居民的集体记忆，可以通过挖掘人力资源、组织文化展示、进行日常培训等举措来传承传统工艺，提升住区文化的多样性。

植入新兴文化产业：可以通过实体产品和虚拟产品的开发实现植入新兴文化产业的目标。文化产业的发展既能满足居民自身的精神需求，也能促使生活住区中的文化类消费日趋专门化，满足居民丰富的精神文化需求。

实体产品方面，建议将现状闲置住宅改造为民宿，或租赁给文化产业营业者，

运用收入改善现状街区环境，为居民活动提供经费。这种举措可以吸纳现状离退休职工为低成本劳动力，进一步促进经济发展。另外，将生活住区中的公共空间作为文化展示和消费的场所，通过社区管理者、店铺经营者以及居民群体的共同营造，塑造为“可进入的文化空间”。

虚拟产品伴随移动互联网发展而出现，是具有强大潜力的新型文化产品（如文化体验）。后现代时期的大背景下，消费文化成为影响城市空间生产和居民日常生活的重要因素，符号消费、体验消费也对城市空间提出新的要求。生活住区可以通过微信公众号、官方微博等方式与居民进行线上互动，以提供更好的文化服务和体验。

4 结 语

本文基于公园城市理念，分析街区制生活住区的规划举措。希望通过前文的分析，为引导“人、城、境、业”高度统一的生活街区提出浅薄建议，也为“诗意栖居”愿景下的规划建设提供借鉴。

参考文献

[1] 周逸影，杨潇，李果，等. 基于公园城市理念的公园社区规划方法探索——以成都交子公园社区规划为例[J].城乡规划，2019（01）：79-85.

[2] 卢银桃. 步行使用需求视角下日常生活设施布局方法探讨——一种低碳的自下而上的设施布局思路[A]. 中国城市规划学会. 城市时代，协同规划——2013中国城市规划年会论文集（02-城市设计与详细规划）[C]. 中国城市规划学会：中国城市规划学会，2013.

[3] 何浩. 基于女性视角的城市公共空间规划设计研究[D]. 武汉：华中科技大学，2007.

[4] 张旭. 基于老年人行为模式的居住环境建构研究[D]. 天津：天津大学，2016.

[5] 袁方成，毛斌菁. 街区制、空间重组与开放社会的治理[J]. 社会主义研究，2017（06）：81-87.

公园城市中公园住区设计浅谈

韩艺文
（中国建筑西南设计研究院有限公司 设计七院）

【摘　要】2018 年 2 月，习近平总书记在四川成都天府新区兴隆湖畔视察时，首次提出了“公园城市”理念。从此，成都踏上了建设公园城市先驱的道路。住区作为城市中的重要组成部分，是建设公园城市不可缺少的一部分。如何建设公园住区，如何将公园住区融入公园城市，是作为城市建设者需要思考的问题。本文以近年天府新区规划设计的住区项目（科学城天府科创园及配套项目 5 号地块工程、6 号地块工程）为例，简要分析阐述了如何建设公园住区，公园住区与公园城市之间的关系等问题。

【关键词】公园城市，公园住区，设计策略

1　成都大公园——公园城市

1.1　公园城市理论

2018 年 2 月，习近平总书记来川视察时指出，天府新区是“一带一路”建设和长江经济带发展的重要节点，一定要规划好建设好，特别是要突出公园城市特点，把生态价值考虑进去，努力打造新的增长极，建设内陆开放经济高地。这既是对高质量推动天府新区建设的殷切希望，也是对成都加快建设全面体现新发展理念城市的重大要求。

2018 年 5 月 11 日，全国首个公园城市研究院——天府公园城市研究院挂牌成立。同时在由中国工程院院士吴志强作为牵头专家的“公园城市内涵研究”课题中，初步明确了“公园城市”的学理概念与定义。

“公园城市”并不仅仅是“公园”和“城市”的简单叠加，“公”为全民共享，“园”为生态多样，“城”为生活宜居，“市”为创新生产。“公园城市”是公共、生态、生活、生产高度和谐统一的大美城市形态和新时代城市新模式。

1.2 成都模式的公园城市

地处四川盆地的成都作为公园城市的先驱城市，在地理位置、气候环境、地形地貌方面都有着先天优势。2019 年 2 月，成都召开了加快建设全面体现新发展理念的城市推进会，会上提出，要将成都建设成为“有高颜值”“有生活味”“有国际范”“有归属感”的城市。

成都公园城市建设将分为全域增绿、全绿增质、全方为民、全面永续四个步骤。通过公园城市的建设，势必帮助成都提高城市颜值，塑造城市生活味、打造城市国际范、提高城市归属感，建设公园城市的“成都模式”。

1.3 建筑师眼中的公园城市

公园城市奉“公”服务人民、联“园”涵养生态、塑“城”美化生活、兴“市”低碳高产。

在建筑师眼中，“公园城市”概念的提出一方面源自人们对美好生活的向往，是一种对目前钢筋混凝土森林的厌恶，人们逃离城市，接近自然的想法越来越迫切，公园城市的想法也越来越突出；另一方面源自日益恶劣的生态环境，人们需要改变生产生活习惯，让低碳环保、高效创新的生产方式为公园城市保驾护航。

公园城市的概念不同于之前已经提出的“田园城市”“花园城市”等概念，它强调的不仅仅是打造绿色自然生态的生活环境，更主要的是要打造健康、低碳、高效的生产生活方式。这就要求建筑师在建筑设计中，不仅要考虑优美自然的景观环境、被动生态的节能方式，同时要在设计中考虑人性、低碳、高效生活方式，为人们提供便捷的生产生活服务。

2 天府小宅院——公园住区

2.1 大公园与小宅院的关系

所谓 “大公园”就是指公园城市，小宅院就是公园住区，公园城市与公园住区之前有着不可分割的关系。

住区作为城市重要的组成部分，是人类栖息的家园，如何打造环境优美、绿色生态、低碳高效的公园住区，是为成都人民打造有归属感的城市的基础。同时也是通过一个一个的公园住区，组合成为公园城市的基础。

而公园城市则为公园住区提供相应的保障，包括生态环境保障、绿色生态保障和低碳高效保障。只有整个城市形成了公园般的绿色景观体系，才能为住区提供优美的环境，只有整个城市形成了公园般的节能生态系统，才能为住区提供生态低碳的保障，只有整个城市形成了公园般低碳高效的生活方式，才能为住区提供相应的生活保障。

2.2 大公园的开放化

相对于住区、公共建筑、市政设施等这些城市基础设施，公园城市是它们的母体，这个母体需要高度的开放化，为在城市中的住区等子体提供良好的保障。

公园城市需要有公园般的绿色景观体系，在城市中绿带、公园等生态体系的领导下，各个子体形成自己内部的景观体系，与母体之间的绿带相连。城市景观是一条主线，而各个子体内部的景观与这条主线相连。这就要求公园城市中的绿色景观体系开放化。

公园城市需要公园般的生态节能系统，城市中公园生态系统有着其独有的特点，低碳排放、被动节能、雨水保持等这些生态化的公园特点，也应该被利用在整个公园城市中。当整个城市有了属于自己的绿色环保措施时，各个子体在一个统一的标准下，才能将整个城市打造为真正的公园城市。

公园城市需要公园般的低碳高效生活方式，公园中各个地点都能便捷高效地到达，在城市中也需要提倡公园版的低碳高效生活方式。城市作为母体，集中规划好绿色低碳出行方式、高效环保生产方式，为各个子体提供便捷方便的条件，这样才能将住区串联在一起，将子体与城市串联在一起，将城市打造为低碳高效的公园城市。

2.3 小宅院的公园化

住宅建筑作为城市中人们的必需品，是他们休闲放松的场所。“小宅院”的概念就是将住区公园化，为忙碌了一天的人们提供放松休息的环境和低碳环保的住区生态系统。

公园住区需要优美宜人的公园化景观环境。人们往往在优美的自然环境中，会获得更多的愉悦感和满足感，住宅作为忙碌了一天的人们的栖息地，更应该有优美宜人的环境。这就要求住区中应该尽量多地规划绿地，同时充分利用屋顶、露台等垂直绿化，将景观环境立体化，为住区中的人们提供更公园化的居住体验。

公园住区需要生态低碳的公园化生活方式。公园住区不应该仅仅体现在居住环境的优美，同时也应该提倡公园住区的低碳化和生态化。在住宅建筑中应该更加充分地利用各种被动式节能措施，通过建筑布局、户型设计等方式，增加住宅的舒适性。同时应该注重海绵城市的建设，增强对水资源的重复利用。同时借助便捷的公园城市生活方式，培养人们绿色低碳的出行和生活方式。

公园住区的建设也是为公园城市的形成添砖加瓦，只有通过一个个“小宅院”式的公园住区的建成、通过一个个公园式的子体的实施，才能将整个城市打造成为真正的公园城市。

3 理论在实践中的应用

文末结合我院已经完成设计、目前正在施工中的科学城天府科创园及配套项目 5 号地块工程、6 号地块工程，分析在实际设计过程中，如何处理“小宅院”与“大公园”之间的关系。

3.1 项目概况

科学城天府科创园及配套项目 5 号地块工程、6 号地块工程，位于成都市天府新区。5 号地块临近梓州大道，位于兴隆湖北侧。6 号地块位于梓州大道东侧，紧邻绵州路西侧，靠近鹿溪河畔（见图 1）。两个地块的建筑类型以住宅为主，配套商业和酒店等设施。

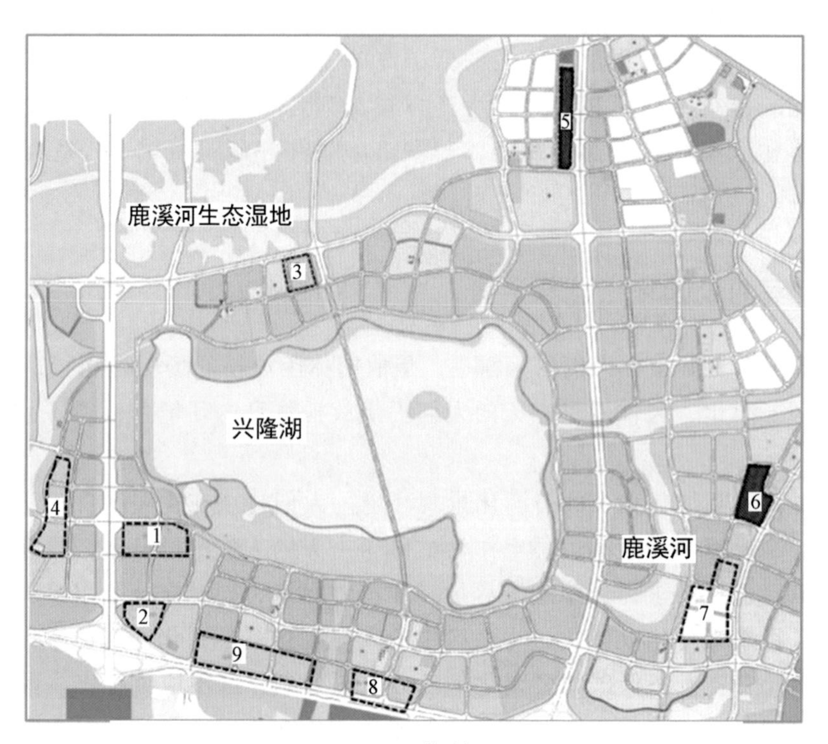

图 1 区位关系

3.2 公园住区设计策略

总图设计中，两个地块都将较大范围的用地留给了绿化，住宅尽可能贴近红线布置，为中间的较大范围的景观公园留出空间，使得整个住区中的每一栋楼都能享受公园般的景观环境（见图 2 ~ 图 5）。

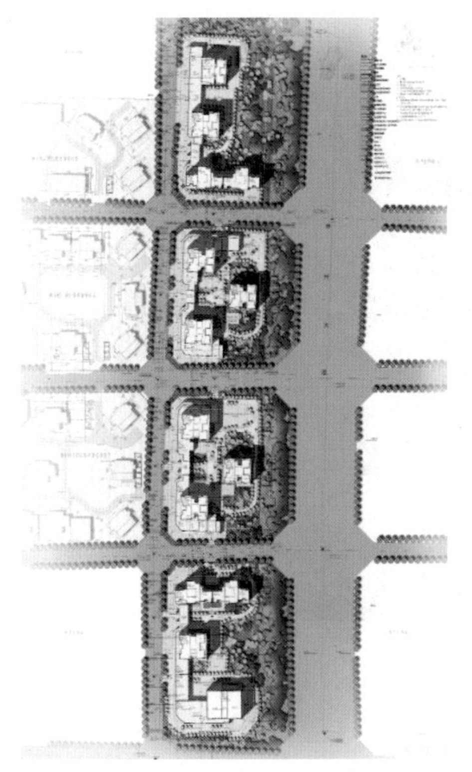

图 2　5 号地块总图

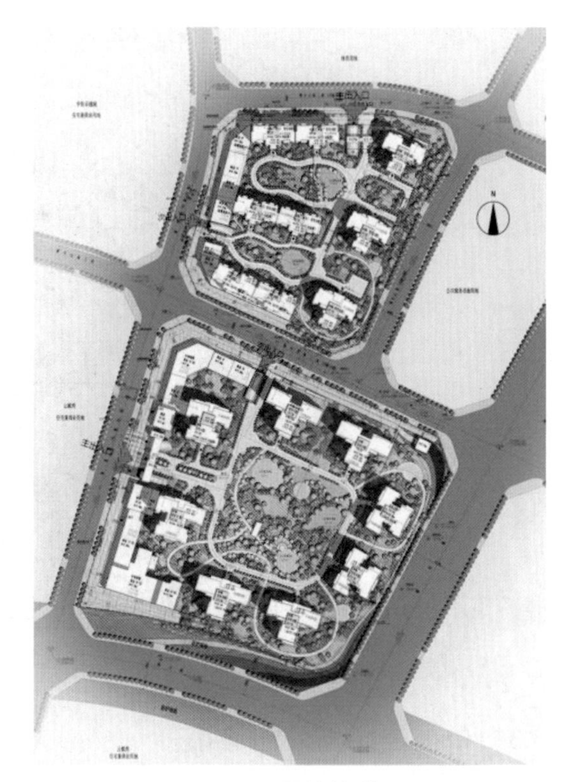

图 3　6 号地块总图

图 4　5 号地块鸟瞰图

生态环保设计策略方面，采用南北通透、点式塔楼为主的总图布局方式，在户型设计中注重通风设计，增加被动式的建筑节能措施。同时在公园住区中大力推广海绵城市相应措施的利用，增加对水资源的回收利用。

建筑单体设计中，最大限度地利用各种商业屋顶、住宅露台，为空中绿化留出更多空间，将公园中优美宜人的景观环境引申到建筑立面方面，打造立体化、多样化的公园住区。

图 5　6 号地块鸟瞰图

3.3　公园住区与公园城市

天府新区作为成都发展公园城市的前沿阵地，如何为建设公园城市出一份力是每一个建筑师值得思考的问题。住宅建筑作为城市中不可缺少的建筑类型，建设好公园住区，势必成为建设公园城市的保障。

5、6 号地块的住宅项目，设计中充分利用城市现有景观资源和生态资源，借助城市母体发挥出属于住区的特色，同时每个住区中也拥有公园一般的景观环境和生态系统，为整个公园城市的形成贡献出自己的一份力量。

参考文献

[1] 中共成都市委关于深入贯彻落实习近平总书记来川视察重要指示精神 加快建设美丽宜居公园城市的决定[R]. 2018.

[2] 科学作为 久久为功 让新发展理念引领蓉城走向世界[R]. 2019.

[3] 探索公园市建设的“成都模式”[N]. 成都日报，2018-05-14（4）.

[4] 刘滨谊. 公园城市研究与建设方法论[J]. 主题公园城市，2018，8(22)：10-15.

[5] 董靓. 实现公园城市理念的一种概念性框架[J]. 园林，2018（11）：18-21.

[6] 高菲，游添茸，韩照. 公园城市及其相近概念辨析[J]. 城市营造，2019（2）：147-148.

公园城市背景下的设计思考

蒲践川
（中国建筑西南设计研究院有限公司 设计七院）

【摘　要】基于现有场地情况的分析以及城市发展对公园功能提出的要求，如何在景观良好的地区建造一块自然的建筑群、保留一块自然的田地、再现一片原始的林盘，同时又能满足城市的形象展示、地域文化的延续和市民休闲的功能需求等，创造一个属于现代化的都市山水田园体验空间，正是本次设计所需要解决的主要问题。

【关键词】公园城市，建筑材料，川西林盘，微绿地，细部空间

1　引　言

“公园城市”是新时代城市绿色发展的新命题。人与大地的关系不断演变，城市空间形态相应随之变化。2018 年 2 月，习近平总书记在视察成都天府新区时提出“突出公园城市特点，把生态价值考虑进去”。这是“公园城市”作为一种城市发展模式第一次被正式提出。本文将以鹿溪河生态区鹿溪河生态酒店配套为例，理性分析并提出建设公园城市的几种方法。

2　项目区位及背景

兴隆湖位于天府新区兴隆镇境内，天府大道中轴线东侧，是天府新区“三纵一横一轨一湖”重大基础设施项目之一。

建设用地位于兴隆湖东南侧，由四块红斑组成，总用地面积约为 2 612 m^2（见图 1）。

3　选址特征

场地高差大：选址位于鹿溪河生态区，位于道路南侧陡坡之上，北高南低。

图 1　项目区位

水系良好：选址紧邻鹿溪河，水系内有着若干天然或人工的河流与池塘。

植被良好：用地周边保存了大量的乔木植被，与水体、山体一起组成了独特的川西林盘景观（见图 2）。

图 2　选址植被良好

4　设计目标

基于现有场地情况的分析以及城市发展对公园功能提出的要求，如何在景观良好的地区建造一块自然的建筑群、保留一块自然的田地、再现一片原始的林盘，同时又能满足城市的形象展示、地域文化的延续和市民休闲的功能需求等，创造一个属于现代化的都市山水田园体验空间，正是本次设计所需要解决的主要问题。

5　探索方向

5.1　建筑材料

建筑材料是建筑的重要组成部分，建筑其实就是将各种材质拼接组合在一起所形成的面貌。因此，如何使其充分发挥各自的特性和功效，达到美观、舒适、合理

的要求才是一个设计成功的地方。

5.1.1 木

木结构作为我国传统的建筑材料，以其易加工性，可以在整体比例把控以及细节加工处理方面达到很好的效果，因此，我国传统建筑多为木结构。合理将木元素运用到方案中，将竹纹肌理运用到建筑立面上，是一种地方文化与建筑形式的结合。弧形的建筑外墙被赋予合理的木构构造逻辑，是建筑与自然环境的穿插和交融，营造宁静的空间氛围的同时，又改变了人们对传统建筑的认知，是贯彻落实公园城市理念很好的手法。

5.1.2 玻 璃

人们以玻璃作为建筑材料已经有着很长的历史了。玻璃与建筑及景观的关系早已分不开。建筑立面上大面积通透玻璃的运用，使得整个建筑群仿佛都透明地隐身于环境之中，玻璃上倒映着湖面和丛林，仿佛林中有水晶，或是水晶里有树林，两者穿透融合。虽然整体的玻璃屋是透明的，但是其内部的私密条件可以做到很好，室内能与室外景观产生对话，游览者也能听到建筑的声音。处处都体现着玻璃建筑群的功能和自然景观的结合。

5.1.3 清水混凝土

清水混凝土技术在国内这几年得到应用与发展，集节能、环保、绿色于一身的清水混凝土建筑外墙，其混凝土结构不需要装饰，舍去了涂料、饰面等化工产品，有利于环保；清水混凝土结构一次成型，不剔凿修补、不抹灰，减少了大量建筑垃圾，有利于保护环境。整体来说，它简单且自然的表面衬托出一种清雅而厚重的气质。材料上本身所具有的感官效果，能真切地表达出建筑的情感。在这方面的张力，清水混凝土有时候比金碧辉煌的材料表现得更好。因此，这种材料不仅是受建筑文化的影响，它体现的是对公园城市发展中人文环境的一种理性思考和元素表达。

5.2 川西林盘元素

林盘作为成都平原农耕文明的代表，是农家院落与周边高大乔木、竹林、河流及外围耕地等自然环境有机融合形成的一种农村居住环境形态。

酒店配套建筑在规划红斑制约下星罗棋布地分散在场地之上，形成了丰富的景观层次，与林盘元素不谋而合。林盘不仅有着生态属性，同时也有着经济属性，能吸引大量游人，利用都市的慢生活业态带动乡村旅游。而这样的林盘，就是城市中的森林，是典型的桃花源般的田园风光，给来往的旅游者留下良好的视觉效果。因此，我们必须传承林盘文化精神，并将之与公园城市理念较好地融合在一起，形成

一个生态圈的微缩影，从而才能达到诗意的栖居和田园牧歌式的精神追求。

5.3 微绿地与景观小品

微绿地是指一个综合性的社会生活场所，是多元化的系统。对个人来说，微绿地或许是建筑屋顶、阳台或是室外的盆栽植物；对社会来说，微绿地可能是街角的一棵大树、街旁的一片草地等。

在“公园城市”理念的指引下，生态设计引导着建筑师们进行设计，只要不干扰现有环境，通过微型种植，有时三两盆栽、一颗绿竹也能呈现“公园城市”的质感，在有限的城市空间赋予多样的“公园元素”（见图 3）。

图 3　微绿地

建筑小品细节设计可以传承环境传统意境，可以通过采用新材料与新技术进行形态细部设计传承。同时，细部设计需要将造景与功能二者相结合，设计师以山水为背景作为创作的蓝本进行雕琢，通过恰到好处的提炼手法（如巧取对景、山石堆

叠的手法等），使局部变成一处精致的景观。通过这种手法对每个细节进行雕琢，一幅美轮美奂的画卷就能被呈现出来了（见图 4）。

图 4　景观小品

5.4　植物空间设计

钢筋混凝土的城市需要绿色点缀。在“公园城市”的大背景下，“见缝插针”的增绿手法，成为在有限的城市空间内扩大“公园元素”主要的一种方法。通过外部安装钢架，墙面铺设防水板，并采用自动滴灌技术，向建筑立面索取绿化空间，从而达到节约土地、增加绿化、美化城市的效果（见图 5）。

场地内地形高差较大，因此应尽可能在原有地形基础上，灵活结合光照、坡度、土壤条件等方面进行植物设计，从而为不同生长条件要求的植物提供适宜的环境。这样不同种类的植物才会十分融洽地融入整体设计中去，形成统一、自然的田园风貌。

图 5　植物空间设计

5.5 空间细部的创新

把握好每一块景观的细部，人在行走过程中感受到的不仅仅是大的建筑与场地的关系，而是一块块由生态的山、水、石、花草、树木、草沟所构成的自然花园。

苏州博物馆最成功的地方在于其建筑与山水的融合，达到了合一的境界，建筑在景观上得到了升华。整个园区采用的元素都是几种“语言”的重复并提炼。细节上要统一，但总体效果要多样化。在本案的设计中，我们力求做到“建筑为纸，景观为绘”，整个区域所展现的空间和感受都会随着取景位置和景观设计的不同而变化，从而给使用者带来不同的感官体验。使这里成为兴隆湖最具魅力的艺术区。

细节造就品质，创造一切空间所必需的结构和构造方式，往往能更加清晰地传递和丰富着人们对空间的认识。建筑首先是一种构造，然后才能够被抽象为表皮、体量及文化。

6 结 语

本文探讨了一些公园城市建设方面的方法和布局生态城市的“公园化”模式，以及如何优化城市人居环境，增加城市土地的生态价值。我们通过将植物、山水、建筑等按川西林盘的艺术原理组织起来，并设置合适的微绿地景观、垂直绿化体系，形成建筑与景观的相互统一，达到房屋藏匿于山林的整体效果。本文希望通过各种设计方法打造城市公园向城市延伸、渗透的区域，实现人与自然的和谐共生、城市与自然和谐相融，“人、城、境、业”高度和谐统一的美丽公园城市，真正完成一个都市的田园梦。

参考文献

[1] 赵宇函. 清水混凝土在建筑设计中的表现——以安藤忠雄的设计作品为例[J]. 中国住宅设施，2018.

[2] 方志戎. 川西林盘文化要义[D]. 重庆：重庆大学，2012.

[3] 勒·柯布西耶. 走向新建筑[M]. 南京：江苏凤凰科学技术出版社，2014.

[4] 梁潇文. 现代景观小品建筑细部设计新探[D]. 西安：西安建筑科技大学，2010.

锦江华阳段防洪能力提升工程方案浅析

邓荣莹，周艳丽，廖世春，姜 浩
（成都天府新区规划设计研究院有限公司）

【摘　要】本文针对锦江华阳段行洪能力不足的问题进行了水文分析，通过水文分析结论，结合河道近远期防洪规划，提出提升防洪能力的3个方案。结合现场实施条件对方案进行论证及比较，并提出中远期防洪能力提升思考。

【关键词】河道，防洪能力，方案比较

1 项目概况及背景

为解决锦江华阳段（见图 1）防洪能力不达标的问题，保证城市及居民安全，锦江防洪能力提升已经迫在眉睫。根据《成都市水生态系统 2025 规划》和《天府新

图 1　项目区位

区总体规划》，该段河道防洪标准为 200 年一遇。由于河道位于老城区，目前实施改造的条件有限，难以在短时间内通过一次改造达到防洪标准 200 年一遇。锦江是岷江流经成都市区的重要河流。锦江华阳段（天府大道—牧华路桥段），现状河道过流断面太小，同时河道淤积严重，防洪能力仅满足 5～20 年一遇。2018 年 7 月 11 日特大洪水，导致工程段大部分河水漫过河堤。

为了减小锦江华阳段的行洪压力，通过河道加宽及对河道进行局部加高，满足 20 年一遇的防洪标准。通过分洪工程使锦江华阳段近期满足 50 年一遇的防洪标准，并为中期满足 100 年一遇及远期满足 200 年一遇的防洪标准预留实施条件。

2 河道水文分析

对锦江洪水流量和组成分析，明确本段相应的洪水标准、需分洪的流量和洪水流域特性，是确定工程建设规模的重要依据，也是本工程建设的边界条件之一。

2.1 流域概况

锦江是成都市市管河流，源于郫都区石堤堰水利枢纽锦江闸，主要支流有沱江河、江安河、沙河及清水河（见图 2）。

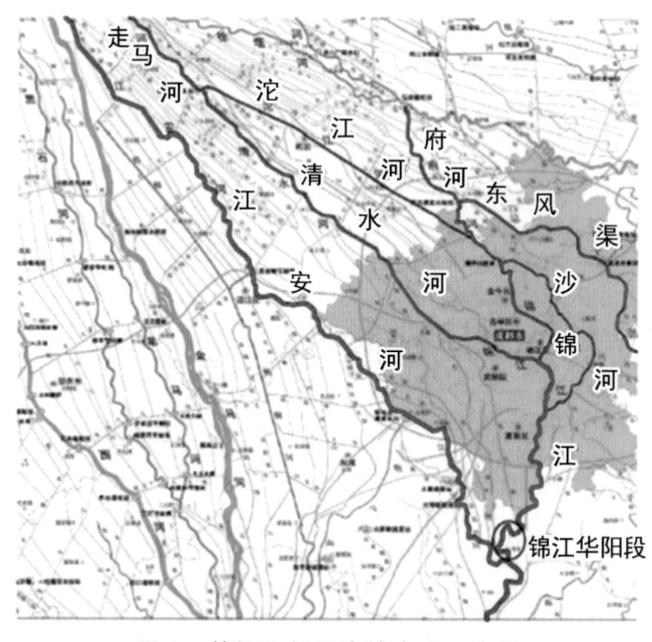

图 2　锦江及邻近流域水系示意图

工程段区间支流有响水沟、颜家沟、聚宝沱、白杨沟、泥河堰、新开排洪渠及花荫沟（见图 3）。锦江流域地处成都平原，暴雨一般发生在汛期 5～10 月，具

有雨量集中、强度大、历时短等特点，一般暴雨历时 1～2 天，实测最大 1 日暴雨量为 206 mm。2018 年 7 月 11 日天府新区华阳实测 1 日暴雨量为 116.6 mm。

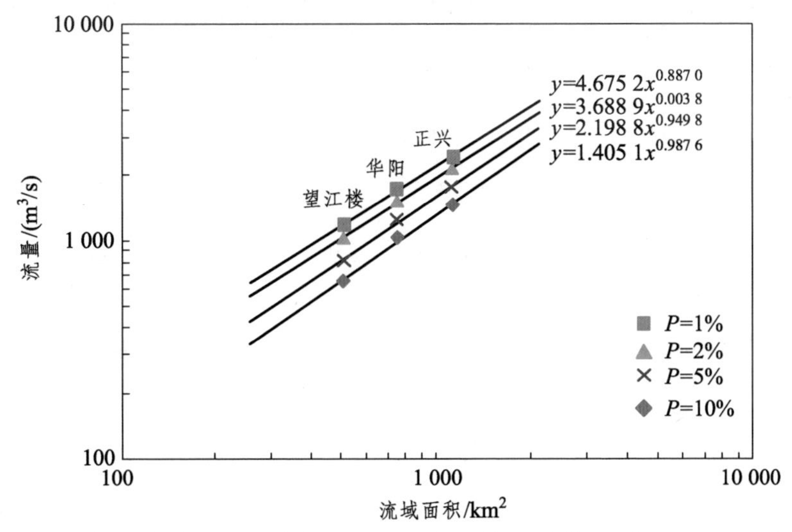

图 3　望江楼水文站、华阳水文站、正兴水文站设计洪水–集水面积关系指数

2.2　洪水成果

2.2.1　江安河汇口以上工程河段设计洪水

华阳水位站位于江安河汇口以上河段，本工程江安河汇口以上河段设计洪水直接采用华阳水位站的洪水计算成果。

2.2.2　江安河汇口以下工程河段洪水

工程河段位于望江楼水文站与正兴水文站之间，江安河汇口以下工程河段洪水由锦江洪水与江安河洪水交汇后形成，采用面积比指数法推求江安河汇口以下工程河段的设计洪水（见图 3），计算成果见表 1 和表 2。

表 1　江安河设计洪水成果

统计参数			各频率设计值/（$m^3/s/km^2$）					
均值/（$m^3/s/km^2$）	C_v	C_s/C_v	p=0.3%	p=0.5%	p=1.0%	p=5.0%	p=20%	p=50%
202	0.54	3.5	703	663	589	419	270	171
加入江安河控泄流量 65 m^3/s			768	728	654	484	335	236

表 2 锦江设计洪水成果

控制断面	集雨面积/km^2	各频率设计值/($m^3/s/km^2$)						
		0.5%	1%	2%	5%	10%	20%	50%
华阳水位站	744	1 900	1 700	1 490	1 220	1 010	800	511
江安河汇口以上工程河段	744	1 900	1 700	1 490	1 220	1 010	800	511
正兴水文站	1 128	2 650	2 370	2 090	1 710	1 420	1 120	716
江安河汇口以下工程河段	1 094	2 580	2 310	2 030	1 660	1 380	1 090	695

目前，锦江防洪提升工程（一期）完工后，本工程段河道过流能力将达到 20 年一遇的防洪标准，因此上游 50 年一遇洪水时工程段需分洪 270 m^3/s，100 年一遇时需分洪 480 m^3/s，200 年一遇分洪流量 680 m^3/s。

2.2.3 江安河顶托作用影响分析

本次设计采用 MIKE21 建模分析江安河和锦江在不同洪水频率组合下，江安河是否对锦江有顶托作用。

根据水面线计算成果，在锦江不同洪水频率组合下，江安河对锦江洪水位存在顶托作用，影响范围约为 260 m（见图 4 和图 5）。

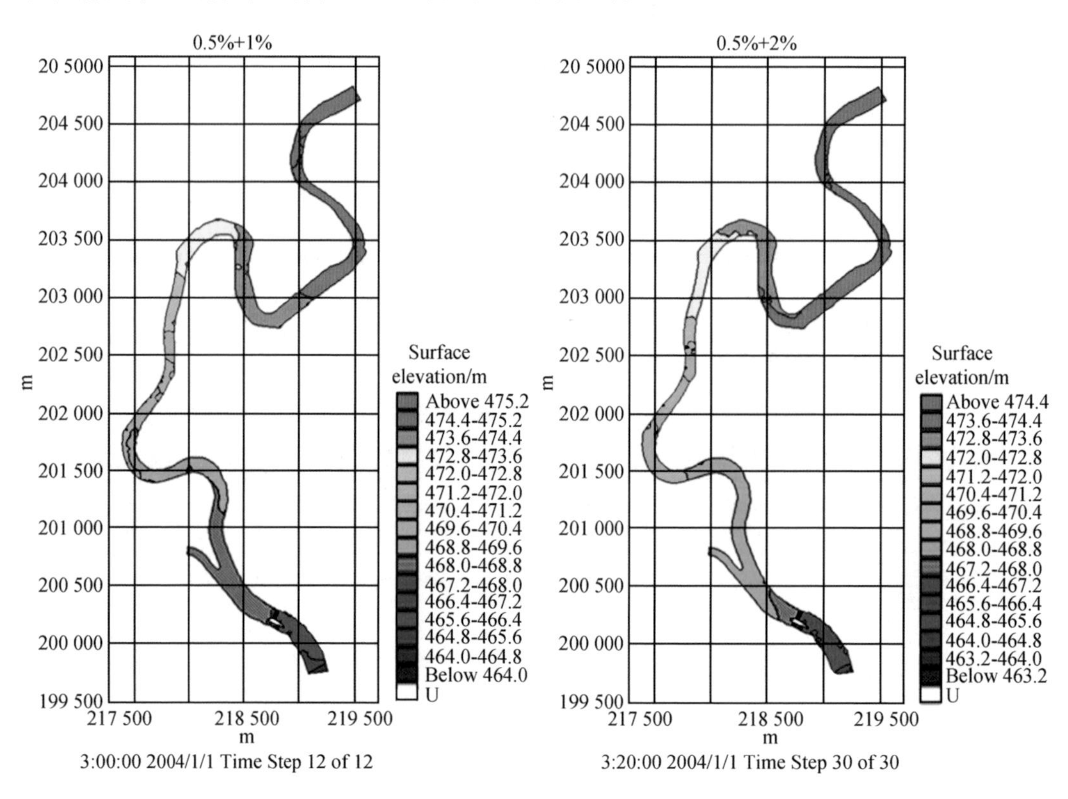

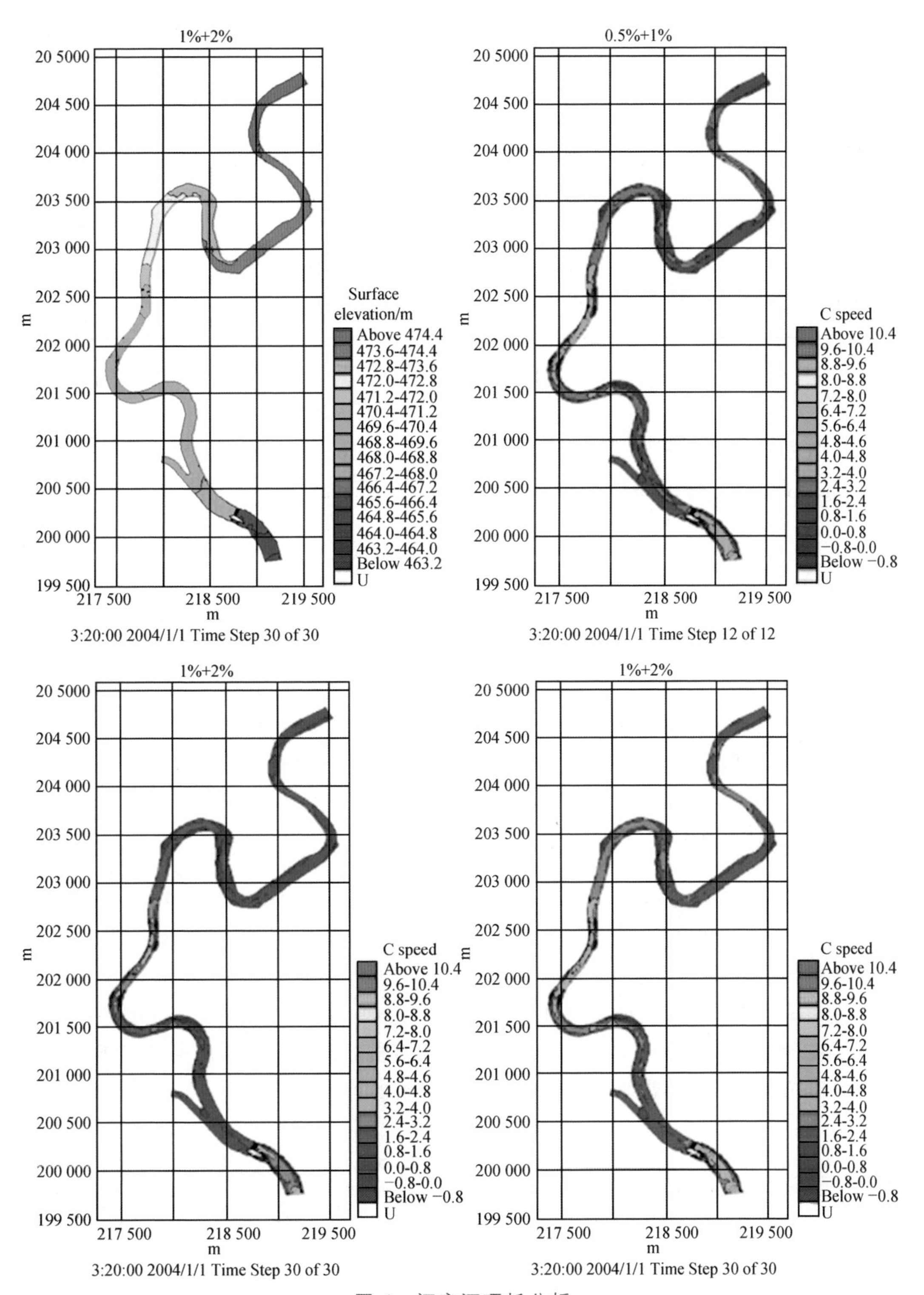

1%+2%
20 5000
204 500
204 000
203 500
203 000
202 500
202 000
201 500
201 000
200 500
200 000
199 500
m
217 500
218 500
219 500
m
Surface
elevation/m
Above 474.4
473.6-474.4
472.8-473.6
472.0-472.8
471.2-472.0
470.4-471.2
469.6-470.4
468.8-469.6
468.0-468.8
467.2-468.0
466.4-467.2
465.6-466.4
464.8-465.6
464.0-464.8
463.2-464.0
Below 463.2
U
3:20:00 2004/1/1 Time Step 30 of 30
0.5%+1%
C speed
Above 10.4
9.6-10.4
8.8-9.6
8.0-8.8
7.2-8.0
6.4-7.2
5.6-6.4
4.8-4.6
4.0-4.8
3.2-4.0
2.4-3.2
1.6-2.4
0.8-1.6
0.0-0.8
−0.8-0.0
Below −0.8
U
3:20:00 2004/1/1 Time Step 12 of 12
1%+2%
3:20:00 2004/1/1 Time Step 30 of 30
1%+2%
3:20:00 2004/1/1 Time Step 30 of 30

图 4 江安河顶托分析

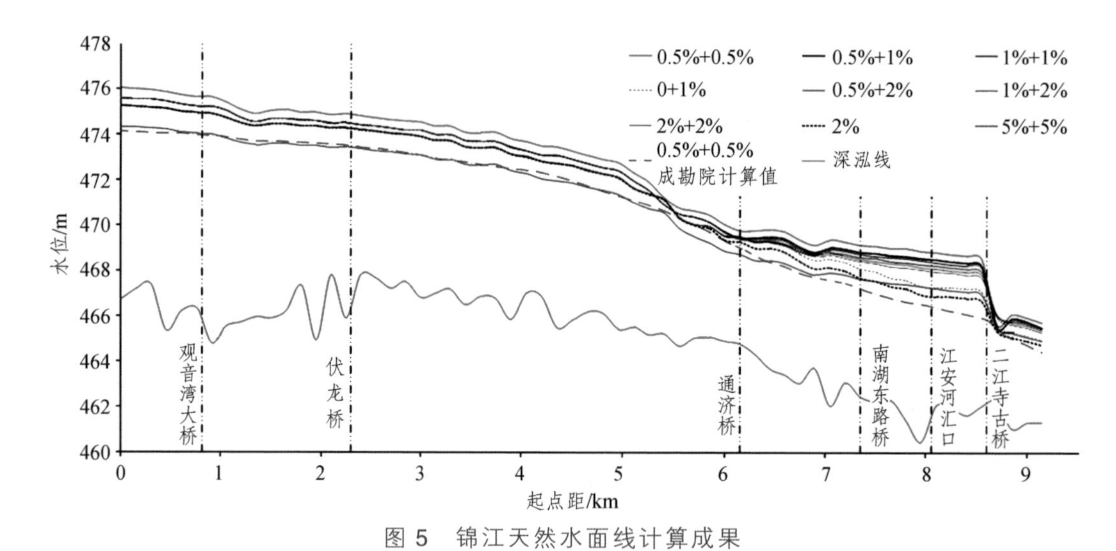

图 5　锦江天然水面线计算成果

从图 6 中可以看出，二江寺古桥对锦江洪水有明显壅水影响，影响范围大约是 2 250 m，据此结论确定分洪出口选择在二江寺古桥下游。

3　工程方案

当河道行洪能力不足时，要提高河道行洪能力，方式可以采用拓宽明渠，也可以采用分洪工程。根据项目功能定位——防洪排涝，保障城市安全，近期达到 50 年一遇的过洪能力的角度入手，根据项目周边详细踏勘，结合水文分析，提出了如下三种总体方案进行比选：拓宽河道、深层排水系统、浅层排水箱涵。

3.1　拓宽河道方案

根据计算，一期整治后，伏龙桥至通济桥之间河道宽度仍不满足 50 年一遇的过洪要求，同时由于该段河道未拓宽，对上游亦有雍水作用。若近期要求达到 50 年一遇的防洪标准，需对上述河段进行加宽。计算过程及结果见表 3、图 6 和图 7。

伏龙桥上游段经过一期整治可以达到 50 年一遇，通济桥下游现状河道已经可以满足 100 年一遇，故此方案仅考虑伏龙桥—通济桥之间进行河道拓宽和加高。

河道拓宽将影响两岸绿地以及涉及部分建筑的拆除。

表 3　锦江河道拓宽计算

工程河段	现状河道宽度/m	河床比降	设计河道宽度/m	拓宽宽度/m
伏龙桥—华龙桥	69 ~ 113	0.000 3	127	14 ~ 58
华龙桥—双华桥	76 ~ 87	0.000 3	112	25 ~ 36
双华桥—通济桥	73 ~ 83	0.001 1	99	16 ~ 26

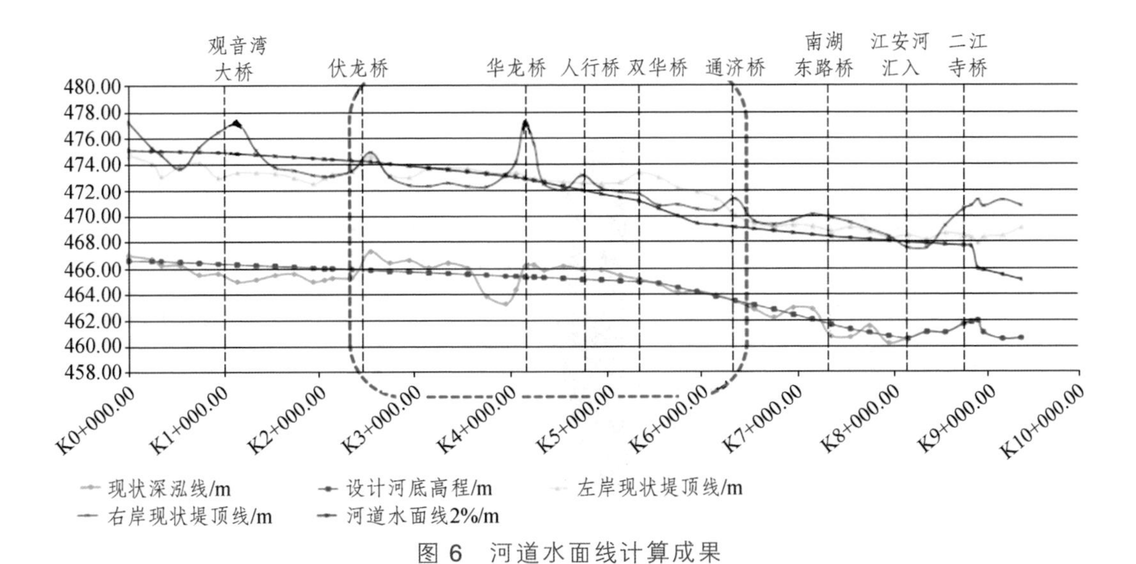

图 6　河道水面线计算成果

图 7 锦江河道拓宽范围

河道拓宽方案：总拓宽长度 3.6 km；房屋拆除：28 栋，共 15 324 m²；占用绿地：41.8 万 m²；占用道路 130 m，共 331 m²；投资 1.5 亿～2 亿元/km，工程投资约 8.2 亿元；总工期约 10～12 个月，拆迁量较大。

3.2　深层排水系统方案

图 8 所示为深层排水系统方案。其传输优点：对地面影响小、预留地下空间资源、长期使用安全性较高。

根据 50 年一遇的防洪标准，按照分洪 270 m³/s 计算，上下游水头差约为 7 m，本工程为倒虹吸隧道。深隧尺寸初步拟定直径为 11 m，埋深为 38～40 m，采用盾构施工。

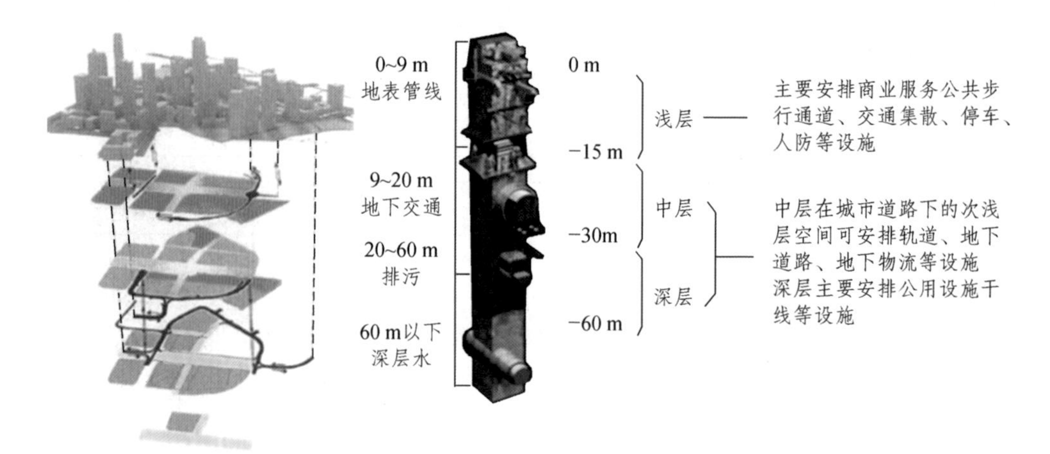

图 8 深层排水系统方案

平面布置：沿市政道路正北下街→四河路→二江路二段→二江路一段→府河路→二江寺古桥下游出流点；深隧全长约 3.3 km；沿线共布置 2 个竖井、4 处通风井、1 处放空泵站。

涉及关键技术：

（1）深基坑技术；

（2）深隧隧道选型；

（3）大直径隧道结构关键技术；

（4）超大结构输水隧道施工技术；

（5）临近构筑物基础加固与保护。

深隧方案投资及工期：深隧总长度为 3.4 km，投资约 2.6 亿 ~ 3 亿元/km，工程投资约 11.5 亿元，总工期约 22 ~ 26 个月。

3.3 浅层排水箱涵方案

图 9 所示为箱涵断面。浅埋排水箱涵长度为 3.4 km，根据水文计算结果 50 年一遇时需分洪流量 270 m^3/s，箱涵初拟尺寸为：2-6.5 m × 5.1 m，工程投资约 10.6 亿元，总工期约 20 ~ 22 个月。

本次结合周边道路走向及建筑物分布，提出两条线路进行比选。线路 1：正北下街→四河路→广都中街→广都上街→华阳市场→府河路→二江寺古桥下游出流点；线路 2：正北下街→四河路→二江路二段→二江路一段→府河路→二江寺古桥下游出流点。

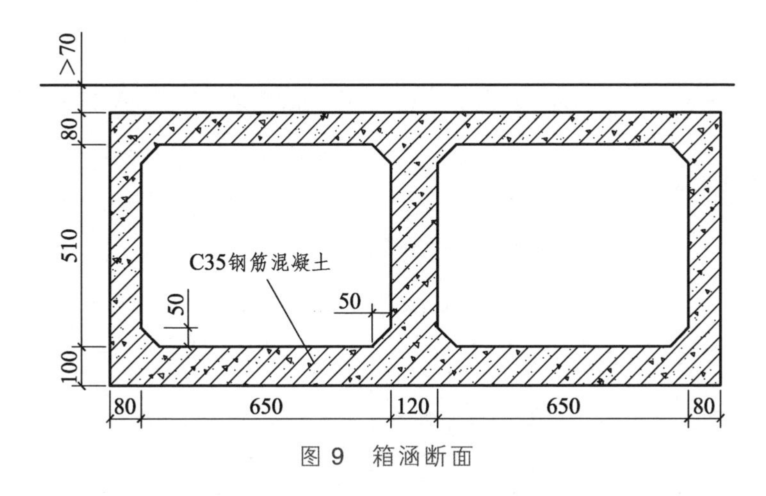

图 9 箱涵断面

3.3.1 线路存在的问题

地铁因素：项目区内规划地铁 25 号线将与本次设计锦江分洪箱涵正交。根据调查，所涉地铁均由于需下穿锦江，自身埋深较深，后期地铁设计来满足箱涵底高程间距要求。

其他因素：分洪箱涵两侧均为密集居民小区，施工较为困难，部分线路施工需进行拆迁。

3.3.2 线路比选

箱涵过流能力将极大影响洪水期锦江分洪效果，同时由于线路 1 涉及拆迁区域已经纳入片区改造拆迁计划范围，拆迁难度相对较小，而线路 2 水利条件更佳，故本次推荐方案为线路 2。

3.3.3 涉及关键技术

（1）无闸（锦江拦河闸）分洪技术；
（2）城区过水箱涵与综合管廊相结合技术；
（3）城市长距离深基坑支护及明挖倒边施工研究；
（4）超大结构输水施工技术；
（5）施工期交通组织研究。

3.4 方案比选

方案 1：河道防洪功能提升，最简单、最经济的方法就是河道扩宽。但是本项目所处区域，两侧用地条件限制方案可实施的条件，存在着较大的拆迁，同时由于 50 年一遇仅为近期目标，中远期河道再无拓宽余地以满足 100 年一遇的行洪宽度，因此仍需考虑其他方案。

表 4 方案比选表

方案	优点	缺点	工期/月	造价/亿元
方案 1：河道扩宽	影响城区交通较小	由于河道较为平缓，通过扩宽河道增大行洪效果不明显，拆迁面积最大，影响河道两岸景观及交通，社会影响大	10 ~ 12	8.2
方案 2：深层排水系统	无拆迁，影响城区交通较小	过流能力弱，隧洞断面较大，不能自流排空，后期运行成本高	22 ~ 26	11.5
方案 3：浅层排水箱涵	拆迁面积较小，且为规划道路拆迁范围	施工期间大面积影响城区交通，过流能力相对深层排水箱涵更好，路面恢复后可继续利用	20 ~ 22	10.6

方案 2：深层排水系统方案较其他方案不存在拆迁，实施难度最小。但是深隧占用城市地下空间，如工程仅仅用于防洪期间的分洪，对地下空间利用率不够充分，会造成地下空间资源的浪费。同时本方案也具有较高的运营维护成本。建议从整个城市发展的角度，结合城市防洪排涝、合流制污染控制、海绵城市等系统研究后再实施。

方案 3：浅层排水箱涵方案过流能力相对深层排水箱涵更好，但是在线路上存在拆迁，施工期间对周边交通及环境影响较大。受排洪标高的影响，箱涵顶覆土厚度较小，对道路管网特别是过街管影响较大。

由上面的方案分析可以看出，3 种分洪措施之间不存在实施空间的相互矛盾和制约。由于方案 1 与方案 3 存在拆迁障碍，如果单一方案可实施空间内的规模不足，可以将方案进行叠加组合，以满足防洪要求。

3.5 中远期防洪提升思考

为实现项目中远期防洪目标，通过对锦江各支流洪水组成进行分析，远期通过上游支沟分流进行分洪。

根据水文计算结果可看出，在江安河汇合口以上锦江左岸支沟（聚宝沱至泥河堰）总计在 100 年一遇时汇入锦江的洪水总量为 500.4 m^3/s，50 年一遇时汇入锦江的洪水总量为 426.7 m^3/s。

二期工程运行后，项目区可实现 50 年一遇的行洪能力。中期为了保证项目区能满足过流 100 年一遇的洪水，中期规划修建分洪通道从新开排洪渠、颜家沟、聚宝沱、白杨沟汇入锦江前将水引走，计划引走流量 300 m^3/s。远期在近期和中期分洪措施基础上叠加其他分洪措施。

4 结 论

研究范围作为人口高度积聚的地区，遭受洪水灾害时，受到的损失往往高于人口稀疏地区。因此，在提高城市集约化、现代化水平的同时，重视提高城市的综合防灾能力，把灾害损失减少到最低程度，共建公园城市是我们的工作目标之一。根据城市的社会、经济情况和自然条件，按照综合利用水资源和保证城市安全的原则，从政治、社会、经济、技术等方面进行综合研究，确定城市防洪标准，拟定工程措施，阐明工程效益，确定近期和远期建设计划。

从天府新区“独角兽岛”看公园城市规划与实践

陈思宇
（中国建筑西南设计研究院有限公司 设计七院）

【摘　要】2018年7月，《中共成都市委关于深入贯彻落实习近平总书记来川视察重要指示精神加快建设美丽宜居公园城市的决定》正式发布，成都市就建设美丽宜居公园城市作了全面部署。位于兴隆湖湖畔、未来新经济高地的“独角兽岛”在公园城市建设上积极响应政府号召，从规划、单体设计到建设施工都在可持续发展和公园城市框架下进行，本文基于此进行总结和探讨，以期能为城市升级转型、公园城市建设与规划提供有益思路与经验。

【关键词】花园城市，城市规划，天府新区“独角兽岛”，生态建设

1 引　言

以往城市的发展多是先污染后治理，或是将污染留在城区，而搬到郊区去居住。这样的发展模式既不满足可持续发展，也不利于人类生活、工作环境的需要。因此，城市规划和建筑界一直以来都致力于提高人居环境、改善居住与工作条件。而追求人与自然和谐相处的“公园城市”这一理念逐渐出现在人们视野，并成为当今城市健康发展的一种优秀的协调策略。

2018年，习近平总书记在视察天府新区时提出“突出公园城市特点，把生态价值考虑进去”。同年，成都市明确提出加快美丽宜居公园城市建设，将“公园城市”这一理念编入《成都市城市总体规划（2016—2035年）》，坚持可持续发展战略，正式开启了宜居城市公园化的发展道路。而位于天府新区兴隆湖的“独角兽岛”，在经济与政治上有着至关重要的地位，因而在规划和设计上也应该对“公园城市”这一理念有更深层次的理解与实践，并为后续发展提供丰富的经验。

2 公园城市背景

在人类大规模城市化建设中，不可避免地产生了许多的能源消耗和环境污染问题。

在钢筋混凝土不断挤压人类生活环境和精神空间的时候，“归园田居”也变成了许多人的奢望。在这个过程中，许多国家都开始提议或出台了许多政策，呼吁人们尊重自然，正视人与自然的规律。其中，以生态为核心的“花园城市”（见图 1）理念重新出现在了人们的视野之中。

图 1　花园城市

公园城市脱胎于田园城市、花园城市理论，该理论最早由英国建筑学家霍华德提出。而从田园城市发展到花园城市，其集大成者为新加坡。新加坡在规划上长远打算、建设上预留弹性、交通上采用公共交通为导向的 TOD 模式、土地开发上合理管制、规范上标准编制。这一系列的措施让新加坡成了世界上数一数二的花园城市典范。

党的十九大报告提出，我们要建设的现代化是人与自然和谐共生的现代化，既要创造更多物质财富和精神财富以满足人民日益增长的美好生活需要，也要提供更多优质生态产品以满足人民日益增长的优美生态环境需要。国内许多城市以此为契机，在城市改造与建设的过程中，开始逐渐实践与应用“花园城市”理念。而成都本身具备得天独厚的地理自然条件，有着发展成良性生长的花园城市所具备的各项需求。并且成都与田园城市理念结缘已久，例如成都市新都区很早就提出和部署建设“世界现代田园城市示范区”，成都市本身的总体规划与田园城市也有着密切的联系，成都也在大力发展 TOD 公共交通导向项目。有山有水、有良景美池、有拼搏精神的川人，这些条件都为成都大力开展公园城市建设奠定了良好基础。

过去，国家发展城市化是在城市中建造公园，而现在，城市发展更需要的是在公园里建造城市。因此，城市发展不再是以生产为第一位，而是开始重新审视城市中的人，城市中的自然，既要创造“可进入、可参与、景观化、景区化”的公园城市，也要塑造人、城市、产业等为一体的生态文明。

3　从“独角兽岛”看公园城市

“独角兽岛”项目为全球首个以独角兽企业孵化和培育为主的产业载体。该项目位于兴隆湖东侧，鹿溪智谷核心区，规划用地面积约 1 006 亩（1 亩 ≈ 666.7 m^2）。其规划与建筑方案由国际顶尖的扎哈哈迪德事务所进行设计（见图 2）。

在规划方案上，扎哈哈迪德事务所强调了以下几个方面：

（1）绿色能源的使用，并结合海绵城市理念进行可持续性设计；

（2）环形地下交通组织，达到全岛人车分流，人们在整个园区里犹如置身生态公园；

图 2　扎哈哈迪德事务所概念规划方案

（3）智慧城市、复合功能构造等积极配套，智能化管理。

该方案的设计概念前卫、形态创新多变，可以适应多种不同需求，规划上也是生态和科技的完美结合。同时，独角兽岛项目还积极响应公园城市特质，旨在打造高品质、全周期、全要素的良性发展为目标的产业生态圈。

3.1　生态打造

“独角兽岛”位于多个公园串联之处（见图 3)。但作为一个公园节点，“独角兽

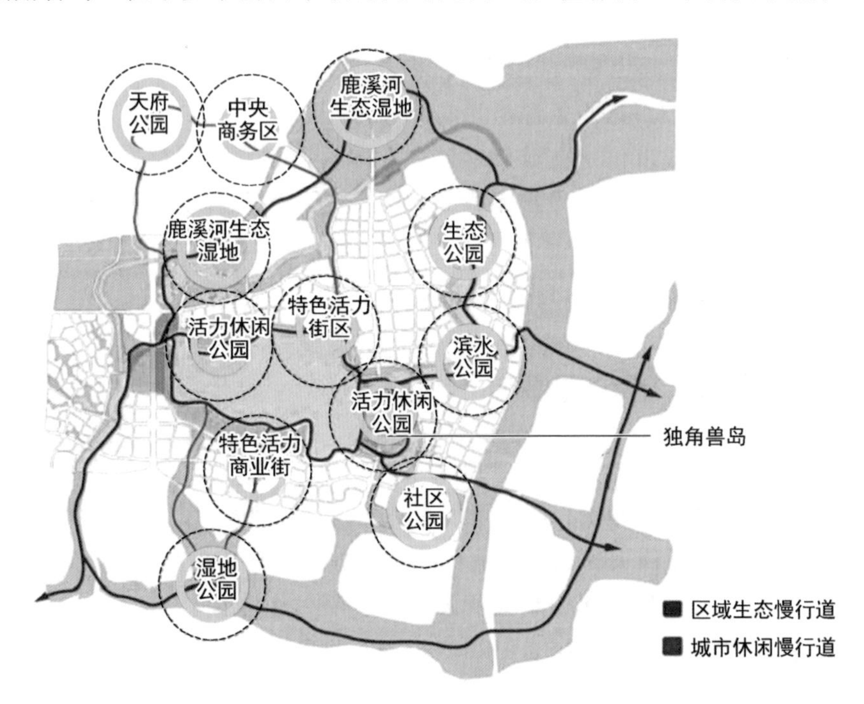

图 3　项目区位

岛”体现了与其他公园不同的景观风貌，展现了天府新区公园城市景观的多样性与独特性。而区域生态慢行系统又让整个区域生态绿化空间融为一体，真正地展开了公园城市秀丽山川的画卷。

而多层次的立体生态园区又让整个公园空间具有丰富性与渗透性。不同标高、不同形态、不同景观特点的绿化措施，为不同使用者、不同功能都能提供绿化的景象，让人们置身于森林之中，工作、生活于自然之中。同时，水景与公园全息环抱城市，更贴切了还自然于民、还自然于生活、公园里建造城市等以人为本的公园城市理念（见图 4）。

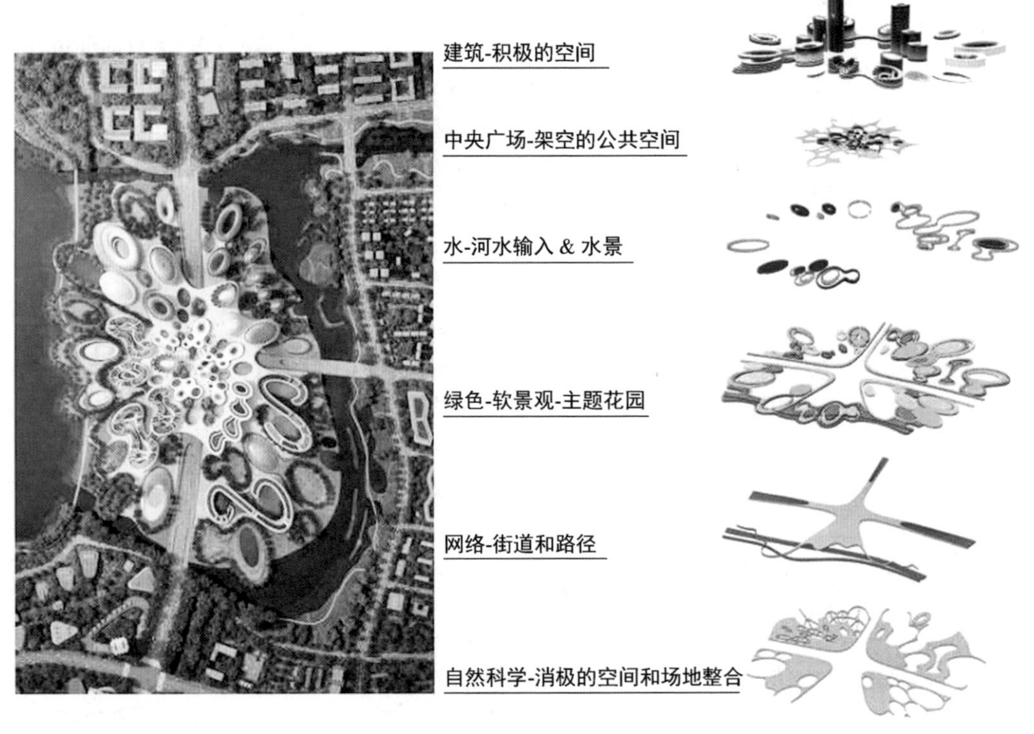

图 4　多层次的立体生态园区

从社会学与经济学来讲，这样的做法又能提供更多适宜的公共空间与社交网络。这些公共空间模块能够像催化剂一样，更好地让企业、产业良性孵化和运作，让独角兽企业能够带动经济发展，带动区域发展（见图 5）。而良好的自然环境不仅服务于办公人群，也服务于市民，为市民提供休闲、锻炼的好去处，很大程度上也能刺激该区域的经济发展。

3.2　交通设计

“独角兽岛”车流完全置身岛下环形隧道，真正做到岛上人车分流，旨在创造更多的宜人的步行空间，打造全方位自然环绕的城市景象（见图 6）。

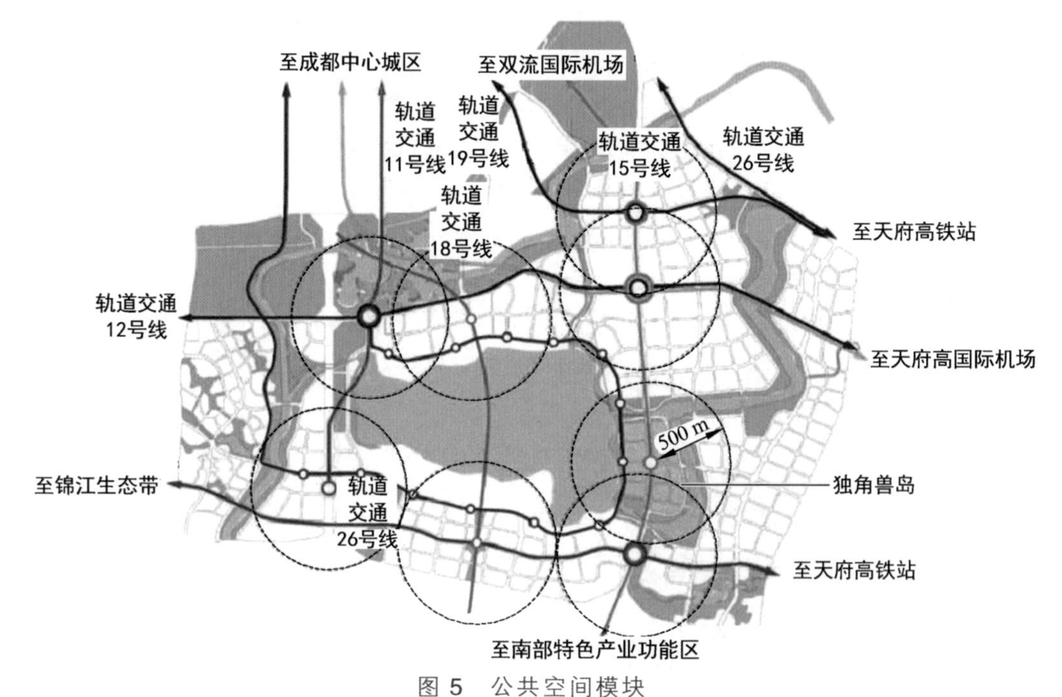

图 5　公共空间模块

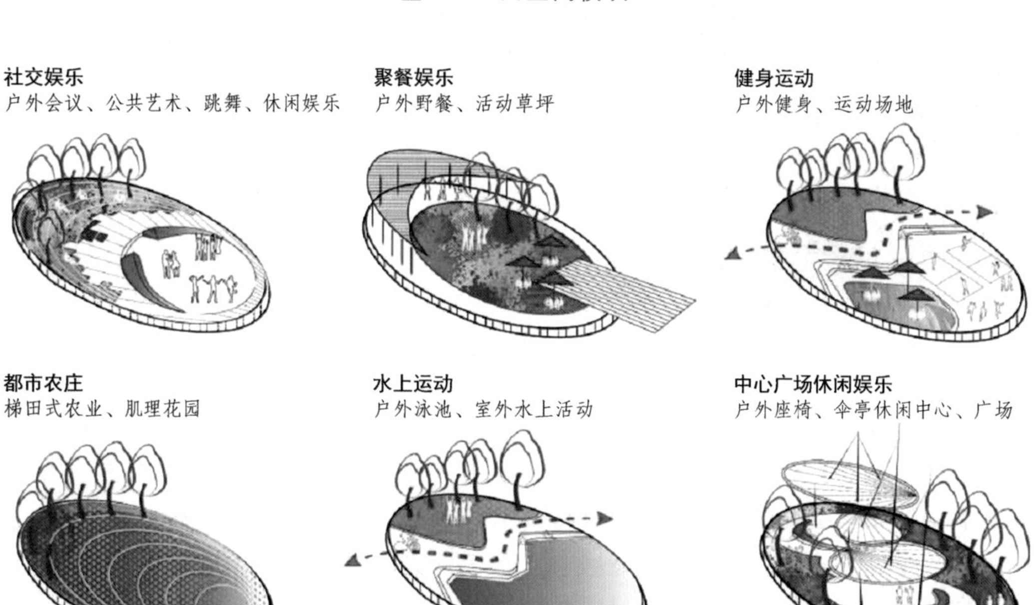

图 6　交通设计 1

同时，交通设计以公共交通为导向，倡导绿色出行。整个产业园区位于公共交通 600 m 的步行范围内，具有良好的步行体验（见图 7）。

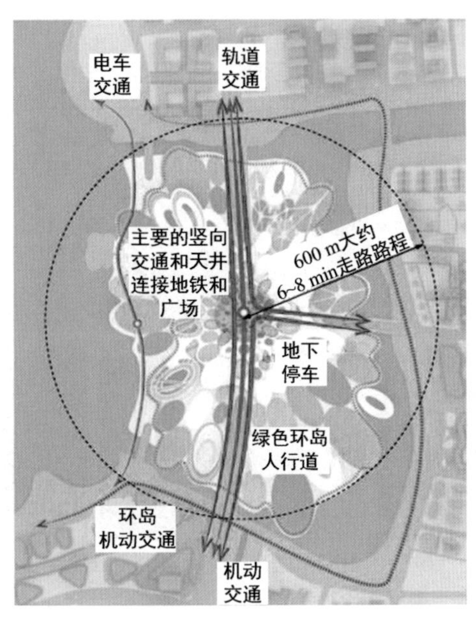

图 7 交通设计 2

3.3 建筑单体

“独角兽岛”的建筑单体形态独特，但与生态学结构十分贴切。单体形态呼应莲花，每个建筑如莲花一般盛开，许多单体中心都是雨水花园，用于收集雨水，起到自然环保的作用。以“独角兽岛”启动区为例，该示范建筑形态上犹如一朵展开的睡莲，中心的漏斗结构，可以很好地收集雨水，同时该中庭也能为建筑办公提供良好的自然采光和环境景观（见图 8）。

图 8 建筑单体形态

而四周环绕的草坡又利用了垂直绿化，为建筑增添更多的自然风光。这样的建筑本身就是兼具美学价值和环保价值的共同体，也体现了花园城市不仅需要在大的规划上进行理念延续，在小的细节上更应该体现自然的理念与以人为本的精神（见图 9）。

图 9　绿化带

3.4　智能化系统

智慧城市是公园城市发展的重要补充。发展公园城市一方面是绿色环保的生态文明，另一方面也需要智能化管理、智能化能源、智能化交通等科技文明进行长期建设与节能管理（见图 10）。

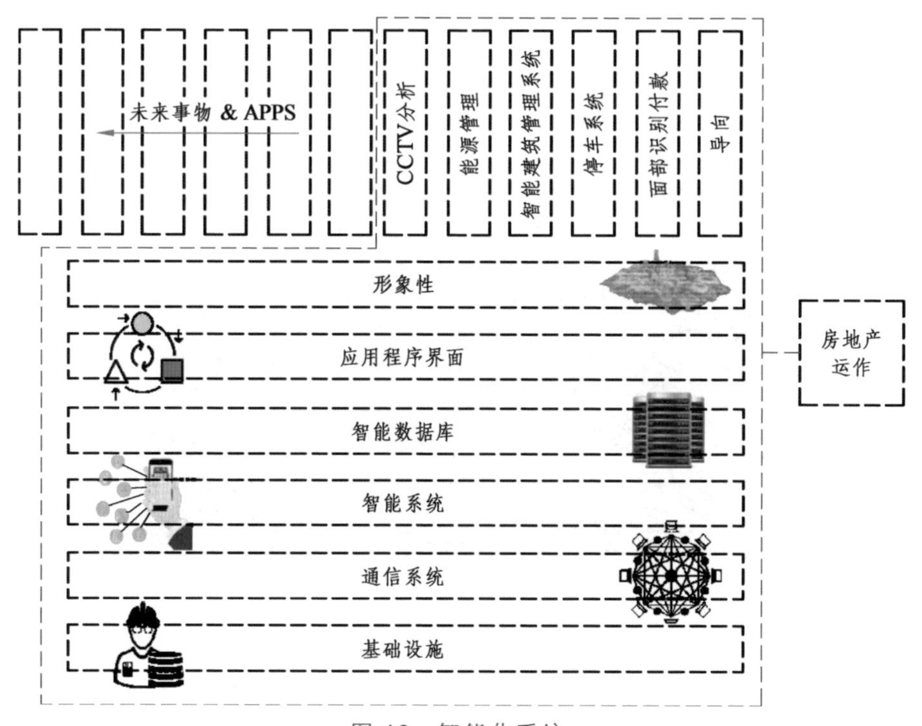

图 10　智能化系统

3.5 生态措施

公园城市除了从规划、建筑、软件上体现其可持续发展的价值观，在配套措施上也应该展现环保的理念。传统的城市开发模式对于水资源是破坏性的，而新的海绵城市开发方式更强调水资源的合理利用，所以配备海绵城市的措施，可以让城市发展更具环保性（见图 11）。

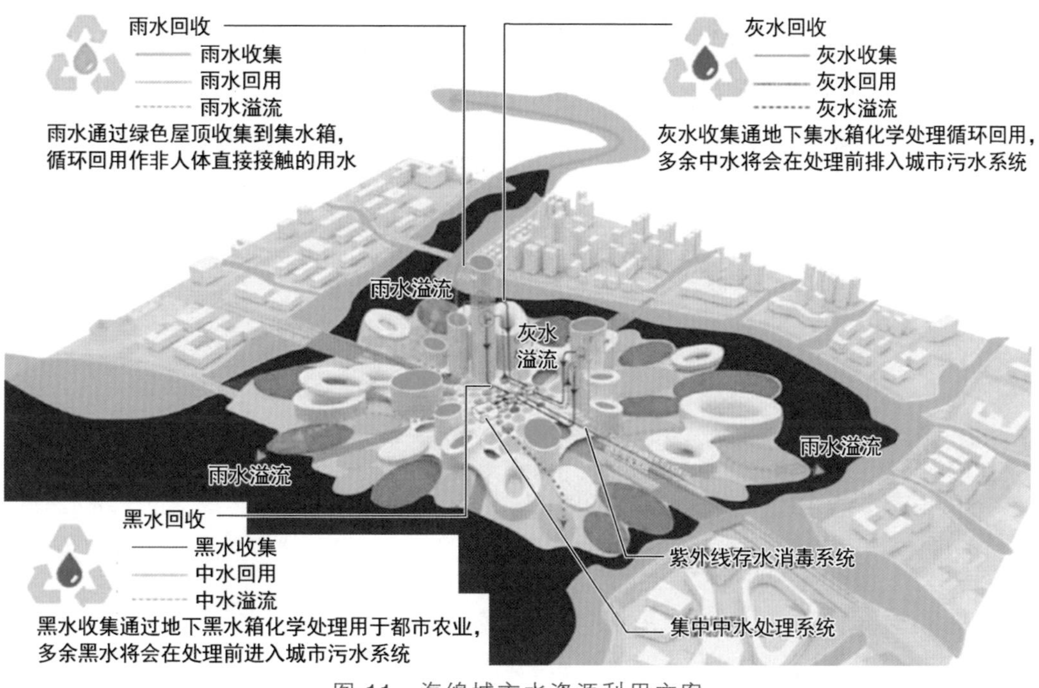

图 11　海绵城市水资源利用方案

4 结　语

公园城市的理念大到规划、经济管理，小到建筑细节、节能措施，都需要多方面、全面精确、灵活弹性的考虑。在规划上，需要结合公园建设，让自然与办公生活场所相互渗透、相得益彰，并重视生态价值、人文价值与生活价值；在建筑上，体现以人为本的美学价值，采用节能措施、环保材料、智能化设备管理；在设施上，采用节能节水设施，布置海绵城市、雨水花园等措施进行水资源的合理利用；在精神生活上，让公园服务于市民，体现尊重人与自然的精神。让人们生活在自然的优美环境之中，能够更好地居住、工作、休闲、锻炼。

参考文献

[1] Ward Stephen. The garden city：past，present and future[J]. Routledge，2005.

[2] Yuen Belinda. Creating the garden city：the Singapore experience[J]. Urban studies，1996，33（6）：955-970.

[3] Wakimoto，Roger M，Chinghwang Liu，Huaqing Cai. The Garden City，Kansas，storm during VORTEX 95. Part I：overview of the storm's life cycle and mesocyclogenesis[J]. Monthly weather review，1998，126（2）：372-392.

[4] 唐星.“花园城市”规划理论与实践[J]. 山西建筑，2017，43（22）：9-10.

[5] 高峰. 宜居城市理论与实践研究[D]. 兰州：兰州大学，2006.

3 施工技术和工程造价

自锚式悬索桥缆索系统设计与施工技术研究

王文青
（成都天府新区投集团有限责任公司）

【摘　要】本文以云龙湾大桥实例，对自锚式悬索桥设计与施工中控制的重点难点进行了研究。重点研究了索鞍、主索、索夹、吊索、猫道系统、牵引系统等的设计与施工，以及对最后成桥阶段的受力体系转换、监控测量进行了重点阐述。系统研究总结了索鞍起吊系统的选型与安装、大临结构的设计与安装施工。系统研究了预制平行索股（PPWS）架设方法，总结了索股牵引、整形、入鞍、入锚、垂度调整、索力调整、紧缆等工序工艺及质量控制要点。对猫道的总体布置进行设计，确定承重索及扶手索、锚固调整系统、面层、抗风体系等主要构造及架设方案。

【关键词】自锚式悬索桥，主索鞍，主索，体系转换，施工监控

1　工程概况

成都云龙湾大桥（见图 1）跨越锦江衔接益州大道锦江南北两岸，桥梁全长 1 119 m，桥宽 48.5 m。主桥采用 80 m+205 m+80 m 双塔三跨式悬索桥，主缆共设 2 根，每根主缆含 27 股平行钢丝索股，每股索股含 91 丝 Φ5.3 锌铝合金高强钢丝，单根索股质量约为 15.76 t。

2　关键构件的设计研究

2.1　主索鞍

主索鞍采用铸焊结合，上部鞍槽为全铸结构，材料选用 ZG270-480H，下部肋板采用 Q345C 钢焊接。鞍体下部设置不锈钢板-聚四氟乙烯板滑动副，以适应施工中索鞍顶推作业。为增加主缆与鞍槽间的摩阻力，并方便索股定位，在鞍槽顺桥向设置竖向隔板，在索股全部就位并调股后，在顶部用锌块填平，再将鞍槽侧壁用螺栓夹紧。鞍体底座采用 ZG230-450 铸钢整体铸造，并采用 M76 的锚固螺栓锚固于塔顶。

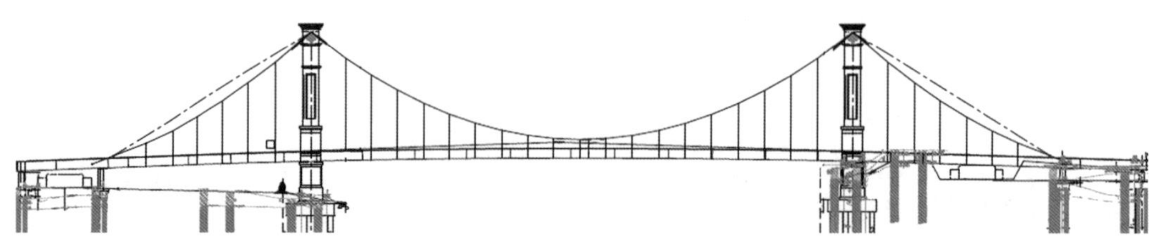

图 1　云龙湾大桥桥型布置图与建成实景图

2.2　主　索

全桥共 2 根主缆，每根主缆含 27 股平行钢丝索股，每股索股含 91 丝 Φ5.3 锌铝合金高强钢丝。27 根索股在主缆内排列成竖向的近似六边形，紧缆后为圆形。钢丝抗拉强度不低于 1 770 MPa，主缆钢丝松弛率为Ⅱ级松弛（低松弛），主缆两端采用热铸锚头，锚杯为 40Cr，在锚杯内浇筑锌铜合金使主缆钢丝与锚杯相连。

2.3　散索套

散索套采用全铸结构，材料牌号为 ZG35SiMnMo，壁厚 35 mm。散索套螺栓采用 M42 高强螺栓，螺杆材质为 42CrMo，螺母材质为 40Cr。散索套可分为等直径的摩阻段和变直径的散索段，每段均为上下对合全铸结构，并用高强螺杆连接，为保证在高强螺杆作用下散索套能箍紧主缆，在两半间留有适当的缝隙。全桥共 4 套散索套。

2.4　索　夹

索夹结构采用销接式，上下半对合的结构，材料牌号为 ZG35SiMnMo，壁厚 35 mm。索夹螺栓采用 M42 及 M48 高强螺栓，螺杆材质为 42CrMo，螺母材质为 40Cr。

全桥索夹共 74 套，包括 62 套有吊索索夹和 12 套密闭索夹。

2.5 吊 杆

吊索采用高强镀锌铝合金钢丝，钢丝镀锌铝合金后直径为 7.0 mm。吊索钢丝松弛率为Ⅱ级松弛（低松弛）。全桥共 62 个吊点，每个吊点铅垂布置 1 根吊索，全桥共 62 根吊索。每根吊索钢丝数均为 127 丝，外包 PE（聚乙烯）进行防护，吊索上下均采用冷铸锚，上锚头由锚杯与叉形耳板螺纹连接，耳板再与索夹销接；下锚头采用张拉端锚具与主纵梁梁底采用锚头承压型连接。为保护吊索，在高出人行道顶面 3 m 范围内设置不锈钢护筒（材质 316 L），并在与人行道相接处设置防水罩。

3 关键施工方案技术研究

3.1 索鞍安装

本桥主索鞍及索鞍底板均采用塔顶施工门架吊装，塔顶施工门架定位后浇筑索塔顶混凝土，待混凝土强度达到设计要求后，再利用塔顶施工门架进行吊装作业。利用精密水平仪及全站仪等测量仪器严格控制坐标和标高误差符合设计要求。主索鞍安装时应按监控指令预偏，由临时限位块定位，待调索完成后再安装永久限位块，拆除反力架及螺栓。主索鞍施工工艺流程见图 2。

3.2 猫道设计及架设施工

3.2.1 猫道的组成

猫道主要由猫道承重索架设、扶手索、猫道面层、滚筒、抗风制振索、锚固体系、调整装置等组成。主索鞍安装完成后，即可开始猫道的架设施工。猫道采用中跨和边跨分离式构造布置形式，中跨锚于塔顶，边跨一端锚于梁面上，另一端锚于塔顶，塔顶两侧设调节装置，便于施工垂度调整。猫道面距主缆中心 1.4 m，面层宽 3.8 m。

3.2.2 猫道架设

当塔身施工至最后节段时，按照设计图纸提供的预埋件位置及型式，分别预埋塔顶平台、猫道承重索、猫道托架承重绳等连接预埋件，待主索鞍安装完成后牵引猫道承重索、扶手索与预埋件连接。梁端连接装置：在两边跨猫道与梁理论交点处焊接钢板。

猫道承重索前端锚头拉至塔顶处与调整拉杆连接，将承重索的后锚头拉至边跨锚梁处与桥面猫道锚固点上拉杆，通过调整锚固系统拉杆长度，调整猫道承重绳垂度，使其符合设计垂度。

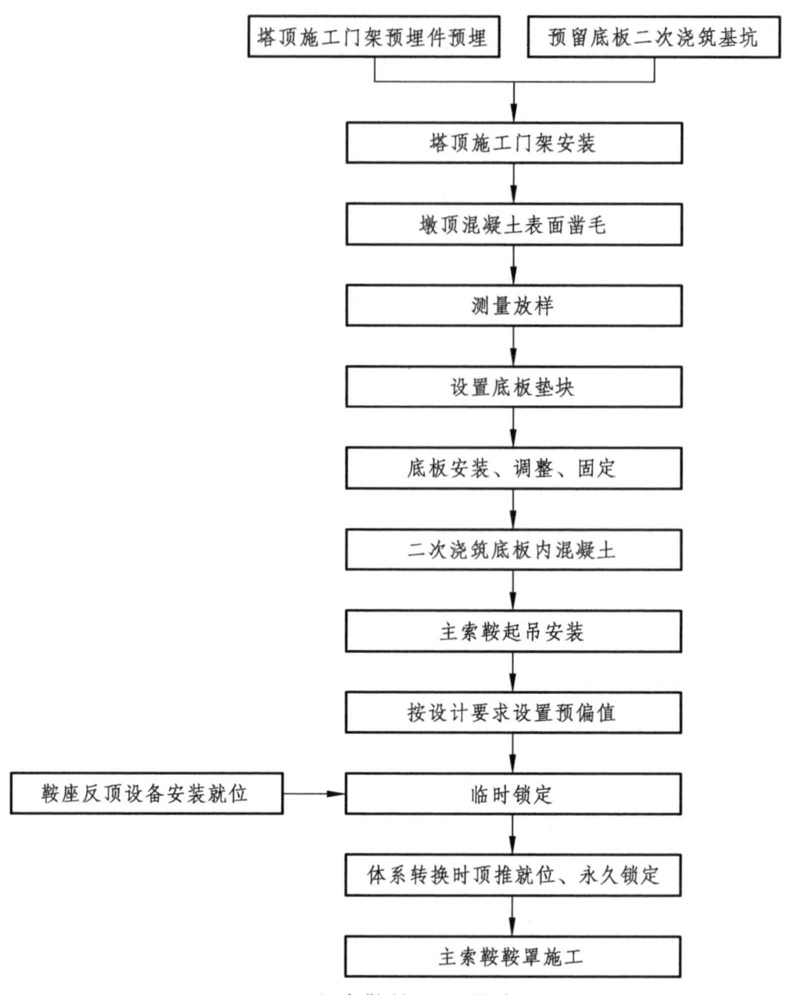

图 2　主索鞍施工工艺流程

猫道面层结构：底层用 ϕ4.0 mm × 50 mm × 100 mm 的大方眼焊接钢丝网，以增加面层刚度，面层用 ϕ1.2 mm × 20 mm × 20 mm 的小方眼钢丝网，以防小工件坠落。

3.3　牵引系统架设施工

牵引系统是主缆索股架设的必备设备。本工程主缆牵引系统采用单线往复式牵引系统，牵引系统的牵引索两端分别卷入主、副卷扬机，一端用于卷绳进行牵引，另一端用于放绳，两台驱动装置联动，使牵引索做往复运动，如图 3 所示。

图 3　牵引系统架设施工

承重索采用 Φ26 ~ 28 mm 钢丝绳，分别锚固于塔顶施工门架间及其锚梁塔顶施工门架间，其矢跨比选择与主缆线形基本一致。承重索上安装 3 t 开口滑车作跑马滑车，滑车下悬挂 2 t 手拉葫芦用于调整主缆索股的锚头与滑道的间距，让锚头始终高于滑道 20 ~ 30 cm。

3.4　主缆索股架设施工

3.4.1　索股的牵引

首先通过牵引索携持主缆索股，从放束场出发向另一侧行进，牵引速度以 15 m/min 左右为宜，牵引最初几根索时，要降低牵引速度。在牵引过程中设专人随索股锚头前进，全程跟踪，随时用承重索上的手拉葫芦停止锚头的高度，防止锚头与猫道碰，注意临时承重绳在受力后出现下挠，以及扭转、磨损及钢丝鼓丝等现象出现。然后每个塔顶设专人负责锚头的交替转换，在这里辅以 5 t 葫芦协助携持装置及锚头翻过塔顶。接着前锚头牵引到达前端横梁锚管口，解除锚头与承重索上的手拉葫芦的连接。检查整根索股的扭转情况，从前端锚头开始往后端锚头方向用人工将索股扭正，保证有红色丝的平面平行朝上，且红色丝位于六边形的右上角，如图 4 所示。

3.4.2　索股横移整形入鞍

在塔顶中心前后 20 m、散索套前后 20 m 处，安装握索器。安装前，将此处索股整形成标准六边形。分次拧紧握索器上的紧固螺栓，确保主缆索股与握索器不发生相对位移。将塔顶施工门架卷扬机内钢丝绳与握索器相连，启动塔顶施工门架卷扬机，将整条索股提离猫道面滚轮。拽拉量不宜过大，避免索股与钢丝绳摩擦，防止握索器滑移，边跨、中跨平衡拽拉。利用塔顶和散索套顶的横移装置将

索股横向移动到既定位置，确认全跨径的索股已全部离开猫道滚筒后，才能横移到鞍座正上方。

图 4　牵引索股

3.4.3　索股整形入鞍

按整形方向对索股整形，主索鞍部位从中跨向边跨进行；散索套部位从锚跨侧向中跨侧进行。主、散索套处的索股全部整形完毕后，按入鞍方向和入鞍顺序，将索股安放于按设计图纸要求的相应鞍槽索号内，拆除握索器。

3.4.4　主缆线形调整方法

采用三角高程法测量，利用在跨中设置棱镜测出基准索股跨中点高程，计算出索股跨中点垂度，与设计垂度比较，依据垂度调整表，计算出索股需移动调整长度，同时进行温度修正，来进行垂度调整。在单根基准索股的绝对垂度满足要求的同时要调整两根索股的相对垂度。边跨垂度调整完以后，开始调整中跨垂度。在稳定的温度时间内，多次观察索股垂度，并连续观察 3 个夜晚以上，确认基准索股垂度稳定度达到要求。

3.4.5　主缆紧缆

构成主缆的全部索股的垂度调整结束后，各索股之间、索股内部都存在空隙，其表观直径比所要求的直径大得多。为了能够顺利地进行索夹安装及缠丝作业，需要把主缆截面紧固为圆形，尽可能缩小内部空隙，紧缆施工分为预紧缆和正式紧缆。

3.5 吊索安装施工

3.5.1 吊索安装准备

当索夹安装完毕，开始进行吊索安装时，每个编号索夹上的吊索长度不同，必须对号入座安装。吊索安装顺序可与索夹安装顺序一致，中跨是从跨中向塔顶进行，边跨从跨中向塔顶和散索套逐个进行安装。

在吊索待安装位置相应的猫道面层上预留长、宽为 0.6 m 左右的矩形开口，以便为吊索安装和在体系转换过程中吊索随主缆空间变化而变化提供足够的活动空间。同时吊索安装完毕后做相应安全保障措施。

3.5.2 吊索安装方法

全桥一共 62 根吊索，最重的一根质量约 2 861 kg，最轻的一根质量约 482 kg，靠近主塔在塔吊覆盖范围的采用塔吊吊装，其余拟采用 25 t 汽车吊吊装。利用倒链葫芦辅助上提到位，对准销孔后，安装销轴及挡板。

3.6 体系转换

体系转换的目的是将桥梁的承载力由支架承载转换到由主缆及吊索承载的一个过程。主梁是在支架上组焊完成，当吊索安装就位后，通过在梁上张拉吊索的方式，使主梁梁段自重的一部分或全部转移到主缆上。主梁部分梁段脱离支架。至此，结构开始以悬索桥的结构特征受力，完成体系转换。根据主梁和主缆的刚度、自重采用计算机模拟的方法，得出最佳加载顺序。根据设计和监控的计算，在施工过程中对张拉力加以修正。吊杆索力张拉过程应加强对主塔的监测和塔顶索鞍偏移量变化监测，若塔顶偏移量过大可通过调整索鞍偏移量来调节，利用塔顶反力支架，用千斤顶将鞍座推到设计、监控的指令位置。顶推前应确认滑动面的摩擦系数，严格掌握顶推量，确保施工安全。

4 关键工序检测研究

桥梁施工监控贯穿整个施工的过程，是桥梁施工质量控制体系的组成部分，其中主缆的架设和体系转换这 2 个工序对整个桥的控制尤为重要。

4.1 主缆架设线形的控制

主缆线形的控制包括基准索股的控制和一般索股的线形控制。在基准索股架设调整完成后，连续观测 3 天以上，每天观测选择在夜间温度稳定的时段进行，

每隔 1 h 观测一次，直至基准索股的稳定度达到要求，才可以进行一般索股的架设与调整。主缆一般索股的架设过程中，要不断地对主塔和已经调整完成的索股进行观测，防止出现意外情况，对于产生的偏差也可及时进行调整。

基准索股绝对垂度的监控，实质上是基准索股线形的监控，也就是基准索股重要部位（中、边跨跨中）绝对垂度即标高的测量，并与相应工况下监控计算的垂度值相比较，以控制和调整基准索股线形。垂度测量采用两种不同的测量方法进行测量，以便相互验证、相互校核，从而确保基准索股的线形。由于本桥索股较长，因而温度的细小变化，将较大地影响索股的长短，继而影响中跨跨中和边跨跨中基准索股的绝对垂度，因此绝对垂度的测量，应在夜间温度变化较小的时间段内观测。

一般索股相对垂度的监控，实质上是一般索股线形的监控，也就是一般索股与基准索股重要部位（跨中）相对垂度即高差的测量，通过一般索股与基准索股的实测高差和监控计算高差的比较，以控制和调整一般索股的线形。

4.2 吊杆张拉的控制

吊杆的张拉是成桥的关键，在事前监控单位应该模拟进行张拉过程中的状态，最简化地达到设计状态，减少重复不必要的工作，并且可以对张拉过程中会出现的问题有个提前的准备，避免出现不可控制的事情。杆的张拉以监控单位给出的张拉指令为指导进行施工，根据张拉指令来确定吊杆的安装顺序。

吊杆张拉的控制参数主要考虑主缆和桥面的成桥设计状态，再配合以设计的成桥索力值，在吊杆张拉过程中，要不断地对桥面、主塔等进行监测，以对称的原则进行吊索张拉，在张拉过程中，通过主索鞍的不断复位来消除主塔的偏向力，也防止单根索力过大拉断的情况产生。

5 结 语

自锚式悬索桥工程设计和施工的控制重点在主缆线形控制和受力体系转换控制。

5.1 主缆系统精度控制

对于自锚式悬索桥而言，要求结构内力最终状态符合设计要求，控制主缆索股架设精度、各索股张力匀值性、索夹初始安装位置是本工程的难点重点。

5.2 受力体系转换施工控制

主缆从空缆到成桥的施工过程中，随着吊索的加载，钢箱梁自重逐步转换到缆

索系统，主缆会产生比较大的位移，钢箱梁内力变化及吊索之间的相互影响使吊索的张拉调整极其复杂，施工控制难度大，因此体系转换是本工程中的一大难点。自锚式悬索桥的吊索在加载过程中，吊索之间的相互影响很大，并将直接影响钢箱梁的受力。需要通过计算机模拟得出吊索的加载程序。在吊索张拉过程中要严格按监控的指令、张拉顺序进行施工。在张拉过程中要对吊索实施双控施工（张拉力及位移控制），同时要对主梁和桥塔偏位进行实时监控。

参考文献

[1] 钱冬生，陈仁福. 大跨悬索桥的设计与施工[M]. 成都：西南交通大学出版社，1999.

[2] 廖灿，张念来，易继武. 矮寨特大悬索桥主缆架设关键技术[J]. 施工技术，2013，42（5）：5-8.

浅谈透水混凝土的性能与应用

李 实
（成都佳合混凝土工程有限公司）

【摘　要】本文介绍了透水混凝土的性能特点，简要分析了影响透水混凝土强度和透水性能的因素，以及其在实际工程中的应用现状和未来的发展趋势。

【关键词】透水混凝上，强度，透水性能，孔隙率

1 引　言

透水混凝土是由骨料、胶凝材料、水、外加剂和矿物掺合料按照一定的配合比配制而成的多孔混凝土材料。其胶凝材料可为沥青、水泥、胶结剂（环氧树脂）等材料。通常水泥基透水混凝土简称为透水混凝土。透水混凝土通常具有很高的孔隙率，尤其是连通孔。透水混凝土这一特点，使其具有良好的渗透性，当其应用到道路工程中时，雨水能够顺利穿过其内部与土壤接触，能够有效地缓解城市热岛效应，提升路面的排水蓄水能力。

近年来，透水混凝土已经开始运用到一些工程实例中，如曲靖经开区透水混凝土应用实践等。研究人员对其强度、透水性能等各项性能指标的研究也在不断进行中。本文在以往的研究基础之上对透水混凝土的基本性能和发展方向进行探讨。

2 透水混凝土的特点

透水混凝土作为一种多孔混凝土，具有很高的孔隙率，尤其是连通孔，使雨水能够通过其内部渗入土壤中，对于地下水资源的补充具有重要的作用；保证了土壤与大气之间水气和热能的交换，能够有效缓解城市的热岛效应，解决由大雨暴雨引发的城市内涝问题。但是透水混凝土也有着它的局限性，较高的孔隙率减弱了骨料之间彼此的相互连接，使其难以形成较高的强度，导致其自身承载力较弱，难以应用在城市车辆通行道路中。尽管如此，透水混凝土目前仍具有较大的应用前景，可将其应用在强度要求不是太高和交通负荷不是太大的区域，包括人行道、自行车道、

轻量机动车道路、露天停车场、公共广场等。

3 透水混凝土的研究现状

与普通的混凝土不同，水胶比并不是决定透水混凝土强度的主要因素。透水混凝土属于干硬性混凝土，骨料之间通过骨料外包裹的一层水泥浆进行连接。当水胶比过大时，水泥浆的流动性增加，包裹在骨料表面的水泥浆变薄，减弱了骨料之间的连接，降低了透水混凝土的强度，且多余的水泥浆会沉积到透水混凝土底部，降低透水混凝土中连通孔的孔隙率，影响其透水性能。当水胶比过低时，水泥浆不能均匀地包裹在骨料表面同样导致其强度降低，因此适当的水胶比才能使透水混凝土具有较高的强度。除适当的水胶比外，密实度、骨胶比、孔隙率、粗骨料级配以及细骨料掺量等都在很大程度上影响着透水混凝土的强度。张贤超通过研究透水混凝土配合比设计参数表明，在标准养护条件下，采用浆体裹石法普通水灰比适宜范围为 0.29～0.33，骨胶比适宜范围为 4∶1～5∶1。张巨松等人研究表明：在胶凝材料质量不变时，随着水胶比的增大，透水混凝土的强度先增加随后趋于平缓，且水胶比存在最佳范围；当透水混凝土砂率增加时其强度也随之增加，但其透水性能随之减弱。

研究表明，透水混凝土的透水性能主要取决于透水混凝土的有效孔隙率（即透水混凝土中连通孔的孔隙率）的大小。雨水等只能通过连通孔排出透水混凝土，从而达到透水的效果，随着孔隙率的增加，其中的有效孔隙率也随之增加。赵松蔚等人通过一系列的对比实验室研究表明：影响透水混凝土透水性能的各个因素中，由强到弱依次为设计孔隙率>体积砂率>矿粉掺量>水胶比。姜成等人通过研究发现：随着透水混凝土孔隙率的增大，其透水系数增大，两者之间存在着明显的幂函数关系。

透水混凝土的强度和透水性能之间存在着相反的规律，当透水混凝土的强度较高时，骨料之间的连接较强，骨料之间的接触面积增加，导致透水混凝土的孔隙率降低，减弱了其透水性能；反之，当透水混凝土孔隙率增大时，其骨料间的连接减弱，导致透水混凝土强度降低，因此在配制透水混凝土时应同时兼顾其强度与透水性能，在满足其透水性能的前提下尽可能提高其强度。

4 透水混凝土的应用与发展

透水混凝土真正大规模的应用从 20 世纪 70 年代美国佛罗里达州一座教堂附近首次使用无砂多孔混凝土建成具有透水性的停车场，并取得专利开始。我国对透水混凝土的研究应用起步时间较晚，随着近年来研究人员的不断探索发现，并将透水混凝土这一新型特殊混凝土应用到工程实践中，也取得了较好的研究应用成果，如

曲靖经开区透水混凝土的应用、中国西部博览城室外广场透水混凝土的应用、中科大室外工程透水混凝土的应用等。

目前透水混凝土的研究已经取得了大量的成果，但是针对高强透水混凝土的研究仍需进一步发展，使其在满足透水性能的同时具有较高的强度；除此之外针对目前砂石原材料紧缺的现状，可对不同的固体废弃物（如建筑废渣、工业废渣等）进行综合利用进行研究，对节约资源、改善环境、提高经济效益都有着重要的意义。

目前整个成都天府新区都在积极的建设和发展中，而建设生态型海绵城市也是其发展目标之一，所以透水混凝土在此有着广泛的发展空间和应用潜力，能为城市建设贡献力量。

5 结 语

透水混凝土作为一种生态型特殊混凝土，是未来城市建设中不可或缺的一部分，其研究和应用仍在不断的探索和发展之中。通过不断的研究与应用，使其获得更加广泛的应用范围和更加成功的应用经验，为建设生态海绵城市作出贡献。

参考文献

[1] 王定宝，王成恩. 曲靖经开区透水混凝土应用实践[J]. 城乡建设，2017（20）.
[2] 付培江，石云兴，屈铁军，等. 透水混凝土强度若干影响因素及收缩性能的试验研究[J]. 混凝土，2009（8）：18-21.
[3] 吴田木，潘睿钊，郑广涛，等. 市政道路透水混凝土强度的影响因素试验研究[J]. 福建建材，2016（10）：19-20.
[4] 付东山. 基于正交方法透水混凝土性能影响因素试验研究[D]. 绵阳，西南科技大学，2017.
[5] 陈晋栋，王武祥，张磊蕾. 透水混凝土性能试验方法研究[J]. 新型建筑材料，2018（8）：80-87.
[6] 张贤超. 高性能透水混凝土配合比设计及其生命周期环境评价体系研究[D]. 长沙：中南大学，2012.
[7] 张巨松，张添华，宋东升，等. 影响透水混凝土强度的因素探讨[J]. 沈阳建筑大学学报：自然科学版，2006，22（5）.
[8] 赵松蔚，栾春磊，逄鲁峰. 影响透水混凝土透水性能的因素研究[J]. 技术与市场，2016，23（9）：153-154.

[9] 姜成，赵金辉，吴梦珂，等. 透水混凝土路面透水性能的影响因素研究[J]. 浙江建筑，2017（1）.

[10] 魏磊. 多孔透水混凝土的发展与应用[J]. 四川水泥，2015（2）：139.

[11] 陈涛，刘学. 超大面积透水混凝土地坪应用技术[J]. 城市住宅，2017（06）：125-127.

[12] 王华奇，张华，何志强，等. 中科大室外工程透水混凝土应用实例[J]. 安徽水利水电职业技术学院学报，2014，14（1）：14-15.

[13] 潘悦，洪亮平. 中西部大城市近郊区“被动城市化”困境突围[J]. 城市规划学刊，2013（4）：42-48.

[14] 赵民，游猎，陈晨. 论农村人居空间的“精明收缩”导向和规划策略[J].城市规划，2015（7）：9-18.

[15] 周敏. 新型城乡关系下田园综合体价值内涵与运行机制[J]. 规划师，2018（8）：5-11.

超高韧性混凝土（STC）钢桥面铺装技术应用研究

孟祥勇[1]，王文青[2]
（1. 四川西南交大土木工程设计有限公司；2. 成都天府新区投资集团有限公司）

【摘　要】针对国内现状钢桥面铺装结构普遍存在铺装易损坏、疲劳裂纹等共性病害问题，提出超高韧性混凝土钢桥面铺装结构，以新型材料——超高韧性混凝土（Super Tough Concrete，简称 STC）层代替传统的沥青混凝土铺装层，形成正交异性钢桥面-超韧性混凝土永久性组合桥面结构，大大提高了钢桥面的抗疲劳寿命。该铺装结构在成都天府新区云龙湾大桥得以成功应用。

【关键词】钢桥面板，新材料，超高韧性混凝土（STC），云龙湾大桥

1　国内钢桥面铺装结构应用现状

1.1　传统钢箱梁易产生疲劳开裂

众所周知，正交异性钢桥面中构造细节复杂，焊接量大，在反复的车载作用下，容易出现疲劳开裂。这是钢桥面中普遍存在的疑难问题。我国大跨径钢桥的修建始于 20 世纪末，因而运营时间不长，但已检测到一些疲劳开裂病害问题。

钢桥面的疲劳开裂主要出现在局部受力状态中，因此在各种桥型中均可能出现。随着交通量的增长，钢桥面出现疲劳开裂的风险会逐渐加大。而一旦出现疲劳开裂，钢桥面的耐久性和安全性必然会受影响，同时桥面系维修加固的费用需大大增加。

1.2　国内沥青混凝土铺装的耐久性有待提高

当前国内钢桥面铺装结构主要分为浇注式沥青混凝土（Gussasphalt）、沥青玛蹄脂混凝土（SMA）、环氧树脂沥青混凝土（Epoxy Asphalt）三种，从应用情况来看，三种结构普遍存在铺装易损坏、疲劳裂纹等共性病害。而从铺装层构造形式来看，可分为单层、下层浇注式+上层浇注式沥青混凝土、双层环氧沥青等多种形式。然而从长期使用效果来看，不甚理想。国内部分大跨径钢桥的桥面铺装在使用不到 10 年便须进行大面积翻修，个别已进行了第二次翻修。自 2000 年南京长江二桥使用环氧沥青混凝土铺装以来，钢桥面铺装的使用状况得到较好的改善。

2　超高韧性混凝土（STC）钢桥面铺装技术

2.1　超高韧性混凝土（STC）钢桥面铺装结构组成

超高韧性混凝土钢桥面铺装结构以超高韧性混凝土（STC）层代替传统的沥青混凝土铺装层，形成正交异性钢桥面-超韧性混凝土永久性组合桥面结构，混凝土层与钢桥面通过栓钉连接。STC层内密布双向钢筋网，在桥面边缘处与防护栏立柱预留孔位置剪力钉间距进行加密。剪力钉避开纵、横桥向加劲肋及腹板位置，如图1所示。

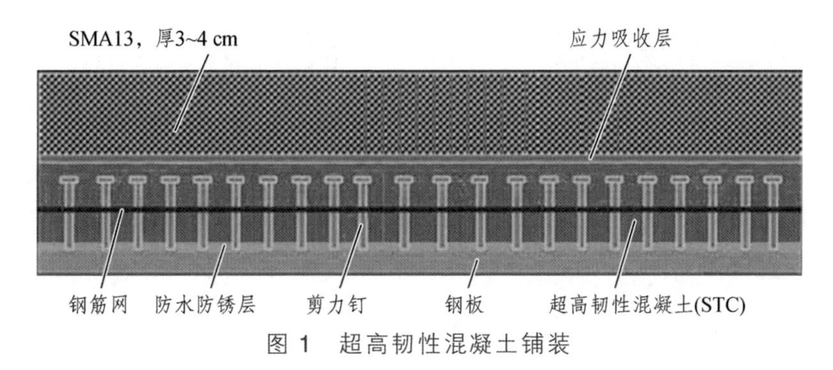

图1　超高韧性混凝土铺装

钢箱梁中形成正交异性钢桥面-超韧性混凝土组合桥面结构的主要目的：

（1）提高钢桥面的抗疲劳寿命。

超韧性混凝土层为水泥基材料，其刚度、模量大于常规的沥青混凝土材料；与钢桥面组合后，将显著提高钢桥面的局部刚度，进而能够大幅度降低车载作用下正交异性钢桥面中的应力水平，提高其抗疲劳寿命。

（2）减少钢桥面沥青混凝土铺装病害问题。

由于超韧性混凝土层与钢面板的组合作用，桥面系的刚度得以提高。在重载车作用下，铺装在桥面上沥青混凝土磨耗层中的拉应力将大大减小，尤其是在横隔板、纵隔板、U肋顶面位置。这将有助于减少沥青混凝土磨耗层中弯拉开裂病害的出现。

2.2　超高韧性混凝土（STC）钢桥面铺装结构应用可行性分析

超高性混凝土（STC）钢桥面铺装结构将按照桥梁结构而非桥梁铺装的要求进行设计和施工，其设计使用年限为100年。这一新型钢桥面铺装结构的可行主要体现在以下几方面：

（1）增设超高韧性混凝土层后钢桥面中的应力得以下降。

按照纵肋形式的不同，正交异性钢桥面可分为开口纵肋和闭口纵肋两种。前期

研究中，对这两种形式均基于具体结构开展了计算研究工作。计算结果表明，在钢桥面上增设超韧性混凝土层后，车载作用下钢桥面中的局部应力大幅度下降，改善效果明显。其中开口肋钢桥面的局部应力降幅为 46.44% ~ 82.39%；闭口肋（U 肋）钢桥面中应力降幅为 60.65% ~ 72.39%。而根据美国 AASHTO 规范，当钢桥面结构中应力减小 50%时，其疲劳寿命将被提高为原来的 8 倍。因此，增设超韧性混凝土层将大大延长钢桥面的抗疲劳寿命，且对开口肋及闭口肋两种正交异性钢桥面形式均适用。图 2 所示为应用效果对比图。

（2）超高韧性混凝土（STC）层的抗拉性能满足实桥受力要求。

钢桥面系刚度较低，因而局部受力突出。基于前期研究结果表明，超韧性混凝土层中的组合拉应力一般为 10 ~ 15 MPa，往往成为控制设计的关键因素之一。超韧性混凝土是一种新型水泥基复合材料。它继承了改性活性粉末混凝土（Reactive Powder Concrete，RPC）和密配筋混凝土（Compact Reinforced Concrete，CRC）的组成特点，具有极高的抗拉强度和韧性。研究结果表明，超韧性混凝土的抗拉强度超过 42 MPa，远高于其在实桥中 10 ~ 15 MPa 的拉应力，能够适应实桥中混凝土层大拉应力这一受力特点。

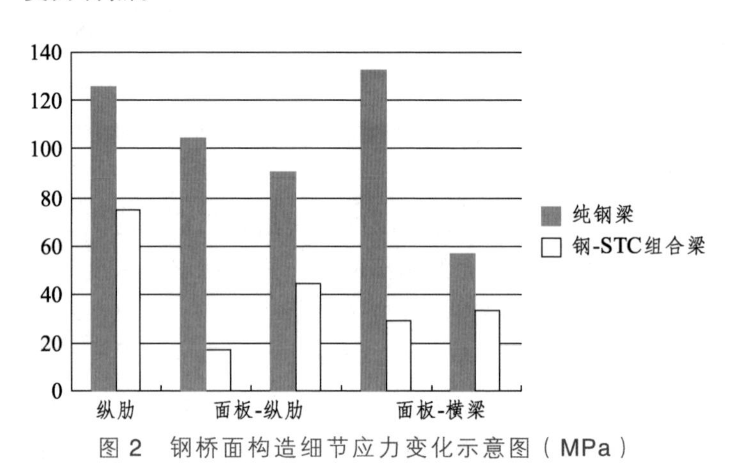

图 2　钢桥面构造细节应力变化示意图（MPa）

（3）超高韧性混凝土（STC）不会出现早期收缩裂缝。

基于制作的足尺试验模型，现浇的超韧性混凝土层经热养护后未出现收缩开裂（见图 3）。测试结果表明：在养护过程中，超韧性混凝土层的收缩应变最大为 68 με；而养护结束 8 个月后，混凝土的收缩应变仅为 8 ~ 52 με。因而，经热养护后，超韧性混凝土的收缩变形较小，不会引起收缩开裂。

（4）超高韧性混凝土（STC）与钢桥面连接可靠。

超韧性混凝土与钢桥面通过栓钉连接，研究表明，常规钢箱梁桥面在车载作用下，栓钉的最大推剪力约为 5.7 kN，而最大拉拔力约为 2.1 kN，国家标准规定的大部分焊钉均能够满足设计要求，特殊桥梁采用相应高规格焊钉即可。

图 3 埋入式收缩测试应变计图

（5）超高韧性混凝土（STC）的施工具有可操作性。

超韧性混凝土的现浇、高温蒸汽养护等关键施工工序均是方便可行的。

超高性能轻型组合桥面结构实桥施工顺利进行，主要工艺流程为：① 清除原桥面铺装层→②钢桥面喷砂除锈→③焊接栓钉→④钢桥面防腐涂装→⑤施工环氧树脂黏结层→⑥布置钢筋网→⑦浇注 STC 层→⑧STC 层高温蒸汽养护→⑨STC 表面糙化处理→⑩铺装磨耗层→⑪开放交通。

在施工中，须对现浇的 STC 层进行高温蒸汽养护，其养护条件为：自 STC 终凝后（浇注 48 h），在温度为 80 °C、湿度为 95%的环境中持续养护 72 h。养护结束后，STC 层表面完好，未出现任何收缩开裂现象。

（6）磨耗层与超高韧性混凝土层连接可靠。

超高韧性混凝土（STC）铺装结构，针对薄层沥青混凝土磨耗层主要需开展两个方面的研究：① 薄层混合料物理力学特性及路用性能；② 薄层沥青混凝土与 STC 界面的黏结性。

参照现行《公路工程石料试验规程》进行界面斜剪试验，磨耗层与 STC 结合面剪切破坏状况如图 4 所示，剪切试验结果如表 1。

图 4 磨耗层与 STC 结合面剪切破坏

表 1　界面抗剪强度试验结果　　单位：MPa

试验温度	界面糙化方式		
	压坑洞（梅花形）	压槽方式一（槽深 3 mm，槽宽 3 mm，槽间距 10 mm）	压槽方式二（槽深 3 mm，槽宽 3 mm，槽间距 7 mm）
室温（28 °C）	0.4	1.6	2.0
高温（60 °C）	—	0.8	0.9

表 1 表明，结合面的抗剪强度与界面的糙化方式密切相关，压槽方式与磨耗层之间能形成良好的机械咬合作用，结合面抗剪强度高于设计值；而黏结剂所能提供的抗剪强度有限；另外，试验温度对界面抗剪强度影响较为显著。

综上所述，在超高韧性混凝土（STC）桥铺装结构是科学、安全、合理的。

2.3　超高韧性混凝土（STC）钢桥面铺装结构优势

超高韧性混凝土（STC）钢桥面铺装结构优势主要体现在以下几点：

（1）大大增加了桥面结构的局部刚度和钢箱梁的整体刚度；

（2）能够大幅降低钢桥面各构造细节处的活载应力，大大降低疲劳荷载下钢箱梁的应力幅，消除疲劳开裂风险，改善沥青面层的受力状态；

（3）STC 层通过剪力钉与钢板连接，并在其间铺设钢筋网，极大地增加层间结合力，层间抗剪切能力增强；

（4）STC 层具有高强度、高韧性，抗车辙、抗开裂、抗反复剪切塑性变形能力强；

（5）超高韧性混凝土（STC）耐久性好，可对钢桥面板有效保护；

（6）焊接剪力钉对钢板无损伤，焊接剪力钉之后再做环氧富锌防腐层，有效保持钢板的抗腐蚀性能；

（7）超高韧性混凝土（STC）抗拉强度高，其对变形的适应能力强，能够有效延长钢桥面的抗疲劳寿命；

（8）剪力件、钢筋网和高强高韧性钢纤维混凝土显著提高了桥面铺装体系的承载能力，阻止了铺装层的推移和掀起，提高了铺装层和钢桥面板协同一致变形能力。

3　超高韧性混凝土（STC）钢桥面铺装结构在云龙湾特大桥的应用

天府新区云龙湾大桥主桥布置为 30 m+80 m+205 m+80 m+30 m 双塔自锚式悬索桥，主梁采用纵横梁格体系钢箱梁，大桥为四川地区首座应用超高韧性混凝土钢桥面铺装结构的大跨度钢结构桥梁（见图 5 和图 6）。该铺装层总厚度为 9 cm：面层 4 cm SMA-13C 沥青混凝土+底层 5 cm 超高韧性混凝土（STC）；剪力钉采用 ϕ 13 mm 焊钉，纵横向间距均为 150 mm；钢筋网均采用 ϕ 10 mm HRB 400 级带肋钢筋，间距 37.5 mm。

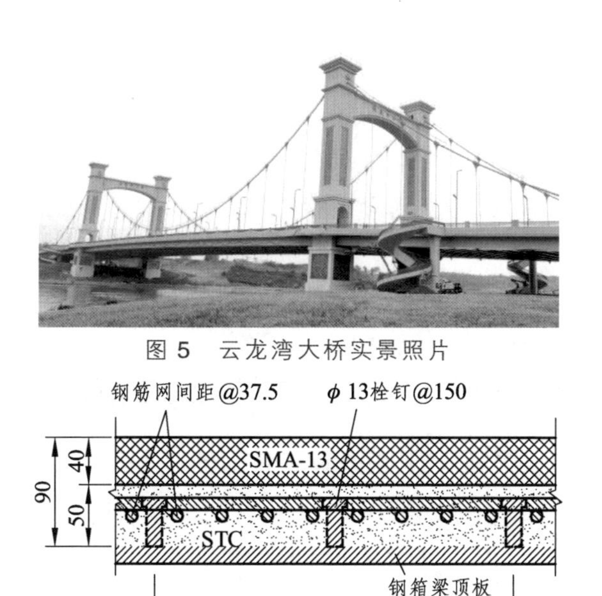

图 5　云龙湾大桥实景照片

图 6　云龙湾大桥桥面铺装结构（mm）

4　经济性分析

钢桥面上超高韧性混凝土（STC）层的综合均价约为 1 800 元/m²，略高于环氧沥青铺装的 1 600 元/m²。然而，超高韧性混凝土（STC）层为永久性结构，一次施工后无须更换，既是桥面结构的一部分，又是桥面铺装，而仅需对价格便宜的沥青混凝土磨耗层定期更换即可。为此，对某钢桥桥面系铺装方案的造价进行了对比，如表 2 所示。其中 STC 层的综合单价按照 1 800 元/m² 计，无须更换；而环氧沥青混凝土铺装层的综合单价按 1 600 元/m² 计，每 8 年更换一次；磨耗层的综合单价按 80 元/m² 计，同样每 8 年更换一次。

表 2　成本对比

	综合单价	A.钢-STC 超高性能轻型组合主梁（薄层磨耗层铺装）				B.常规钢主梁（环氧沥青混凝土铺装）			
		数量	建设成本	更换次数	100 年全寿命成本	数量	建设成本	更换次数	100 年全寿命成本
	元/m²	m²	万元		万元	m²	万元		万元
STC 层	1 800	3 561.7	641.1	0	641.1	0	0	0	0
磨耗层	80	3 561.7	28.5	11	313.5	0	0	0	0
环氧沥青	1 600	0	0	0	0	3 561.7	569.9	11	6 268.6
总投资			669.6		954.6		569.9		6 268.6
静态成本差(B − A)*	建设成本增加 99.7 万元，全寿命成本节省 5 314 万元								

从表 2 中可以看出，超高韧性混凝土（STC）铺装结构的建设成本略高于环氧沥青混凝土铺装，而其全寿命成本则远远低于环氧沥青铺装。因此在钢桥面上增设超韧性混凝土层后，将大大减小钢桥面中疲劳开裂的风险，并消除沥青混凝土铺装层病害问题，达到一次投入、永久受益的功效。

5 超高韧性混凝土（STC）钢桥面铺装结构应用展望

5.1 超高韧性混凝土（STC）钢桥面铺装结构应用展望

超高韧性混凝土（STC）较其他普通钢桥面铺装方案相比，能很好地实现与钢桥面板协同变形和受力，消除钢桥面疲劳开裂及铺装层开裂、车辙、坑槽等风险，延长桥梁使用寿命，降低桥梁维护成本，这一铺装结构体系具有广阔的应用前景。

5.2 STC 应用于钢-STC 轻型组合结构桥梁

超高韧性混凝土（STC）具有远远高于普通钢筋混凝土的抗拉、抗压强度，应用于钢-混组合梁桥面板，可较大幅度降低桥面板厚度尺寸，进而大幅度减轻结构恒载，钢-STC 轻型组合结构桥梁值得深入研究。

6 结 语

超高韧性混凝土钢桥面铺装结构，以新型材料——超高韧性混凝土（STC）层代替传统的沥青混凝土铺装层，形成正交异性钢桥面-超韧性混凝土永久性组合桥面结构，解决了国内现状钢桥面铺装结构普遍存在铺装易损坏、疲劳裂纹等共性病害问题。该铺装结构在成都天府新区云龙湾大桥得以成功应用。

参考文献

[1] 周巍，胡松. 大跨径钢桥面铺装类型选择[J]. 中外公路，2006，26（5）：62-64.

[2] 罗志强，王育清. 钢箱梁桥面沥青混凝土铺装技术分析[J]. 公路交通科技，2007（5）：90-94.

[3] AASHTO. AASHTO LRFD Bridge Design Specification. 3rd Ed. American Association of State Highway and Transportation Officials，Washington D.C.，2005.

[4] 邵旭东，周环宇，曹君辉，等. 钢-薄层 RPC 组合桥面结构栓钉的抗剪性能[J]. 公路交通科技，2013，30（4）：34-64.

[5] 柯开展，蔡文尧．活性粉末混凝土（RPC）在工程结构中的应用与前景[J]．福建建材，2006（2）：25-27.

[6] 中国铁道科学研究院．马房北江大桥钢箱梁钢-混组合桥面铺装效果检测报告（Q-2010-MFQHZSY-001），2012.

[7] 四川西南川大土木工程设计有限公司．DBJ 51/T 089—2018 四川省城镇超高韧性组合钢桥面结构技术标准[S]．成都：西南交通大学出版社，2018.

[8] 吴冲．现代钢桥（上册）[M]．北京：人民交通出版社，2006.

[9] 重庆交通科研设计院．公路钢箱梁桥面铺装设计与施工技术指南[M]．北京：人民交通出版社，2006.

四舱综合管廊下穿既有城市干道设计施工方案探讨

杨仕忠，宁　海
（成都天府新区建设投资有限公司）

【摘　要】下穿既有城市道路箱涵包括车（人）行通道、排水涵洞、综合管廊、电力隧道等，本文结合工程实例，对下穿箱涵设计施工方案进行总结，为以后类似工程提供一定参考价值。

【关键词】箱涵，下穿，方案，探讨

为满足城市建设和发展需要，经常需在既有城市道路下方修建各类下穿箱涵，目前国内使用较多的施工方法主要有明挖法、暗挖法、顶推法和盾构法等，具体采用何种方案，需结合工程现场地质地貌、水文条件、施工条件、周边环境和社会效应等综合考虑，以达到方案技术可行、安全可靠、经济合理。

1　工程概况

成都天府新区核心区综合管廊及市政道路工程（二期）兴隆 86 路综合管廊，其结构形式为 11.85 m×4.7 m（宽×高）的四舱矩形箱涵，分别于 K0+921～K1+039 及 K4+008～K4+157 下穿天府大道和梓州大道，下穿长度分别为 118 m、149 m，覆土厚度分别为 7.2～9.3 m、3.1～4.5 m，设计分别采用暗挖及明挖方式通过。

2　设计概况

2.1　暗　挖

天府大道是成都市南北交通大动脉，承担天府大道南北通行交通枢纽，交通流量巨大，无法采取断道施工，传统明挖法难以实施。另外，综合管廊上方至天府大道路面覆土厚度较浅，盾构法施工安全风险较大，顶管法施工由于综合管廊截面较大顶进困难，为保证既有道路正常通行，结合现场实际地质、地貌等情况，设计采用暗挖施工形式修建管廊下穿天府大道。暗挖超前支护采用管幕，管幕为ϕ402 mm 单排无缝钢管，壁厚 14 mm，从天府大道东西侧分别顶进打设，单侧 54 根，每侧

长 61 m，中间搭接 4 m，主体钢管两侧设 80 mm×10 mm 角钢双角锁扣。为保证土体不侵入管廊箱体限界，管幕沿管廊顶板、边墙三方距离外轮廓线分别为 34 cm、37 cm 布设。暗挖初期支护采用 I20b 型钢钢架配合 C20 模筑钢筋混凝土，钢架间距 50 cm、全环布置，模筑混凝土平均厚度为 26 cm。暗挖支护特征断面见图 1。

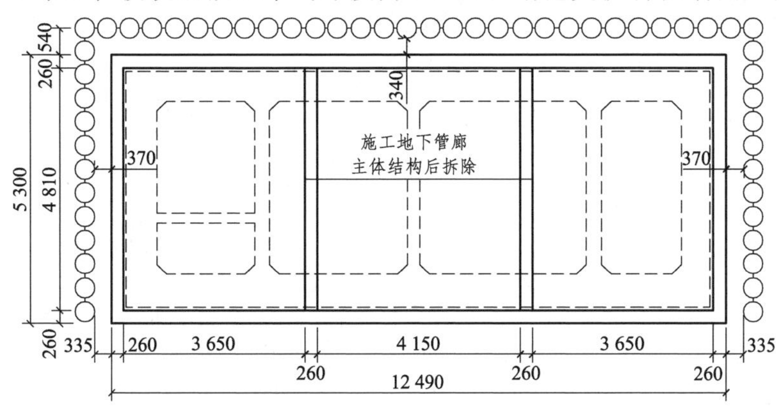

图 1　A 型衬砌初期支护断面设计图

2.2　明　挖

为节约投资，在满足既有梓州大道通行需求前提下，结合现场实际地质、地貌等情况，管廊穿越梓州大道设计采用明挖施工，同时在梓州大道西侧修建临时保通道路，临时道路长 222 m，宽 21 m，采用 C40 混凝土路面。管廊基坑采用分段分层开挖，基坑开挖深度≤4 m 时，采用自然放坡开挖，坡比 1∶2；基坑开挖深度＞4 m 时，采用锚网喷支护随护随挖，坡比 1∶0.5，锚管为 ϕ48 mm 钢管，长 8～10 m，间距 1 m×1 m，C20 喷射混凝土厚 10 cm。临时道路平面布置及明挖基坑特征横断面见图 2 和图 3。

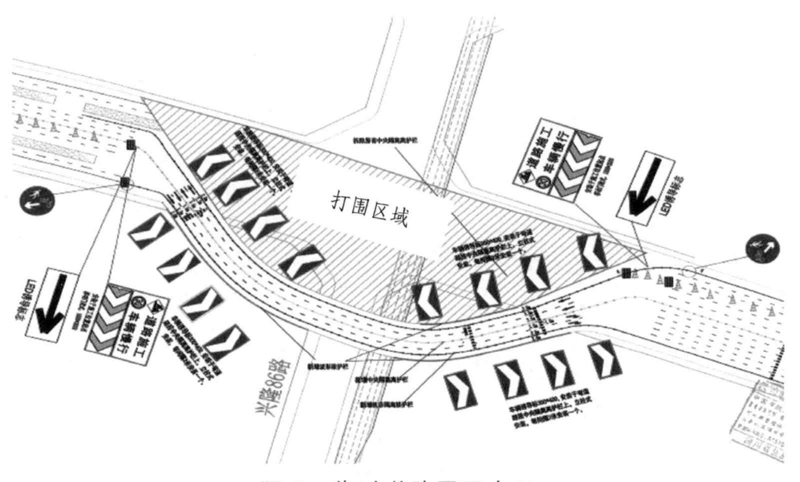

图 2　临时道路平面布置

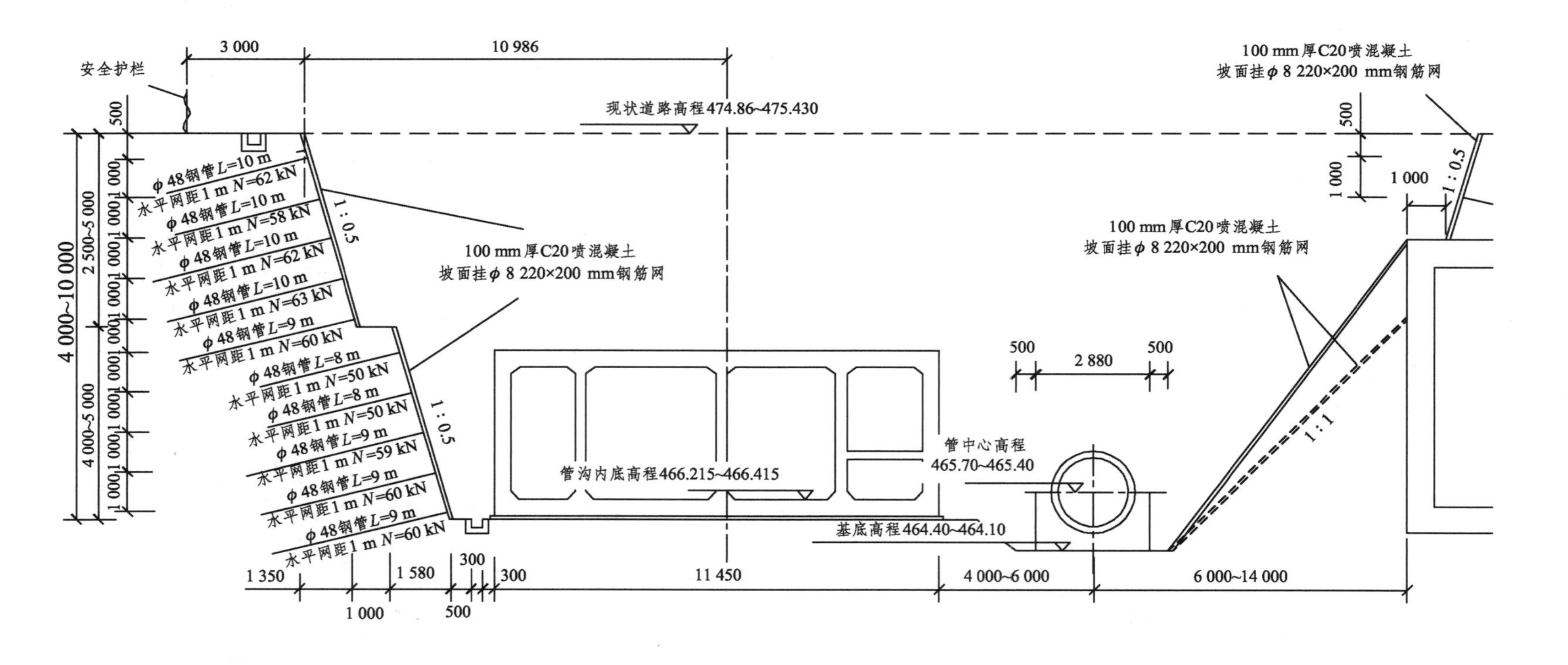

图 3 K4+040～K4+130 桩号综合管廊基坑开挖示意图

基坑回填防沉降措施采用注浆方式，水泥粉煤灰浆液进行压力灌注，利用压力渗流扩散到填方土体中浆液的固结硬化，填充路基中较易连通的孔隙，并将原来松散的土粒或裂隙胶结成一个整体，增加土体抵抗变形的能力。处理范围内注浆深度为路面结构碎石层底面至综合管廊顶面 50 cm，注浆孔沿管线方向布设，三角形布置，孔向间距 2 m × 排距 1 m，平均孔深 4 m。

3 主要施工流程

3.1 暗 挖

地下管线探测迁改→工作坑开挖支护→后背墙施工→导向架（管幕支撑门架）施工→控制线测设→顶进设备安装调试→管幕吊装→管幕循环顶进至设计位置→小导管注浆→管幕钢管内灌注混凝土→两侧洞室开挖支护→核心土开挖支护→管廊箱体施工。

3.2 明 挖

西侧临时道路施工→交通导改→地下管线探测→管线迁改、保护施工→基坑保护性开挖→基坑支护→管廊箱体施工→防水层施工→保护层施工→基坑回填→回填注浆→管道恢复→路面恢复。

4 施工重点注意事项

4.1 暗 挖

（1）对超过一定规模的危大工程，必须依据有关规定，编制专项施工方案，并组织专家论证，现场严格按照通过论证的方案组织实施，做好对现场管理人员和作业人员的安全技术交底。

（2）浅埋暗挖隧道施工必须坚持“管超前、严注浆、短开挖、强支护、早封闭、勤量测”的十八字方针。

（3）切实做好隧道暗挖监控量测工作，及时对监测数据进行统计分析指导现场施工，发现异常或突变，必须暂停施工，待原因分析清楚、整改措施落地后方能恢复施工。

（4）两侧洞室及核心土每循环开挖后，需及时对掌子面进行临时封闭。

（5）核心土开挖在两侧洞室掘进及初衬贯通后进行，采用上、下台阶开挖，同时二衬综合管廊结构紧跟其后，边开挖中间洞室边形成二衬结构施工。

（6）为保证两侧管幕能顺利搭接，不出现碰管现象，两端管幕端头预留 24 cm 余量。

（7）严格控制管幕基准线，确保顶管机机架牢靠，顶进过程中随时监控钢管顶进轨迹是否发生偏差，并及时纠偏。

（8）管廊箱体由中间向两侧对称施工，上一段箱体未完成、混凝土强度未达到要求前，不得对下一段核心土进行开挖。

（9）每循环初支、箱体完成后，及时对墙背空隙进行注浆处理。

4.2 明　挖

（1）交通导改方案必须报请相关部门审批同意，交通安全设施设备齐全，导改道路质量满足设计要求，并加强日常管养维护。

（2）坚持“先地下、后地上”的原则，全面细致做好地下管线管探工作，在管线迁改或保护工作未完成前，不得盲目进行基坑开挖。

（3）做好基坑地下和地表水降排水工作。

（4）严格按设计图纸和施工方案，实施基坑边坡支护，加强基坑变形观测。

（5）做好管廊箱体防水层保护工作。

（6）回填土体颗粒，因自然固结时间太短，需人工固结。

5　方案对比

表 1　方案对比

序号	对比内容	暗挖法	明挖法
1	适用范围	不允许断道施工，覆土厚度接近 1 倍箱涵跨度或以上，下穿道路为挖方段路基，地质条件较好（Ⅴ级及以上），工程点位地貌具备工作坑实施条件	覆土厚度小于 1 倍箱涵跨度，下穿道路为填方段路基或半填半挖路基，地质条件较差，现场不具备工作坑实施条件
2	安全风险点	围岩坍塌、地表沉降、地下涌水	既有管线破坏、边坡溜坍、临边坠落、交通安全
3	经济分析（措施费用）	约 2 782 万元	约 556 万元
4	施工周期	395 天	240 天

续表

序号	对比内容	暗挖法	明挖法
5	优劣分析	优点：受地下管线影响小，基本不影响现状交通，施工受外部干扰小； 缺点：工艺较复杂，对施工水平要求较高，工程造价偏高，受工序和工作量限制施工周期较长，安全风险较大	优点：工艺简单，工程造价较低，可全面开展施工工期较短，安全风险低； 缺点：地下管线迁改保护工作量大，对社会交通影响较大，导改道路维护工作量大

6 结 语

下穿既有道路箱涵方案的确定，需在设计阶段即要进行充分调查和论证，对现场具备导改条件，交通要求不太高的下穿箱涵，建议采用明挖法施工。同时在施工过程中，要落实各项措施，严格控制暗挖地表沉降，切实做好明挖导改道路和交安设施维护，避免造成不良社会影响。

大跨度钢结构网架液压整体提升施工技术

戴成亮[1]，马 俊[2]
（1. 成都天府新区投资集团有限公司；2. 成都天投产业投资有限公司）

【摘 要】本文对目前建筑结构常用的超大跨度结构体系施工工艺进行了归纳总结，计算了超大跨度网架结构受力特征，分析了施工工艺的合理性、存在问题、经济性和工期合理性等，特别是结合中国西部国际博览城项目超大跨度网架结构建立和完善了合理的超大型液压同步提升技术施工工艺，满足设计、施工、工期、经济性要求。

【关键词】网架结构，液压同步提升技术，施工工况

1 引 言

中国西部国际博览城项目位于成都市天府新区核心区，建筑面积约 57 万 m^2，其中展览展示中心规划面积 30 万 m^2（含室外展场 10 万 m^2），项目由 A、B、C、E、F 五个标准展厅加一个 D 馆多功能厅组成。各展馆主要由地下钢柱+地上框架结构+屋盖结构构成，总用钢量 16 万 t，超过“鸟巢”用钢量。其中，D 展馆屋面为上下两层焊接球平面网架结构体系（见图 1），上层网架高度 3 m，上弦标高 33 m，网格尺寸 3.0 m×3.0 m，建筑面积 3 万 m^2；下层网架高度 4.5 m，下弦标高 15 m，长约 210 m，宽约 86 m，网格尺寸 4.5 m×4.5 m，建筑面积 1.8 万 m^2，钢结构总用量约 3 500 t。D 展馆网架结

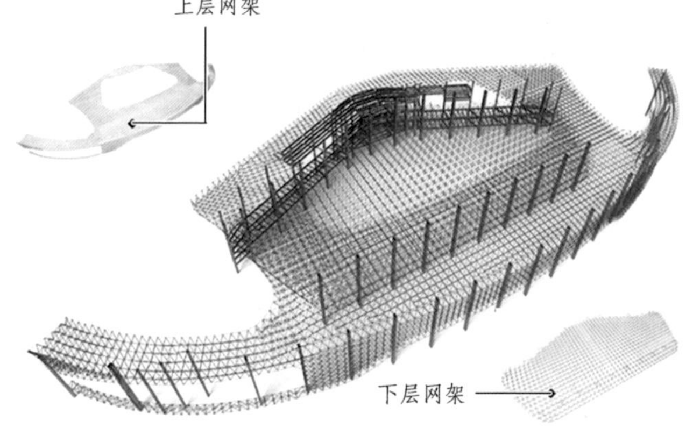

图 1 D 展馆网架结构平面和立体示意图

构体系规模在国内同类型结构中位居前列，施工工艺复杂、安全风险大、工期压力大。

2 施工工艺的选择与分析

检索国内大跨度网架结构施工工艺，通常有超大型液压同步提升法、分条分块安装法、高空散拼法等 3 种主要施工工艺和工法。各种施工方法单独或者组合应用于实际施工中，可大大提高施工的安全性与加快施工进度。在实际施工中具体选用何种施工方法，应综合评估结构型式、钢结构跨度、施工场地及材料周转安排、设备和运输条件、工期进度要求、气候指标、经济性能等指标，选择合理的施工方法，可在一项工程中使用一种或几种方法。

D 展馆上层网架面积为不规则中空网架结构体系，平面布局不规整、面积大，跨度大；下层网架大致为五边形平面布局，相对规整。

经综合分析，考虑 D 展馆屋盖网架结构特征和工期成本因素，选择采用超大型液压同步提升法与高空散拼法进行施工。液压同步提升技术可提高网架结构拼装精度，减少临时固定措施工程量，在地面作业可保证施工人员的安全，又可提高施工效率，又降低了成本。

对 D 展馆网架结构建立仿真模型，对网架整体提升过程进行仿真模拟分析，合理确定上层网架分区方案和下层网架分区方案。采用大型有限元软件 ANSYS 建模计算分析，经过综合对比，确定上层网架分为 5 个区块，下层网架为 1 个区块的分块方案。其中，上层网架面积较小，3 块区域采用高空散拼方案，上下两层网架重叠区域采用超大型液压同步提升方案，上层网架提升单块质量约为 400 t，下层网架质量约为 960 t。

3 工艺原理

屋盖网架结构提升吊点的设置以尽量不改变结构原有受力体系为原则，提升吊点均布置在原有的框架柱顶，同时提升吊点的数量应同时考虑提升方案的经济性指标，尽量减少吊点数量和临时设施用量。对提升部分进行有限元建模计算，分析提升过程，结合计算结果，在保证提升结构变形及杆件受力的情况下布置提升吊点。

上下层分两次提升，上下吊点平面重合，考虑两次提升过程中，尽量减少重复工作，两次提升时提升上吊点保持不变，仅对提升下吊点进行置换。

对网架结构提升前、提升过程及就位后的主要杆件应力应变情况进行全程实时监控，确保整个吊装过程的安全。

液压同步提升技术采用液压提升器作为提升机具，柔性钢绞线作为承重索具。液压提升器为穿芯式结构，以钢绞线作为提升索具，有着安全、可靠、承重件自身质量小、运输安装方便、中间不必镶接等一系列独特优点。

液压同步提升技术采用行程及位移传感监测和计算机控制，通过数据反馈和控制指

令传递，可全自动实现同步动作、负载均衡、姿态矫正、应力控制、操作闭锁、过程显示和故障报警等多种功能。操作人员可在中央控制室通过液压同步计算机控制系统人机界面进行液压提升过程及相关数据的观察和（或）控制指令的发布。

4 工艺流程及操作要点

4.1 施工工艺

施工工艺流程如图 2 所示。

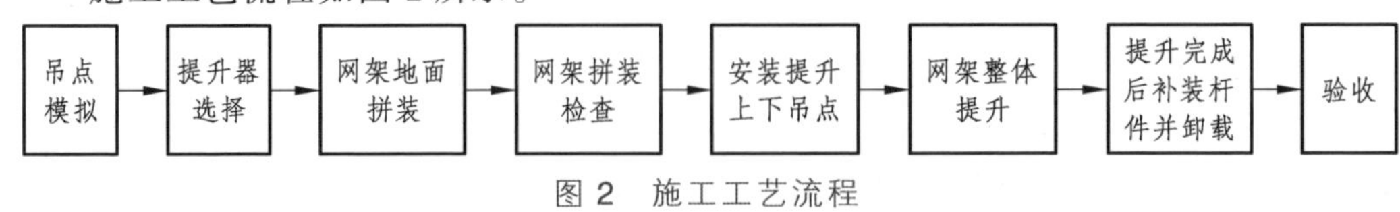

图 2 施工工艺流程

4.2 操作要点

4.2.1 吊点选择

根据设计深化图纸，利用有限元软件 ANSYS 建立网架结构模型，并施加自重荷载。

针对不同吊点位置，对网架提升前、提升过程中和就位后的各杆件应力应变状态进行模拟，根据整个过程中各杆件的受力情况，比选出最优化的吊点设置位置。

网架上层共分为两块提升，第一分块选取其中 9 个框架柱作为提升吊点，具体示意图如图 3 和图 4 所示；第二分块选取其中 9 个框架柱作为提升吊点，具体示意图如

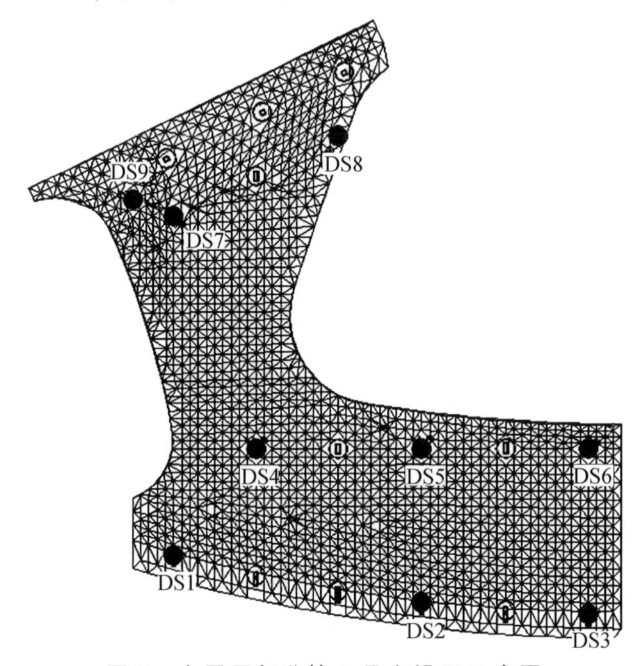

图 3 上层网架分块 1 吊点设置示意图

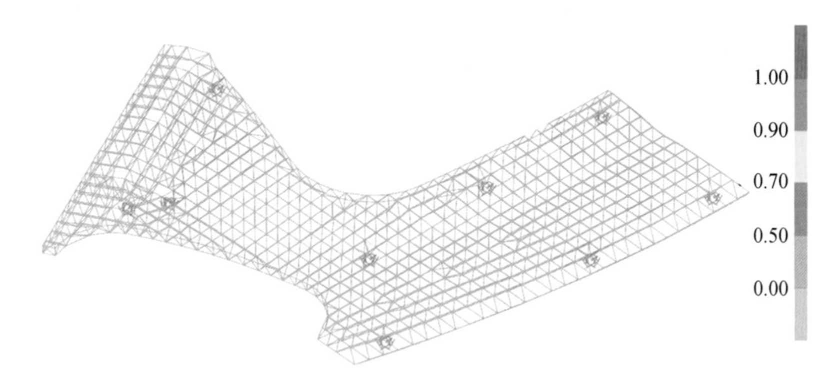

图 4　上层网架分块 1 网架结构应力比示意图

图 5 和图 6 所示；下层网架共有 22 个框架柱支撑，选取其中的 14 个框架柱设置提升吊点，具体示意图如图 7 和图 8 所示。

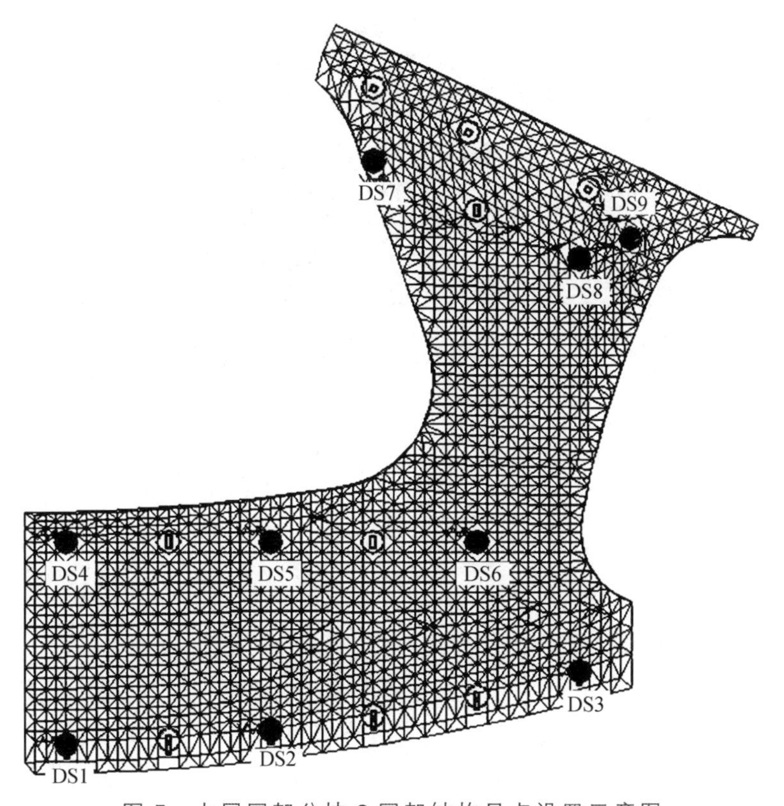

图 5　上层网架分块 2 网架结构吊点设置示意图

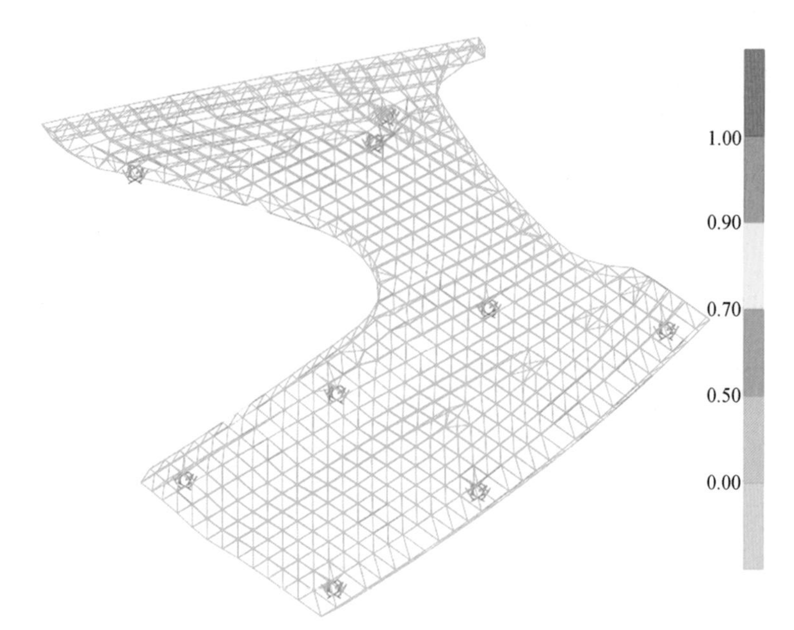

图 6　上层网架分块 2 网架结构应力比示意图

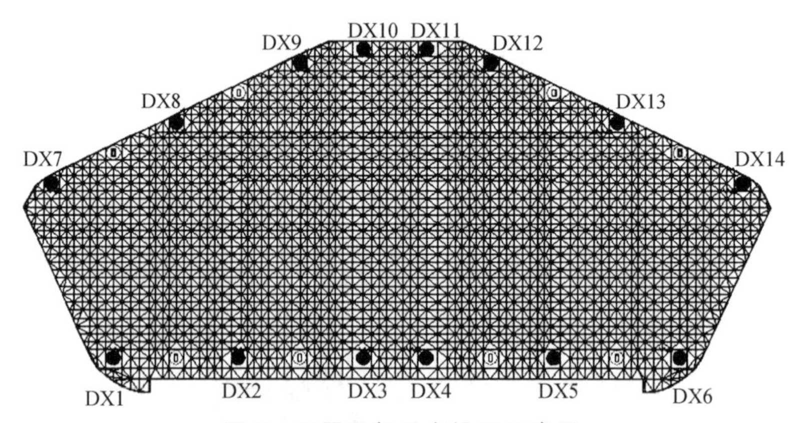

图 7　下层网架吊点设置示意图

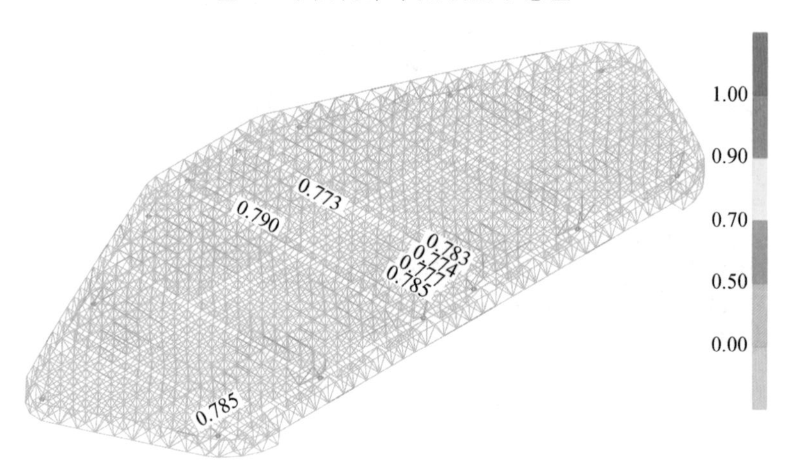

图 8　下层网架结构应力比示意图

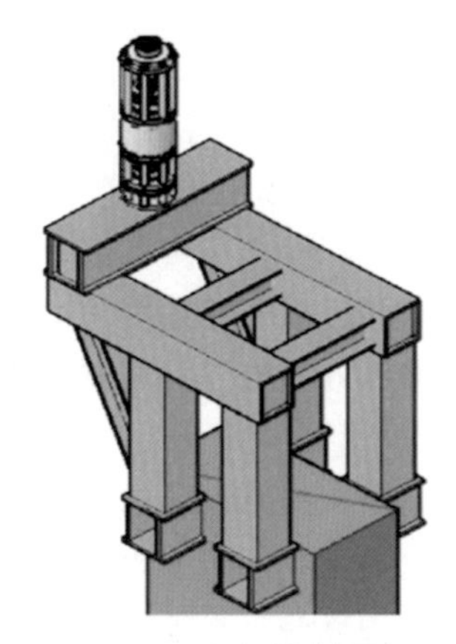

图 9　吊点轴侧图

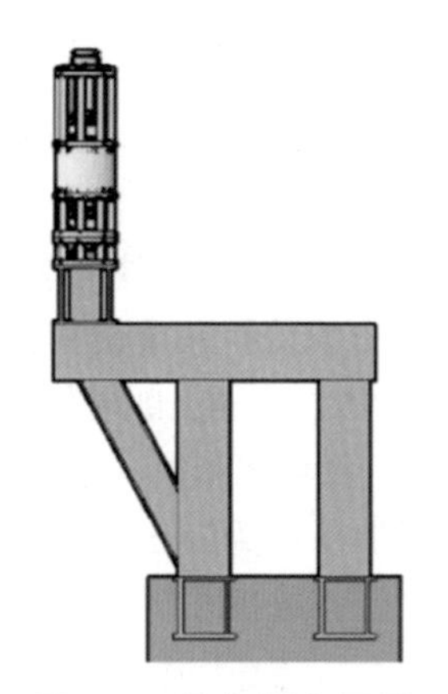

图 10　吊点侧立面图

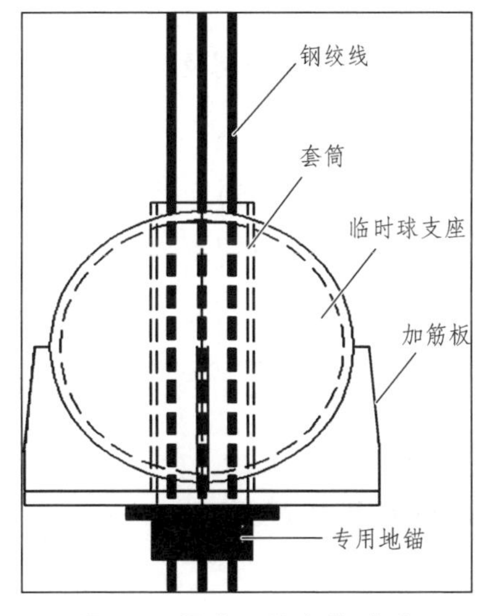

图 11　提升下吊点临时球

图 12　下吊点临时球工程照

上层吊点 DS1-8，DS13，DS14 与下层吊点 DX1-8，DX14，DX14 这 6 个吊点处，上下吊点平面重合，考虑两次提升过程中，尽量减少重复工作，两次提升时提升上吊点保持不变，仅对提升下吊点进行置换。上层屋面提升前，在钢管柱顶部设置提升支架，提升器布置在提升支架上面，此提升支架设置完成后不需要更换，继续作为下层屋面提升的提升支架，设置完成后对上层屋面进行提升。上层屋面提升到位后，补装杆件完成，此时提升器依然布置在提升支架上方，且提升器处于受载状态。上层屋面网架提升到位后，补装杆件完成后，提升器卸载，拆除临时杆件。下层屋面拼装完成后，钢绞线下放至下层下吊点位置，安装下层临时杆件及临时球，安装完成后对下层网架进行提升。下层网架提升到位，补装杆件完成，此时提升器依然布置在提升支架上方，且提升器处于受载状态。下层屋面提升完成，补装杆件完成后，提升器卸载，拆除临时杆件并拆除提升支架。

4.2.2 提升设备选择

本工程中提升单元在整体提升过程中，拟选择额定提升能力为 600 kN 的 TJJ-600 液压提升器及额定提升能力为 2 000 kN 的 TJJ-2000 液压提升器作为主要提升承重设备，每个吊点处布置一台。

钢绞线作为柔性承重索具，采用高强度低松弛预应力钢绞线，抗拉强度为 1 860 MPa，单根直径为 15.24 mm，破断拉力不小于 260 kN。每台 TJJ-600 型液压提升器标准为配置 7 根钢绞线，每台 TJJ-2000 型液压提升器标准为配置 18 根钢绞线。

液压泵源系统为液压提升器提供液压动力，为了提高液压提升设备的通用性和可靠性，泵源液压系统的设计采用了模块化结构。根据提升重物吊点的布置以及液压提升器数量和液压泵源流量，可进行多个模块的组合，泵源系统为核心，可独立控制一组液压提升器，同时可用比例阀块箱进行多吊点扩展，以满足各种类型提升工程的实际需要。

电器同步控制系统由动力控制系统、功率驱动系统、传感检测系统和计算机控制系统等组成。本工程中每次提升时配置一套 YT-1 型计算机同步控制及传感检测系统。

4.2.3 提升流程

根据本工程网架特点，由于结构存在上下两层，两个部分分别位于标高 30 m 及标高 15 m 处，平面上部分重叠。根据现场整体施工规划，先提升上层部分，再提升下层部分。

图 13 所示为网架整体提升流程。

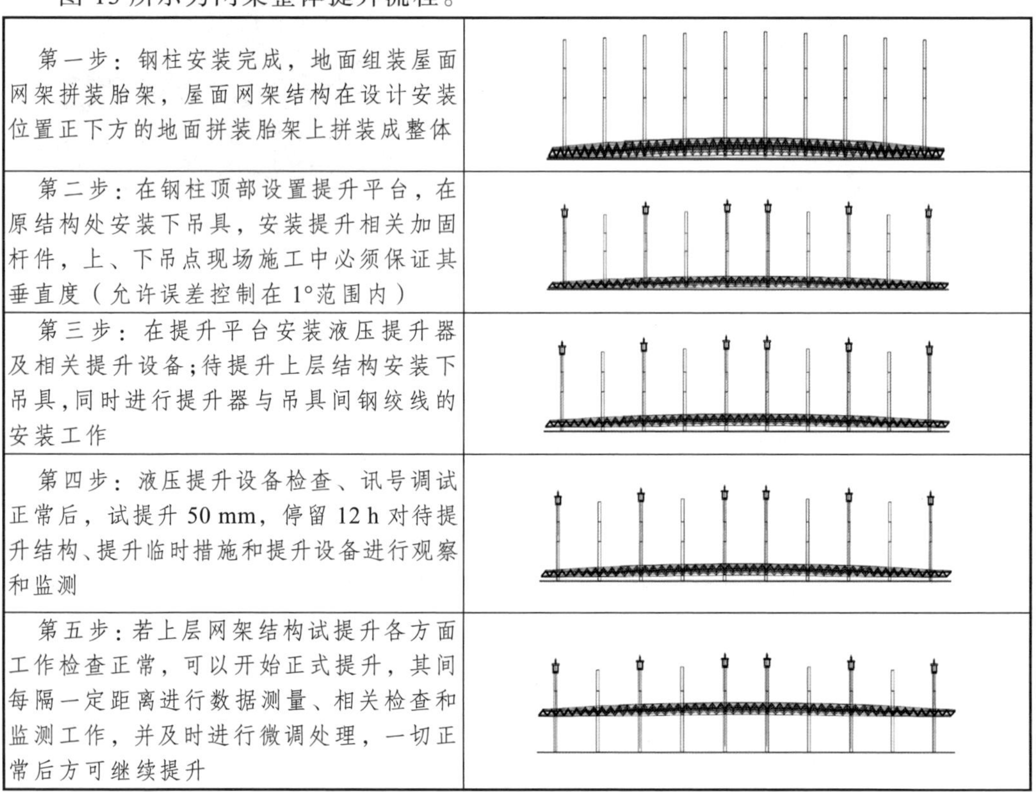

第一步：钢柱安装完成，地面组装屋面网架拼装胎架，屋面网架结构在设计安装位置正下方的地面拼装胎架上拼装成整体	
第二步：在钢柱顶部设置提升平台，在原结构处安装下吊具，安装提升相关加固杆件，上、下吊点现场施工中必须保证其垂直度（允许误差控制在 1°范围内）	
第三步：在提升平台安装液压提升器及相关提升设备；待提升上层结构安装下吊具，同时进行提升器与吊具间钢绞线的安装工作	
第四步：液压提升设备检查、讯号调试正常后，试提升 50 mm，停留 12 h 对待提升结构、提升临时措施和提升设备进行观察和监测	
第五步：若上层网架结构试提升各方面工作检查正常，可以开始正式提升，其间每隔一定距离进行数据测量、相关检查和监测工作，并及时进行微调处理，一切正常后方可继续提升	

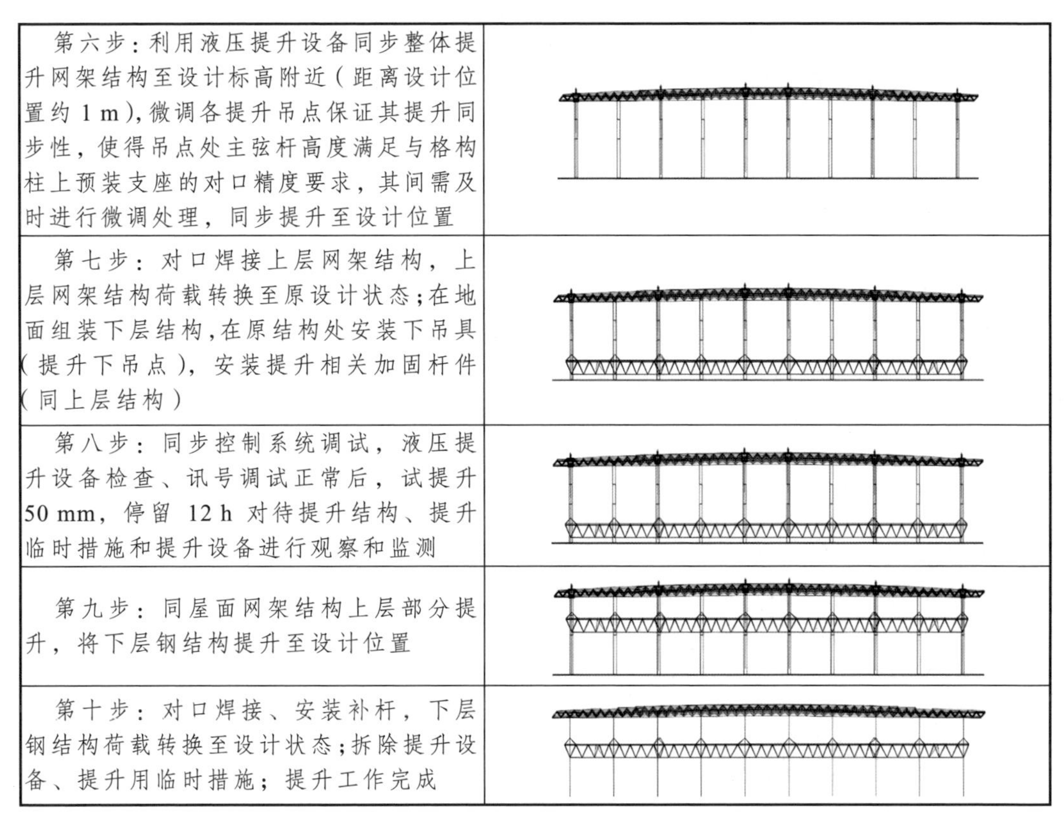

第六步：利用液压提升设备同步整体提升网架结构至设计标高附近（距离设计位置约 1 m），微调各提升吊点保证其提升同步性，使得吊点处主弦杆高度满足与格构柱上预装支座的对口精度要求，其间需及时进行微调处理，同步提升至设计位置	
第七步：对口焊接上层网架结构，上层网架结构荷载转换至原设计状态；在地面组装下层结构，在原结构处安装下吊具（提升下吊点），安装提升相关加固杆件（同上层结构）	
第八步：同步控制系统调试，液压提升设备检查、讯号调试正常后，试提升 50 mm，停留 12 h 对待提升结构、提升临时措施和提升设备进行观察和监测	
第九步：同屋面网架结构上层部分提升，将下层钢结构提升至设计位置	
第十步：对口焊接、安装补杆，下层钢结构荷载转换至设计状态；拆除提升设备、提升用临时措施；提升工作完成	

图 13　网架整体提升流程

4.2.4　工序验收

网架提升安装完成后应组织各方进行安装验收，验收内容包括标高、轴线及垂直度的复测，跨中挠度的监测等，各项检测数据应满足设计及规范的要求，工序验收合格后才能展开后续施工。

5　质量及安全控制

5.1　质量保证措施

在接到设计图纸后对网架吊点进行模拟，通过模拟比选出最优化的吊点设置位置，经设计确认后才可展开后续施工。

网架材料运至现场后，按照指定堆场进行存放，管件堆放时下部垫支枕木并对构件进行标识；构件进场后，质检人员对相关资料及构件自检合格后，上报监理人员对进场构件进行抽查检验。

拼装前，对拼装操作架设置完成开始进行拼装前，对操作架的总长度、宽度、高度等进行全方位测量校正，然后对网架杆件的搁置位置建立控制网格，然后对各点的空间位置进行测量放线，设置好杆件放置的限位块。

拼装过程中需对每一根弦杆及弦杆间腹杆一一进行测量定位。

每一榀网架拼装完成后需用全站仪进行一次全方位的检测、校正，确保网架与设计状态相符。

5.2 安全保障措施

施工中使用的各种液压设备、起吊机械、吊索具等在验收合格后方可进场使用，汽车吊、履带吊等大型机械资料手续应齐全。

提升用钢绞线进行受力计算，提升器等必须根据计算结果合理选配。提升前必须对其进行检查。

提升作业时，必须严格按照作业规程进行作业，设置警戒线，保持安全距离，无关人员严禁入内。

提升过程中，必须统一指挥，实际提升量严禁超过提升器额定起重能力的 80%。

网架的提升工作必须在白天进行，避免在夜间进行高空作业。

严禁提升重物长时间悬挂在空中，作业中发生故障，应先将网架置于原位或在安全的地方进行放置，检修完毕后再进行提升。

6 经济及工期效益分析

取网架面积为 500 m^2，上层网架标高 30 m，下层网架标高 15 m，经综合效益分析，双层网架施工，采用整体提升相比传统高空散拼的施工方法，可节省施工时间为 16 天。

经济效益计算：充分考虑两种施工工艺人员、材料、机械效率和单价，经理论分析和实际对比，高空散拼总费用为 43.242 万元/500 500 m^2，网架提升方法施工总费用为 34.94 万元/500 m^2，采用双层网架提升方法施工，可节省费用 8.302 万元。大跨度网架整体提升技术于 2015 年 6 月—9 月在中国西部国际博览城项目应用，共节省安装工期 60 天，并取得 498.12 万元的经济效益。

7 结　语

大跨度网架整体提升技术是一种比较经济、合理、安全的施工工艺，重点是要充分计算网架提升受力特点，合理布置提升点，做好提升速度控制和安装精度控制，可有效提升经济效益和工期效益。

浅析融资租赁与银行贷款融资成本

刘国国
（成都天投实业有限公司）

【摘　要】融资租赁，相对于银行贷款，融资成本偏高。但融资租赁进项税额可以抵扣，相应可以减少增值税的缴纳。本文通过项目案例分析，研究融资租赁与银行贷款达成相同结果的基础下，因税费的差异，融资租赁相对于银行贷款，可承受的最高融资成本。

【关键词】融资渠道，融资租赁，银行贷款

1　引　言

为深入贯彻落实习近平总书记来川视察重要指示精神，深入践行成都市委十三届三次全会就加快建设美丽宜居公园城市的决定，A公司大力发展污水处理业务。传统银行信贷受制于信贷市场紧缩，已无法满足公司资金需求，拓宽融资渠道已成当务之急，而融资租赁不失为一种替代性方案。

2　融资租赁介绍

根据《企业会计准则第 21 号——租赁》，融资租赁是指实质性转移了与租赁资产所有权有关的全部风险和报酬的租赁。一项租赁存在下列一种或多种情形的，通常为融资租赁：

（1）在租赁期届满时，租赁资产的所有权转移给承租人；

（2）承租人有购买租赁资产的选择权，所订立的购买价款与预计形式选择权时租赁资产的公允价值相比足够低，因而在租赁开始日就可以合理确定承租人将行使该选择权；

（3）资产所有权虽然不转移，但租赁期占租赁资产使用寿命的大部分，大部分是指大于等于 75%。

（4）在租赁开始日，租赁收款额的现值相当于租赁资产的公允价值，相当于指大于等于 90%；

（5）租赁资产性质特殊，如果不作较大改造，只有承租人才能使用。

目前融资租赁主要分为直租和售后回租两大种类。直租业务是指具有融资性质和所有权转移特点的租赁活动；售后回租是指承租人以融资为目的，将资产出售给从事融资性售后回租业务的企业后，从事融资性售后回租业务的企业将该资产出租给承租人的业务活动。

3 理论基础

根据《财政部国家税务总局关于全面推开营业税改征增值税试点的通知》（财税〔2016〕36 号）（简称增值税 36 号文），将不动产融资租赁纳入营改增范围，并对直租和售后回租划分了不同的税率档次，其中有形动产直租税率仍为 17%，不动产直租税率为 11%，售后回租业务按金融服务适用 6%的税率。根据财政部、税务总局、海关总署联合公告 2019 年第 39 号《关于深化增值税改革有关政策的公告》，增值税一般纳税人发生增值税应税销售行为或者进口货物，原适用 16%税率的，税率调整为 13%；原适用 10%税率的，税率调整为 9%。

银行贷款和售后回租，增值税适用税率 6%，进项税不可以抵扣；直租，增值税适用税率 13%，且进项税可以抵扣。因售后回租进项税不可以抵扣，不能减少公司增值税费缴纳，下文所称融资租赁均为直租。融资租赁进项税可以抵扣，直接减少公司未来增值税的缴纳，本文通过项目案例分析，研究融资租赁与银行贷款达成相同结果的基础下，融资租赁相对银行贷款，可承受的最高融资成本，此为本文研究的理论基础，为 A 公司今后的融资租赁业务提供建议。

4 案例分析

4.1 项目背景

按照市委市政府关于锦江水生态整治工作方案的要求，为落实中央环保督察涉水整改事项，在华阳扩建 10 万吨污水处理厂形成处理能力之前，为确保区域内的污水得到有效处理，在项目建设期间，由 A 公司投资建设并运营移动式一体化污水处理设施，排放标准按一级 A 标执行。

4.2 项目简介

A 公司按照市委市政府关于锦江水生态整治工作方案的要求，购买一批污水处理

设备，设备总投资 2.7 亿元（为简化处理，暂未考虑设备以外的投资支出），日处理污水设计产量 6 万吨，根据实际运营情况，日处理量暂按 4.8 万吨，每年运营成本 3860 万元，暂定运营期 6 年。

4.3 方案选择

4.3.1 银行贷款模式

设备总投金额 2.7 亿元采用银行贷款解决，年综合成本 4.9%（中国人民银行同期贷款基准利率），等额本息还款，每年向用户收取水费 9 219 万元，折合每吨水价 5.33 元（四舍五入），该项目 6 年可实现收支平衡。该模式下，A 公司每年支付本息 5 302 万元，6 年共计支付本息 31 815 万元，共计支付税费 341 万元。

4.3.2 融资租赁模式

设备总投金额 2.7 亿元采用融资租赁解决，按每吨水价 5.33 元向用户收取水费，每年收取水费 9 219 万元，与贷款模式下的水价及收费总额一致。该模式下，6 年实现总收支平衡，A 公司可每年可支付租金为 5 345 万元，共计支付租金 32 067 万元，共计支付税费 88 万元。

4.3.3 两种模式融资成本比较

两种模式下设备总投资金额均为 2.7 亿元，而融资租赁因进项税可以抵扣，使融资租赁下税费支出较银行贷款少支付 253 万元，银行贷款模式本息总支出 31 815 万元，每年支出 5 302 万元，银行贷款的融资年综合成本 4.9%。融资租赁模式租金总支出 32 067 万元，每年支出 5 345 万元，融资租赁的融资年综合成本 5.15%。

综上，在总收入相同，且达到 6 年总收支平衡相同的情况下，融资租赁比银行贷款可承受更高的融资成本，此例融资租赁可承受的融资成本 5.15%比银行贷款 4.9%高 0.25%。

上述案例根据关于印发《资源综合利用产品和劳务增值税优惠目录》的通知（财税〔2015〕78 号），污水处理劳务享受增值税征收即征即退 70%的优惠，若上述案例不考虑即征即退，经测算，每吨水价提高至 5.39 元，可实现上述案例中银行贷款 6 年收支平衡。银行贷款每年支出 5 302 万元，本息总支出 31 815 万元，税费共计支出 945 万元，银行贷款的融资年综合成本 4.9%。融资租赁每年支付租金为 5 423 万元，共计支付租金为 32 536 万元，共计支付税费 224 万元，融资租赁的融资年综合成本 5.6%。融资租赁可承受的融资成本 5.6%比银行贷款 4.9%高 0.7%。

5 结论及建议

（1）设备采购若通过银行贷款解决，其利息隶属于金融服务税目，不可抵扣，利息支出全部计入财务费用或在建工程等科目，均计入成本费用范畴。若通过融资租赁解决，进项税可以抵扣，融资租赁可以承受比银行贷款更高的融资成本。本案例中不考虑污水处理劳务增值税征收即征即退 70%的优惠政策，融资租赁的融资成本 5.6%，可以与银行贷款的融资成本 4.9%达到相同的结果。

（2）增值税 36 号文规定，经中国人民银行、银监会或者商务部批准从事融资租赁业务的试点纳税人，提供融资租赁服务，以取得的全部价款和价外费用，扣除支付的借款利息（包括外汇借款和人民币借款利息）、发行债券利息和车辆购置税后的余额作为销售额，且对其增值税实际税负超过 3%的部分实行增值税即征即退政策。为此集团可成立融资租赁公司，融资租赁公司通过差额征税未增加税收成本，贷款利息可实现增值税抵扣，这样即可解决集团融资需求，并有效降低融资成本，收益均留在集团内部，有效提高集团经济效益。

参考文献

[1] 杨津琪，廉欢，童志胜. 融资租赁税务与会计实务及案例[M]. 北京：中国市场出版社，2016.
[2] 李彬. 税法[M]. 北京：经济科学出版社，2019.
[3] 李彬. 会计[M]. 北京：经济科学出版社，2019.

4 工程管理

研析围棋文化与安全管理

张　凯[1]，张福瑞[2]
（1. 成都天府新区投资集团有限公司；2. 成都天投新城市建设投资有限公司）

【摘　要】围棋所蕴含的丰富的战略思想、辩证思想和战术思想是中国传统文化的组成部分，其所揭示的基本原理在围棋竞技以外的广阔领域存在广泛的、超越时空的应用。本文对围棋蕴含的管理思想及其在现代企业管理中的应用进行了研讨，通过对围棋思想的分析，从企业安全管理角度，概括提炼出围棋的思想、理论和谋略，并将其融合到公园城市建设安全管理理论之中。

【关键词】围棋，安全管理，传统文化，战略

1 引　言

围棋（见图 1）是中国文化的传统瑰宝，相传已有 4 000 余年了，是我国古人十分喜爱的娱乐竞技活动。它以其极为简单的游戏规则和极为深邃的未知领域，千百年来引得无数人士为之着迷。围棋文化所呈现的思想特质，蕴含了儒、兵、道三种哲学观长期演绎、不断递进并陆续沉淀的产物，将中华传统文化兼收并蓄。从本质上说，围棋既是一种竞争模式，又是一种哲学思想，充分体现了中华民族的思维特征和价值观念。围棋文化与安全管理的相似与契合有着高度的一致性，其辩证思维理念和战略战术对生产管理具有深刻的指导作用，以围棋蕴含的思想、理论和谋略运用于安全生产管理中，可领悟到很多管理方面的智慧。

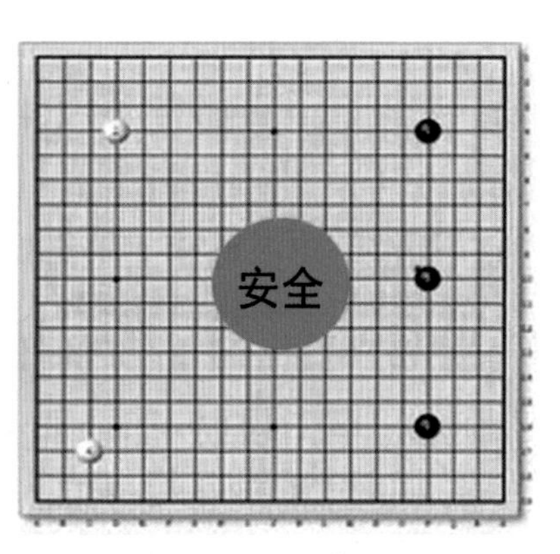

图 1　围棋

2 围棋博弈与安全管理者应具备的4种心态

2.1 静 心

围棋作为一种消遣的娱乐形态，可为人们提供了极大的乐趣，从唐代诗人咏唱的“青山不厌千杯酒，白日唯消一局棋”到白居易的“映竹无人见，时闻下子声”，幽人斗智，棋家须静。当代棋圣聂卫平说过“急躁正是棋家之大忌”，关键之局镇静者胜，聂棋圣之所以每每在中日围棋擂台赛陷于不利态势之危急关头反败为胜，这是与他高超的棋艺、良好的心理素质和坚韧不拔的斗志分不开的，无怪乎日本棋界人士说聂旋风的冷静到了令对手望而生畏的地步，可见棋家定力之深厚。围棋就是一个需要在安静环境下，进行独立思考的运动，围棋博弈者心情浮动、心有杂念的时候是下不好围棋的，心一定要静。

作为安全管理者也要宁静而致远。安全工作无小事，安全责任重如泰山，安全管理者更需要有棋家冷静的心态和定力，心浮气躁是安全管理者之大忌，应将宁静致远的心态融于管理工作中。有诗曰：“无欲自然心如水”，人若做到上善如水，那就是人性修养的最高境界。摒弃世俗中的杂念，有一颗宁静的心，便可发现工作生活中的乐，欣赏无处不在的美。

2.2 宽 心

宋代宋白所著《弈棋序》以儒学之道诠释围棋，“彼简易而得之，宽裕而陈之，安徐而应之，舒缓而胜之”被认为是围棋取胜的最高境界。吴清源先生认为，21世纪的围棋将是六合之棋，即天地东南西北之调和，围棋追求的最高境界不是冲突，而是和谐。《周易》亦云：“地势坤，君子以厚德载物。”围棋中的361颗棋子，就是任人们自由发挥、运筹帷幄、决胜千里的“百万雄兵”，也就相当于一个企业的全体员工，需要把全体员工的心融合在一起，发挥全体员工的团队协作精神，去拼搏奉献，努力地为企业创造效益，创造财富。作为一个企业安全管理者要有一颗宽容的心，不要因争小利和一时得失而失去了大好发展的局面，从而影响员工的积极性，只有尊重员工的首创精神和人才价值，才能充分调动员工的积极性。把每一个棋子放到最佳位置上，才能发挥出棋子的最大价值，即使棋子出现差错，也要给一颗改正错误、将功补过的机会，因为棋子还没有被对方提掉，就有可能再次发挥出效益，这就是围棋博弈的妙处所在。一切皆有可能，一时的差错也可能会收到意想不到的成功。

曹操是三国历史上具有雄才大略的政治家、军事家和文学家，但最终落得了一代奸雄的“美名”，这与他的性格极为相关。

在安全管理工作中，对人要宽心，对事要认真。作为安全管理者常常处于矛盾焦

点之中，不被理解，甚至遭受指责。这要求安全管理者要具有海纳百川的心胸和乐观豁达的气度，始终保持“淡泊明志、宁静致远”的平静和平衡心态，管理者受了委屈要宽心，树立“勤务员”形象。但在安全管理中对待工作要坚持安全原则，不能宽容，要零容忍安全隐患，宽恕的是过失而不是原则错误，容忍的是不同的意见而不是胡闹。安全管理者要把安全放在心上，抓在手上，落实到行动上。今天发现的问题隐患绝不放到明天，树立消除问题隐患的“勤务员”形象。安全生产“严”字当头，才能防微杜渐；零宽容安全问题，才能铲除隐患，筑牢基础。

2.3 仁 心

孔子所倡导的仁爱和中庸思想，是中国儒家文化的思想精髓。围棋博弈的输赢不在于吃掉对方一块棋或去追杀对方的一条“大龙”，高明的博弈者会通过不断地舍和取，学会不断放弃和重新选择，只要赢半目就行，就是胜利。他会在“追、封、长、贴、叫、扳、断、劫”的过程中控制好自己的局面，在和谐管理、和谐博弈中取得围棋胜利。

作为安全管理者也要有仁爱和大爱的思想。安全管理者待人要热心，要关心工人、尊重工人、支持工人、理解工人、鼓励工人，送一个微笑，送一个祝福，说一句暖心话语，做一件消除隐患的工作，尽一个管理干部的职责；要有高度敬业精神，有踏实的工作态度，干一行，爱一行，钻一行，成一行；靠实干赢得领导和同志们的信任和拥戴，靠实干树立自身良好形象。学习业务要虚心，树立“啄木鸟”形象。虚心使人进步，骄傲使人落后。要以虚怀若谷、认真虚心的态度学习业务、学习管理，接受批评，并认真查找不足，从思想上、行动上加以改正，维护大局，维护好企业的良好形象。树立“啄木鸟”精神，吃掉损坏发展、影响安全的虫子，要思想活跃，积极接受新思想、新观点、新知识，防治“三分钟”热度，尤其是自己提出的建议未被采纳时，不要气馁、不要赌气；而要多反思自己，多向他人学习，学他人之长，补自己之短，正确评价自己，找准自身位置。

2.4 细 心

围棋是个胆大心细、每目必争的项目。在胜负局面不是很明确的情况下，必须要树立每目必争的思想，以求制胜。在局面不明朗时，围棋的博弈者必须要保持清醒的头脑，认真地做好分析，审时度势，正确地计算，时时处于先手地位，以便掌握好主动权，冷静仔细地下好每一着棋，以求胜利。在细中求胜才是围棋博弈者的最高境界，围棋的收官就是细中求胜的关键，能否耐心仔细地收好官，这就是心态和心情的问题，切记不要心急和烦躁。麻痹大意，轻视敌人，往往使得自己忙中出乱，失去大好的发展局面，一流的高手博弈就是一二目之分或以半目制胜。

对于一个安全管理者来说，就必须要实现从粗放式管理向集约化、精细化、科技化管理转变。要做好精细化安全管理，事前细心拟定安全预防措施、事中落地落实安全方案、事后认真提炼总结安全管理经验，细心把控项目本质安全工作。

3 围棋博弈与安全管理者应具备的三种意识

3.1 全局意识

围棋大师吴清源曾经说过："围棋的目标不是局限于边、角，而是应该很好地保持全体的均衡。"围棋博弈就好像古战场中交战的双方，首先要沉着思考，运筹帷幄，并做好战略战术选择，考虑怎么去排兵布局。围棋博弈一般先从布局阶段开始，从边、角的争端开始，再向纵深发展，从而走向中盘竞争。围棋博弈中有句经典名言是"金角银边草肚皮"，可见角和边在围棋博弈中的重要性。围棋的博弈双方必须要具备一个宽阔的胸怀，有一个积极向上、不断拼搏进取之心，并要树立良好的全局意识；认真地审时度势，分清形势，把握大局，认真地布好局，排好兵，以便掌握围棋博弈的主动权，牵制对方，保持优势，最终取得胜利。

安全管理也有同样的道理，必须要树立全局管理意识，项目安全成功的关键在于事前管理，即安全管理体系的建立、安全制度及方案的制定。整个布局阶段已经确定了整个项目安全管理的责任、重大危险源及关键部位等前期工作内容，也确定了整个项目的安全管理格局。因此，安全管理布局阶段应重点做好"三到位"。

制度措施到位。要切实增强责任意识，建立健全隐患排查治理体系和安全事故预防体系，建立完善安全方案审定制度、安全检查制度及安全考核制度。坚持领导带班制度，细化工作方案，落实分部分项各方主体的监管责任。

安全教育到位。认真组织从业人员进行安全教育，首先各级领导要重视，要带头接受安全教育培训和考核。对新进场人员进行"三级安全教育"，宣讲安全生产方针政策、安全作业规程规定，重点培训操作规程，提高其安全意识和遵章守法的自觉性，并在上岗前按工种、施工特点再进行安全交底并做好记录。

安全检查到位。对施工现场模板支撑、深基坑、临时施工用电、大型机械设备、施工现场消防、大跨度钢结构、脚手架等进行全面安全排查。对检查出的安全隐患，跟踪督促项目部整改落实到位，严格按照"谁检查、谁签字、谁负责"的原则，层层落实安全检查责任。各项目部要根据施工内容及环境的变化，对本项目的危险源进行重新辨识、评价，实现现场风险源的及时公示及动态管理。

3.2 创新意识

围棋也是一个富有创新发展的娱乐项目，其场面宏大，基本定式众多，变化多

端，高深莫测。围棋中还有一句重要话语是“棋从断处生”，也就是精彩博弈来自主动的挑战，没有挑战，就没有创新，更谈不上跨越式发展和可持续增长。围棋的“断、跳、点”就是企业安全管理创新发展模式改革，能在变中求胜，在创新中赢得胜利和财富。

安全管理也一样需要创新，安全工作是一项充分体现科学性的工作，科技含量越高，安全把握性就越大。企业要发展必须先要安全，安全除了严格管理，更需要科技创新。对企业来讲，要不断加大对安全生产技术改造的硬件投入，采取开发研制、改造和合作等多种形式，不断加大设备、设施的改造与更新力度，淘汰安全隐患大、生产效率低的设备和工艺，大力引进新设备、新工艺，全力推进自动化技术，改善工作环境，降低员工劳动强度，努力给员工创造一个轻松、安全、稳定的工作环境。同时要加强对安全科技人才和安全管理人员的培训，提高他们的研发和管理水平。

3.3 危机意识

围棋的博弈者要树立危机意识，在交战对弈的过程中，时常要考虑自身的生存能力建设，防止因自身的资源不足，而被对方吃掉棋子。在对弈的过程中要时常回过头检查自身是否因超速发展，片面地追求发展速度和优先发展，而忽视质量问题，否则等到被对方吃掉一条大龙或一块棋，即得的优势效益顿失，局面一下发生逆转，就有可能造成围棋博弈的失败。心中常备强烈的竞争意识和严重的危机意识，居安思危，警钟长鸣，就能永葆昂扬的革命战斗力和旺盛的先进性，在围棋博弈中能时时“争先手”，掌握围棋博弈的主动权，控制好局面，也是摆脱危机的最佳战略选择。

抓安全一样要始终保持忧患意识，古人云：“安无忘危，存无忘亡”。有了这种“忧患意识”，就能够在思想上“防”字当头，正视安全生产特点，建立和完善安全管理制度，层层落实安全生产责任制，就能不断采取有效的措施去治理隐患，就能及时总结事故教训，做到“亡羊补牢”，确保安全与生产同步进行。思想麻痹是危险的根源，是造成事故的罪魁祸首。长期稳定的安全形势很容易使人产生麻痹心理，从而产生错误的安全思想观念。长此以往，安全隐患越聚越多，安全局面虽然表面上看似“一马平川”，实则“暗流涌动”，迟早会发生安全事故。假如出现了安全事故，对一个企业来说，有时只是蒙受了经济损失，钱以后有机会还可以再赚回来的；可对于个人来说，可能是面临着家破人亡的险境，生命是无法复制的，身体的损残也是无法痊愈的。因此在日常生产中，要始终保持忧患意识，不能藐视制度和法则。

安全生产必须永远从零开始，安全工作每一天都是第一天。安全工作抓不好，失去的是生命，伤害的是人心，断送的是前途，破坏的是形象，阻碍的是发展。智者以别人的教训警示自己，愚者以自己的教训警示别人。一幕幕血泪事故警示我们：千里之堤，溃于蚁穴。抓安全的思想一刻也不能松懈，松懈就要出问题；

一刻也不能麻痹，麻痹就要出事故。越是形势好的时候、越是发展顺利的时候，越要增强忧患意识，时时刻刻以如履薄冰、如临深渊的心态，做到“吃人之堑，长己之智”，防患于未然，常怀忧安之心，常思保安之策，常悟预控之道，恪守兴安之责，创造性地做好安全生产工作，唯有如此，才能博弈取胜企业“每一盘棋”。

4 结 语

围棋文化和安全管理之间有异曲同工之妙，围棋文化所折射的管理思想和人性修养，值得借鉴品味。

参考文献

[1] 胡廷楣. 境界：关于围棋文化的思考[M]. 上海：人民出版社，1997.
[2] 何云波. 围棋与中国文化[M]. 上海：人民出版社，2001.
[3] 董国政. 围棋所包孕的经济思想[J]. 经济学家茶座，2004（1）：101-106.
[4] 王利冬. 易经、围棋与管理初探[J]. 新乡师范高等专科学校学报，2000，14（4）：122-123.

以标准为尺度提升公园城市工程质量

李觉明
（成都天府新区建设投资有限公司）

【摘　要】本文总结了成都天府新区直管区市政基础设施与公建配套工程建设质量管理工作，宣传贯彻建设领域的新政策、新制度，把标准作为标尺，严格履约，摒弃不良做法，及时妥善处理问题并改善预防机制，提升天府新区工程质量，打造公园城市。

【关键词】革新，质量，标准，长效机制

1　引　言

2018年2月，习近平总书记在视察天府新区时指出，天府新区是“一带一路”建设和长江经济带发展的重要节点，一定要规划好建设好，特别是要突出公园城市特点，把生态价值考虑进去，努力打造新的增长极，建设内陆开放经济高地。国务院推行“放管服”改革以来，建设领域从法律法规，到政府机构改革，到项目审批，到规范修订等，迎来日新月异的变化。成都天府新区建设投资有限公司承担着天府新区直管区的建设任务，引领各参建单位，主动顺应制度革新，努力提升工程质量管理，为打造一个宜商、宜业、宜居的“人、城、境、业”高度和谐统一的大美公园城市而不断努力。

2　顺应制度革新

国务院推行“放管服”改革以来，建设领域的制度革新调整很快，主要革新有以下几个方面：

法律调整：《建筑法》《消防法》《标准化法》《环境影响评价法》《大气污染防治法》《环境噪声污染防治法》《节约能源法》《土壤污染防治法》等在2017—2019年陆续进行了修订。

部委以及地方部门机构调整：自 2018 年 3 月国务院机构改革方案确定以来，部委、四川省和成都市政府机构及其职能调整已经完成。消防、人防、防雷、节能、幕墙、装饰等都已经迎来机制调整。

部门规章制度调整：2018 年以来新修订了《危险性较大的分部分项工程安全管理规定》《建筑工程施工许可管理办法》《房屋建筑和市政基础设施工程施工招标投标管理办法》《建筑业企业资质管理规定》《建设工程勘察设计资质管理规定》《工程监理企业资质管理规定》等规定。

项目审批制度变化：《国务院办公厅关于开展工程建设项目审批制度改革试点的通知》《国务院办公厅关于全面开展工程建设项目审批制度改革的实施意见》提出，到 2020 年要实现工程建设项目审批“四统一”。“多规合一”“并联审批”“联合验收”“联合测绘”“双随机、一公开”等将会逐步得以实现。

规范调整：随着 2018 年新《标准化法》的实施，规范的立项、制定、公开、实施、修订等迎来很大的新变化，新的规范也在紧锣密鼓地推出。随着新的企业标准、团体标准的推出，新的施工合同也要注意研究调整并明确对标准的约定。

我们必须顺应《建筑法》等法律法规调整，顺应政府机构改革，顺应规章制度、标准等的变革，学习并贯彻新政策、新制度，保证我们的质量行为合法合规。

3 以标准为尺度

随着《标准化法》修订，以及法律修订带来的标准的调整，都需要及时地研究与学习，把标准作为标尺，用好标准，为新区工程质量安全保驾护航。

3.1 《标准化法》有较大变化

2018 年初正式实施的新《标准化法》在原 4 类标准之外增加了团体标准；只有国家标准有强制性标准与推荐性标准之分，其他的新的行业标准和地方标准等均为推荐性标准；标准公开化；标准的立项、制定、颁布、修订等均有变化。

3.2 标准的调整变化

新《标准化法》实施后，各行业部门对标准进行了梳理，建设行业全文强制性的标准正在征求意见中，部分建设行业标准将会转化为团体标准，新的标准陆续颁布：《建筑地基基础工程施工质量验收标准》（GB 50202—2018）；《建筑装饰装修工程质量验收标准》（GB 50210—2018）；《工厂预制混凝土构件质量管理标准》（JG/T 565—2018）；《中小学合成材料面层运动场地》（GB 36246—2018）；《消防应急照明和疏散指示系统技术标准》（GB 51309—2018）；《市政工程施工安全检查标

准》(CJJ/T 275—2018);《建筑施工易发事故防治安全标准》(JGJ/T 429—2018)……

3.3 以标准为尺度，切实用好标准

标准是工程技术与工程实践经验的总结提炼，因此要认真使用标准，违反标准的施工行为迟早会得到质量、安全等方面的教训。例如，不戴安全帽，必会碰头受伤；防水工程细部构造验收把关不严，必然会渗漏。把标准记在脑里，把标准用到身边，把标准作为标尺，将会受益匪浅。

4 诚信履约

扎实推进新区工程质量，高标准、高质量地建设公园城市，就要坚定质量信念，信守承诺，严格履约。

信守承诺，办理各项建设手续，遵守建设程序。改革使很多事前手续得以简化，但是并不是没有要求，而是要求建设项目各责任主体延后办理或者接受事中检查监督，否则将会迎来诚信惩戒，甚至更严格处罚。

树立坚定的质量理念，建立强有力的组织机构，筑牢工程质量组织保障。

建设、施工、监理等单位一定要有自己的质量理念。什么是质量？ISO9000 族标准的定义是：一组固有特性满足要求的程度。这些固有特性是指满足顾客和其他相关方的要求的特性，并由其满足要求的程度加以表征。作为市政基础设施以及公建配套建设项目的质量，就是要满足规范要求，就是要满足市民的功能需求与美好生活向往的需求——大美公园城市，就是坚持质量第一，建筑满意工程。

每当提到工程质量，首先都会对组织机构提出高标准要求，无论是建设单位，还是施工与监理单位，乃至检测、监测单位。投标时计划安排的是注册工程师、教授、高级工程师，而实际中标后到场的却是年轻的工程师、技术员。工程是工人一手一脚做出来的，劳务队伍的素质培养至关重要。因此，要注意严格履约，建立起坚实的组织保障。

精心谋划，精心组织，严格验收，推进工程建设的质量安全与进度。

质量安全、进度、成本是相互制约的，必须清楚其辩证关系，才能妥善处理三者关系。质量是安全之根基，因此说是质量第一。质量目标确定，质量措施明确，在此基础上策划工程进度、成本并为此服务。当然要注意反复优化质量措施，反复优化进度安排，这样可以降低成本。一些惨烈的事实证实：质量安全措施不到位，压缩工期，是质量安全的重大隐患。

验收把关也是质量控制的关键，不论是工序验收，还是质量验收，抑或是隐蔽验收。所以，验收必须严格。

5 摒弃不良或者错误做法

在天府新区直管区市政与公建项目实施过程中，发现了一些不良或者错误做法。只有摒弃这些不良或者错误做法，才能较大地提高工程质量。

切实强化防水工程细部构造的施工与验收。《地下防水工程质量验收规范》有很明确的分部分项划分标准，有很明确的渗漏水调查与检测要求，施工单位在质量验收时必须提供“结构内表面的渗漏水调查图”。但是现场检查情况表明，细部构造验收很少有记录，甚至还与主体结构防水验收混淆，也就解释了渗漏水为什么变得那么常见，当然那个渗漏水调查图就更难见到了。

取样工作与检测试验工作不分开为好；切实改变非原位取样检测的做法；真正强化检测单位的责任感。检测样品的真实性与代表性缺乏，样品检测很难起作用。样品取样工作与检测分离，就不能分清楚是样品问题还是检测试验问题。

验评分离实施后，实质效果是弱化了质量评定。成都天府新区直管区大量的市政基础设施和公共建筑，签订的施工合同均是约定合格质量标准。质量验收合格了，实际上工程也就达到了合格质量标准，因此再去评定工程质量是合格还是优良已经没有必要。鉴于成都天府新区直管区的重要定位，我们应该建筑一些优良工程。鉴于部分施工单位自身建造优质结构工程的需求，建议新区项目在工程质量目标与评定方面应有更高要求。

危大工程部分不按方案实施，不及时验收，不挂验收公示牌，这些现象还比较多，值得引起高度重视。

房建项目总平井盖设计时质量特性要求及适用标准不够明确。检查中经常看到小车停车场采用 A15 井盖，消防通道采用 B125 井盖，还有很多 EN124 欧洲标准井盖，生活中也经常看到高分子井盖穿洞、碎裂成块。井盖有很多旧标准，国家标准出台后部分条款已经不适用，或者已经被新标准替代。这些旧标准有《铸铁检查井盖》（CJ/T 3012—1993）;《再生树脂复合材料检查井盖》（CJ/T 121—2000）;《聚合物基复合材料检查井盖》（CJT 211—2005）（成都市已有地方标准 DB 51/T5057—2016）;《建筑小区排水用塑料检查井》（CJ/T 233—2006）（已有 2016 年版标准）;《聚合物基复合材料水箅》（CJ/T 212—2005）等，这些标准与国家标准相比存在一些缺陷或者隐患。《检查井盖》（GB/T 23858—2009）已经借鉴了 EN124 及上述行业标准，并明确不等效于 EN124 标准。EN124 相比国家标准：井盖不防滑，A15 井盖可以用到人行道上等。国家标准有明确的防滑、防响、铰链井盖防盗、承载力、标识等要求。《建筑小区排水用塑料检查井》（CJ/T 233—2016）在国家标准要求外有更多要求。

缘石坡道设计、施工不够严格，与《无障碍设计规范》（GB 50763—2012）不一致。检查中有的图纸标有 1∶12 和坡道长度 60 cm，明显矛盾，而施工单位却选用长度 60 cm 的做法。

标志标牌、乔木、装饰件等不得侵入道路建筑限界内，这是很多个规范的强制性条文，但事实不够理想。乔木栽植时要注意调整树枝方向，设计时可以进一步明确标志标牌设置要求。

建筑装配率要求越来越高，但是检查中发现施工、监理对标准把握不全面。《装配式混凝土建筑技术标准》（GB/T 51231—2016）、《装配式钢结构建筑技术标准》（GB/T 51232—2016）、《装配式混凝土结构技术规程》（JGJ 1—2014）等规范规定很明确，但是还存在叠合板进场缺少实体检验记录的问题。

成都天府新区直管区道路标线使用热熔反光涂料已经在设计环节上得到很大改善，但是在实施环节还需要改善，还有使用普通热熔涂料的情况，涂料色度性能和抗滑性能方面的检测不足，这些问题都不满足规范的要求。

上述不良或者错误的做法，应该在梳理和总结之后予以摒弃。

6　质量问题的及时妥善处理与预防机制

6.1　工程质量问题的及时妥善处理

工程质量环节多，工程质量问题也常见。工程质量管理的好与坏所体现出来的效果是问题多少与严重程度的不同。虽然对结构混凝土质量已经非常重视了，但是，事实表明结构混凝土质量仍然经常出现问题。大拱桥混凝土刚浇筑完就返工，出现框架柱、桥桩基、房建桩基以及预制 U 形槽等混凝土强度不合格，抗水板拱起，回填土沉陷等，值得我们总结与反思。因此，及时妥善处理问题是必须练就的功课，也是工程质量保障的关键一环。

质量安全问题处理要坚决果断、迅速，要科学、不留隐患。经验告诉我们：一是必须首先调查清楚并锁定问题之所在；二是集合建设、勘察、设计、施工、监理、检测等各方专家充分发表意见；三是要及时果断组织决策处理方案；四是迅速组织处理，并验收把关；五是事后组织责任调查与总结。

6.2　完善预防长效机制的几个关键点

工程质量安全问题处理不是最终目的，关键还是要建立完善预防的长效机制。

（1）预防关键问题一：建设劳务队伍参差不齐。很多劳工是临时拼凑的，不稳定，熟练工少，短期培训提高非常有限，要做好工程很难。很多事实证明，临时拼凑的劳务队伍将会带来很大的管理难度，带来很大的质量安全隐患。

措施：要大力提倡施工单位培训、储备自己的稳定的熟练的劳工队伍，这是一个关键；监理单位要严格审查劳务分包，并要求施工单位对不熟练工人进行培训后上岗；建设单位可以在合约中加入相应的要求。

（2）预防关键问题二：关键岗位工程管理人员经验少，工程技术、管理和工艺水平不高，要管好工程，很难。

措施：真正授权使用有资格、有经验的项目经理、总工、安全工程师、工长，以及总监理工程师、专业监理工程师、检测工程师；强化技术交底，切实发挥样板先行的示范作用；建设单位严格履约检查。

（3）预防关键三：检测是一个很专业的工作，部分施工管理人员并不熟悉抽样方法、检测内容、检测程序等检测工作，对各方检测的理解存在误区；检测方案不全面，没有针对性；检测样品缺乏真实性，缺乏代表性。

措施：建设、施工、监理、检测等各方责任主体应清醒地认识到检测的重要性，不能把检测当成任务，当成负担，而应该是手段，是工具，是质量保障。

（4）预防关键四：加强工程质量理念宣传教育，并根植到工程质量的各个环节。一定要牢记质量理念，违背质量理念的做法要坚决禁止并责任到位。

7 结 语

本文仅列出了一些主要的制度革新内容，不够全面，不够细化，还需要根据我们工作需要去跟踪与进一步研究学习；从一个建设单位工程质量管理者角度出发，本文总结了近 6 年来的新区市政与公建项目等工程质量管理的一些经验，可供借鉴参考；希望本文成果能给提升成都天府新区直管区公园城市建设工程质量带来一定的指导意义。

浅析天府新区城市地下综合管廊建设及发展

赵 霖
（成都天府新区建设投资有限公司）

【摘 要】大力发展综合管廊是天府新区建设“美丽宜居公园城市”的重要体现，本文从当前天府新区发展状况、建设中存在的主要问题着手，对管廊发展趋势及新技术运用进行展望，以期对未来天府新区城市地下综合管廊建设工作提供相关借鉴。

【关键词】地下综合管廊，预制拼装，BIM 技术，智能监控

1 引 言

城市地下综合管廊是一种集约式的多种管线建造模式，不仅可以避免“马路拉链”，减少道路重复建设，而且便于管线运营维护和降低管理成本，是现代化城市发展的必然要求。同时综合管廊建设投资规模大，可直接和间接拉动工程设备、管网材料等行业投入，对部分行业去化过剩产能、拉动经济发展也有积极作用。由于地下综合管廊是现代化城市发展催生的新型产物，缺少设计标准和建设经验，因此从地下综合管廊发展现状和存在问题着手，分析其发展趋势，已经成为一项十分关键的工作。

2 发展现状

放眼全球，建设地下管线综合管廊是综合利用地下空间的一种重要手段，发达国家大多建有综合管廊，且越是在高度密集、高度发达的区域，其优势越能得到发挥。

天府新区作为第 11 个国家级新区，安全可靠、系统集约、绿色低碳的基础设施是天府新区建设“美丽宜居公园城市”的内在需求。综合管廊不仅以集约化的方式为市政管线建设提供可贵的地下空间，还较彻底地解决了长期以来道路反复开挖问题，对城市交通、环境、地下空间集约化开发利用，对天府新区发展目标的实现具有十分重要的作用。天府新区综合管廊本着“功能复合、干支结合、系统成网、路

廊一体”的规划理念，规划形成“四横三纵多片”的综合管廊网络。

3 存在问题

综合管廊作为城市重要基础设施，系统的完善性，一体化直接关系着城市的健康发展，在过去的几年中，天府新区综合管廊建设取得了重大成果，不过不可避免存在着许多问题和不足，总结为下面几点：

3.1 综合管廊相关建设规范需进一步完善和改进

如今，天府新区综合管廊建设工作建设势头迅猛，处在飞速建设的时期，不过由于现有的相关规范依旧不够完善，建设标准无法统一。就目前而言，综合管廊相关的设计规范只有 GB 50838—2015《城市地下综合管廊技术规范》这一项，且该规范内容较空泛，对于具体实施操作指导性不强，不具备十分重要的指导价值，造成了不同项目设计建设存在较大差异，不利于综合管廊的一体化。不仅如此，在城市综合管廊验收移交工作方面，没有相关规范可以遵循。

3.2 综合管廊建设与运营脱节

综合管廊作为城市市政管线的重要载体，是一个较为复杂的系统工程。为了避免综合管廊重复建设，综合管廊通常与市政道路一道分批设计，分批建设，而综合管廊需要进行统一运营，因此由于分批设计和建设产生的标准差异造成了后期的运营不便。此外，由于前期运营单位未介入设计和施工，造成了综合管廊无法满足运营单位的运营需求。

3.3 污水、燃气入廊带来的隐患

污水纳入综合管廊内，其管道检修维护方式与常规直埋式存在较大差别。例如污水管道检修、清掏时，管廊内无法进入专用设备，需要考虑大型检修设备进入的空间，增大管廊宽度；污水管道泄漏会对管廊内造成较大的污染，且难以冲洗。

按照现行规范，燃气入廊需要单独成仓，且需要相关监控等系统相对独立，造成了燃气入廊增加成本较高；燃气一旦发生泄漏，安全隐患较大，特别是管廊为封闭空间。

4 发展与展望

4.1 预制拼装技术的运用

在国家大力发展绿色建筑的大环境下，综合管廊预制拼装技术是综合管廊重要

发展趋势之一。预制拼装技术将新型的装配式技术融入管廊建设中，具备绿色环保的特点，整体质量优异，使用寿命长，可以有效地提高施工质量。同时采用预制拼装技术的管廊可实现标准化、工厂化的预制生产，大幅降低建设成本，显著缩短施工工期。

综合管廊标准化是综合管廊预制拼装技术运用的重要条件，使用标准化管廊长度越长，可有效摊销工厂化预制和拼装建设设备等成本，从而降低工程造价，有效促进预制拼装技术的运用。综合管廊模块化是预制拼装技术运用的重要方式，模块化的预制拼装具有科学、便捷的显著优势，模块化的自由组合使得装配式综合管廊对不同断面综合管廊具有良好的适应能力，进一步减少了制造成本，降低了运输、拼装难度。此外，标准化的综合管廊可保证分批建设的标准一致性，设计单位可参照标准图纸进行设计，降低了设计难度，节约设计周期，提高设计质量。

4.2 BIM 技术在综合管廊全过程中的应用

BIM 是将建筑本身及建造过程进行三维模型化和数据信息化，这些模型和信息在建筑的全生命周期中可以持续地被各个参与者利用，达成对建筑和建造过程的控制和管理。通过使用 BIM 技术和管理手段，有效提高深化设计图纸的质量；通过可视化模拟，提高质量、安全、进度管理的效益；有效控制投资，保障工期；最终交付包含完整数据信息的模型，为后期运维、物资管理提供有效数据。

地下综合管廊是百年工程，在天府新区综合管廊规划前期中，需要预估统筹各类管线的实际发展，同时结合地下空间开发、各类地下管线、道路交通等专项建设规划，才能合理确定地下综合管廊的建设预留和有关地下空间控制，通过 BIM 技术，在规划前期对建设区域、既有管线、管线布局、管线种类、断面形式、平面位置、竖向控制等进行体量级别的建模和分析。对后期的建设规模、成本把控起到良好的预估效果，并从定性、定量两方面论证和优化城市综合管廊专项规划。

4.3 建设智能监控平台

目前，全球信息化、智能化高速发展，综合管廊的智能化管理是提高管廊的效率和服务质量的有效保障。随着 BIM 技术云计算、大数据、物联网、移动互联等先进技术普及，智慧在线、人脸识别、巡检机器人等产品的出现，实现对综合管廊进行全面、透彻、准确的感知，统一门户的集中应用，构建安全可靠的智能监控系统，体现综合管廊监控的“智能化”“集成化”和“协同化”。

大数据利用技术优势打破目前数据应用极限，获取更有价值的管廊运维数据，实现对现有数据的二次利用，挖掘出数据最根本的价值。通过云计算分析数据，实现智能分析、智能预测、智能统计等。更多的数据资源被打通并共享，从而进一步

挖掘出数据价值，提升智慧管廊的建设水平。利用人脸识别、机器人巡检、5G通信、虚拟现实技术等技术将管廊内的人和物综合监控为一体，通过人脸识别将人员的进出精确记录在系统中。结合云计算，将工作人员进出管廊的数据进行分析为业绩考核提供更精准的数据支持。通过 5G 技术将管廊内的监控视频实时传送到手机、平板等移动办公设备，方便快捷地查看管廊所有地点实时情况。

5 结 语

综合管廊的建设符合天府新区的发展要求，因此解决目前建设中存在的问题，将新技术新工艺运用于管廊建设中，将有助于提高综合管廊设计、建设、运维效率，更好地服务于天府新区发展和满足“美丽宜居公园城市”的内在需求。

参考文献

[1] 李明照，唐梦聪. 城市综合管廊建设发展趋势分析研究[J]. 四川水泥，2018（4）：320.

[2] 王昂. 地下综合管廊发展及工程要点探讨[J]. 重庆建筑，2019（04）：21-24.

[3] 常魏伟，杜芳. 城市地下综合管廊智能化运维管理技术研究[J]. 科学与信息化，2018（27）：150.

[4] 邓仲梅，刘应明，刘瑶. BIM 及预制拼装技术在综合管廊建设中的应用[J]. 建筑，2017（12）.

下沉式停车综合体在公园城市理念中的应用探讨

陈 龙，胡 坤，邱 顺
（中交二航局成都城市建设工程有限公司）

【摘 要】随着现代社会的快速发展，城市公园已由功能单一的绿地逐渐向多功能转变。2018年2月，习近平总书记在视察成都天府新区时，首次提出“公园城市”理念，指示“天府新区一定要规划好建设好，特别是要突出公园城市特点，把生态价值考虑进去，努力打造新的增长极，建设内陆开放经济高地”。本文结合成都科学城市政公园（红梁湾绿廊）项目探讨下沉式停车综合体在“公园城市”理念中的应用，为公园城市的发展提供参考。让城市绿树成荫、花团锦簇，让公园蕴含城市功能，让城市与自然和谐相处。

【关键词】下沉式，停车，公园城市，理念，应用，自然和谐

1 引 言

随着现代社会的快速发展，停车难成了时下城市居民最关心的问题之一，停车场已成为城市建设过程中不可或缺的一部分。成都作为全国汽车保有量第二的城市，市民停车问题尤为突出。目前全市大多数公园停车场的建设均采用露天停车场，这导致了城市内有限的绿地大大减少，城市建设与环境的冲突也在日益加剧。为满足新时代人们对城市生活环境的要求，建设多维化的城市停车场已成为新的发展方向，在公园城市建设体系中，公共停车场不再拘泥于二维平面，从节约占地空间的角度出发，实现城市与自然和谐相处，让城市更加美丽、宜居，它可以上天入地，玩出很多脑洞。

2 工程概况

成都科学城市政公园（红梁湾绿廊）位于天府新区兴隆湖南侧，北接兴隆湖展示

厅，南临科学城中路（见图 1）。其中，A 地块东西侧为产业用地，B 地块东西侧以商业用地为主。公园将承载周边产业区、北侧兴隆湖景观以及南侧青松湿地人们的交流、休息及游览功能。拟建下沉式停车综合体位于公园 A 地块，为 1 层地下室，框架结构，下沉式停车场兼顾人防功能，上盖公园广场。

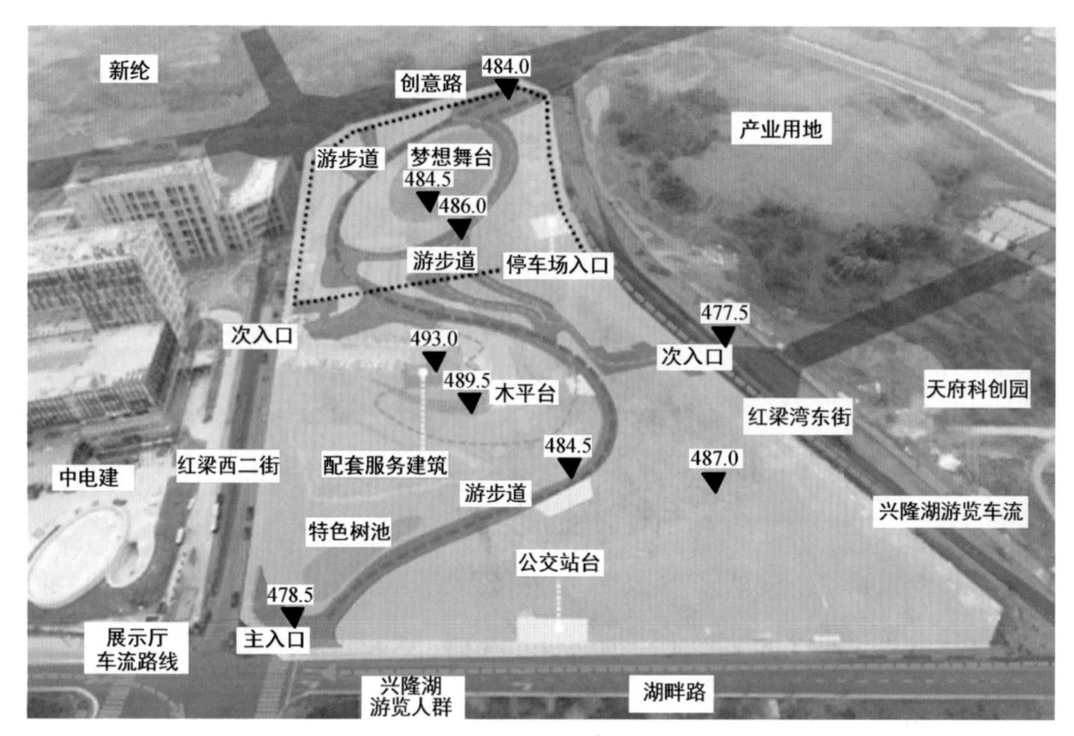

图 1　项目平面布置图

3　下沉式停车综合体总体方案

成都科学城市政公园（红梁湾绿廊）项目下沉式停车综合体的设置，充分考虑了本工程的施工特点及相应的施工规范要求，同时也考虑了优化施工方案、强化质量管理、合理安排工期、降低资源消耗的原则。地下车库的设置主要考虑满足公园内使用人群空间的需要。拟建下沉式停车综合体为 1 层地下室，兼顾人防功能，采用柱下独立基础、墙下条形基础加筏板，下沉式地下车库工程面积为 9 574 m^2，其中地下室建筑面积为 9 578.85 m^2，地上建筑（楼梯间、风井）建筑面积为 175.15 m^2。下沉式停车综合体上盖公园广场。图 2 和图 3 所示分别为下沉式停车综合体的地面总体效果图和布局剖面图。

图 2　下沉式停车综合体地面总体效果图

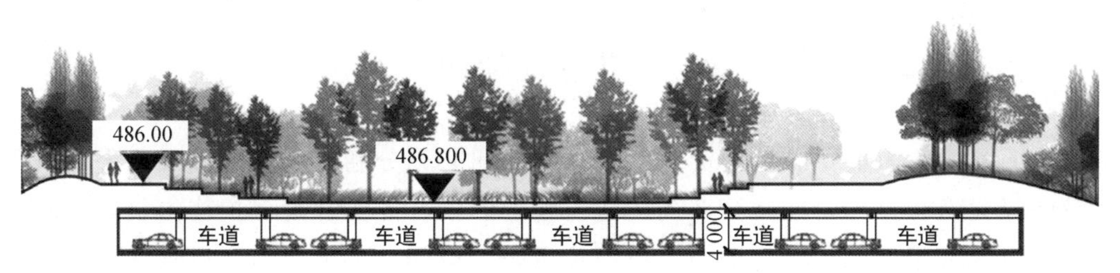

图 3　下沉式停车综合体布局剖面图

4　国外城市公园的发展

21 世纪以来，城市公园由单一的绿地、休闲观光场所，逐渐转向多元化发展，包括商业、娱乐、健身、大气、水文等各种元素方向发展。城市公园绿化结构更加合理化，更加完善，不仅仅局限于有限的树木、花草种类，种类更加丰富多样、搭配更加合理。城市公园系统的功能更加趋向于可持续发展，如雨水收集利用系统、太阳能照明系统等。生态与科技相结合，实现人与自然的和谐相处。城市公园的发展，为建设美丽宜居的城市发挥了巨大作用，满足了现代人们对城市生活健康、舒适的要求。1863 年英国伦敦建成世界上第一条地铁——“大都会地铁”开始，国外发达国家已开始充分利用城市地下空间，日本、美国、英国等发达国家，对于地下空间的综合利用，建设经验、建设数量相对于我国均遥遥领先。目前，国外许多发达国家的城市已将地下空间与城市绿地相结合，地下空间作为交通、商业、基础设施建设，而地面空间作为交通枢纽、城市公园、广场等。地下空间的利用，不仅仅只是充分利用了空间，同时也为城市绿化建设节省了空间，它对城市环境保护起到了巨大作用，实现了城市与环境的有机融合，实现了人与自然的和谐相处。

5 我国城市公园的发展

相对于发达国家，我国城市公园建设由于历史原因相差甚远，且绿地覆盖率较低。大部分城市公园仅包含景观功能，人们在公园里面只能进行简单观光、休闲，而不能进行其他活动。有部分城市公园除景观外，还具有休闲娱乐、商业等功能，但是这些城市公园景观功能含有的绿化面积非常小，仅仅作为日常活动的点缀，城市建设与环境的冲突日益加剧。近年来，我国开始重视地下空间与公园绿地的建设。2017 年 9 月，国土资源部已明确：我国将以城市地质调查为先导，统筹地上地下，逐步将城市地下空间纳入土地利用规划。2018 年 2 月，习近平总书记来川视察时，提出了“公园城市”的概念，天府新区的建设“要突出公园城市特点，把生态价值考虑进去”。

6 下沉式停车综合体在公园城市中的应用

地下空间作为重要的自然资源，对地下空间的充分利用，将为城市建设节省下大量的绿化面积，同时能减少对周边建筑物的影响，能为环境保护作出贡献。地下空间的有效利用，能积极缓解由人口增长带来的空间、环境压力。风景优美、功能多样的城市公园能带来大量的人流量，人流量增加的同时，也会带来相应的经济效益。地下空间的建设相较于地面建筑在内陆区域、在人防方面具有更高的作用与价值，能提高城市整体的防灾能力。

我国是世界上自然灾害较为严重的国家之一，随着城市建设的不断进行，城市人口也在不断增加，一旦发生重大灾害，人民群众的生命财产安全将受到严重威胁，而完善的城市绿地系统可有效缓解灾害损失。

城市地下空间与人防工程有机结合，能够有效提高城市整体抗震减灾能力，是预防自然、人为灾害的重要措施，在科技高度发展的今天，具有提高城市在战争条件下的防护能力，对保护人民群众的生命财产安全起到了巨大作用。

成都科学城市政公园（红梁湾绿廊）工程的建设符合《成都市绿地系统规划（2013—2020）》中的相关要求，具有生态、服务、景观、防灾及基础设施等五大功能，实现了自然生态系统与城市绿地系统的有机联系，保护和改善了城市的生态环境。其中，“下沉式停车综合体”具有服务、防灾、基础设施等三大功能。

本工程作为景观工程的同时兼顾人防工程。地下车库将满铺设置兼顾人防工程，兼顾人防面积 8 644 m^2，耐火等级一级，整体工程抗震设防烈度为 7 度，设计使用年限不低于 50 年，抗力级别为常 6 级。平时功能为汽车库及民用设备房，临战转换为临时人员掩蔽所。

下沉式地下车库地面部分为梦想舞台，设置有绿植、绿道、广场等内容。地下

车库设置有 2 个车辆出入口和多个人行楼梯、无障碍电梯，地下车库出地面后，与地面的景观形成对比，形成了层次感，使得城市景观不再单调，满足了周边产业区人群的交流和游憩，并连接北侧的兴隆湖湖区景观及南侧的青松湿地，形成科学城片区的城市绿廊，实现了城市与自然的和谐相处。

7 结 语

在“公园城市”建设过程中，成都科学城市政公园（红梁湾绿廊）工程充分考虑了生态价值，走可持续发展道路，坚持以人为本，实现了公园城市人文、景观、经济、生态、社会、生活等六大价值，为建设海绵城市、建设美丽宜居的公园城市贡献一份力量。

参考文献

[1] 周斌. 城市地下空间利用与人防工程探讨[J]. 工程技术：文摘版，2016：1.
[2] 马忠政，侯学渊，李红. 城市绿地与地下空间的复合开发[J]. 地下空间与工程学报，2000，20（1）：9-13.
[3] 王亚楠.城市绿地与地下空间衔接环境设计[D]. 济南：山东建筑大学，2017.
[4] 张景霞，董云霞，董家昀. 大型地下车库下沉式花园设计探讨[C]//第四届中国中西部地区土木建筑学术年会，2015.
[5] 中陆必得旅游规划.[公园城市 未来之城]公园城市理论研究与路径探索[R]. 搜狐. [2019-04-30].
[6] 徐叔竞. 城市与自然的和解 从一个下沉式停车场开始[R]. 浙江在线. [2017-05-25].

浅析景观绿化工程施工管理中的问题与应对措施

——以西郊河综合改造示范工程为例

冯 骏，杨 宇

（四川明清工程咨询有限公司）

【摘 要】景观绿化是城市不可或缺的重要部分，也是城市生态组成的必要因素，为人类和动物提供良好的居住环境。景观绿化工程因其独有的特点在施工过程中存在诸多管理问题，如形成的园林景观实体造成植物存活率低、景观效果差、园区道路积水等问题，严重影响景观绿化效果，浪费建设资金。本文以西郊河综合改造示范工程为例，通过分析在该工程中景观绿化施工过程存在的一些问题和总结管理人员应对这些问题采取的措施经验为景观绿化工程从业者提供一些参考。

【关键词】景观绿化，存活率，管理，应对措施

1 引 言

随着城市化进程的加快，城市建设也越来越快，城市建设离不开景观绿化，应运而生的公园、景点等景观绿化不仅净化空气、美化环境，为居民提供锻炼和休憩场所，还能弱化钢筋混凝土建筑带来的视觉冲撞，给鸟类等小动物创造生存空间，使人与自然更好地融合。

成都市西郊河综合改造示范项目工程全长 7.4 km，涉及硬质铺装型驳岸、混合景观型驳岸、自然景观型驳岸、广场及硬地、雕塑及公共艺术、城市家具及导视系统等景观工程，以及广场及绿地工程、新增绿地、改造绿地等园林绿化工程。在其建设过程中工程管理存在作业队伍多人员管理难度大、定位放线层次多综合控制难度大、景观和植物品种多选型难度大、作业段多标准统一难度大等特点，管理团队以国家相关规范为理论依据、以设计图纸为指导思想、以现场实勘资料为基本，结合团队积累的工程经验对该工程建设分别提出了应对措施，经过一年多的建设和管理取得了良好的效果。

2 景观绿化工程施工管理存在的问题

2.1 作业队伍多人员素质差

2.1.1 管理人员能力不足

景观绿化工程现场管理人员个人能力参差不齐，大多数管理人员源自土建安装等专业工程，常常无法理解景观绿化设计意图，只求结构稳固安全，无法有效地要求和指挥作业人员施工实现景观绿化意境效果。西郊河综合改造示范工程管理人员高峰时多达 300 人，但具备景观绿化专业知识的管理人员只有数十人。

2.1.2 作业工人水平低下

由于工作环境较差、工作时间较长而收入又较低，所以建筑工人多来源于农民工，他们具有年龄偏大、整体文化水平偏低、自我质量意识较差等特点。他们中部分人在工程施工过程中常常以敷衍了事的心态对待工作，对于景观绿化工程效果往往具有毁灭性的影响，常常导致整改、返工，带来材料、工期及造价的浪费和损失。例如，西郊河综合改造示范工程干河工段一段斧劈石景观挡墙因效果无法满足设计要求进行四次返工，造成经济损失 400 余万元。整个全线进行了 10 余次质量缺陷整改才通过竣工验收。

2.2 作业段多标准不统一

西郊河综合改造示范工程为沿河岸的带状，作业范围广，涉及周边居民众多，影响范围较大，工期十分紧张，分为 3 个作业段同时实施，各段管理团队管理标准不统一，各段形成景观绿化效果也不尽相同，影响景观绿化工程整体效果。

2.3 定位放线与现场障碍冲突

景观绿化工程中常常伴有预埋管线、其他结构物等与原设计意境中植物、景观点冲突而无法实施或者影响景观绿化效果。

2.4 景观、植物造型效果差

景观绿化因其美化环境的特点，具有观赏性和美感要求，因此对景观材料、植物也有特殊的要求，采购人员本着成本控制在施工过程中经常只管参数满足设计要求而忽略了造型，导致景观绿化效果差，难以体现设计意境。

2.5 植物管养存活率低

2.5.1 施工种植土质量差

植物种植土是植物赖以生长的根本，国家规范对其 pH 值、营养成分等有明确

的规定。种植土质量较差或者土层不够会给植物生长造成影响，甚至使植物死亡。

2.5.2 植物苗木质量差

苗木质量差包括病虫害、折损严重、土球过小等，直接影响成活率，甚至给别的临近植株带来病虫害，形成大面积危害。

2.5.3 运输栽植问题

苗木商家为了降低运输成本，常常刻意消减土球直径、杀头剪枝、过多堆压，在栽植过程中又存在避让地下管线、结构物等因素未按要求开挖足够大、深的坑穴等问题，这些都会造成植物成活率低。

2.5.4 后期管养不专业

景观绿化工程建成后还需要专业人员进行管理和养护，否则植物疯长、野草丛生严重破坏整体景观效果。西郊河综合改造示范工程干河段因管养人员缺失，一度造成野草生长过盛、景观植物死亡的严重后果，造成数万元的经济损失。

3 景观绿化工程存在问题的应对措施

3.1 严把人员质量关

3.1.1 提高管理人员水平

施工过程中，管理团队通过聘请具有景观绿化专业技术经验的管理人员、深入同设计交流、外聘园林景观专家现场指导等方式对整个团队进行综合培训，提升管理团队的管理水平和专业素养，对施工过程管理起到了重要作用。

3.1.2 严格控制作业过程

由于作业人员水平不一，严格把控作业过程就成为控制质量的关键。首先，对作业人员要分类调配，业务技术熟练、有一定艺术能力的派至实体一线，稍差的辅助作业；其次，管理人员要做好技术交底工作，把设计意图讲清讲透；最后，作业过程平行巡视，发现问题及时纠错。

3.1.3 推行样板先行，引入社会评价

西郊河综合改造示范项目工程作业战线长，涉及三个作业段数十个分项工程，如何保证各段建设标准统一又符合社会利益呢？管理团队在各个作业段分别实施建设了样板段，向社会开放一个月供居民参观，并设立了意见箱公开征集社会意见，通过汇总征集的意见反馈设计修改，得到了良好的社会认可。

3.1.4 引进 BIM 技术，排除障碍冲突

为避免施工过程中隐藏的障碍对景观绿化造成影响，管理团队在施工准备阶段

对作业范围进行全面的排查和探测，充分掌握施工范围内的地下管线、结构物以及其他障碍情况，引进 BIM 技术将景观绿化与障碍等一一模拟，通过模拟结果引导设计对整体效果进行统筹优化和调整，避免了设计意境无法落地生根的情况。

3.1.5　严格选型定样

景观材料、绿化植物在景观绿化施工过程中除了满足设计图纸的各项数值要求外还要根据不同的点位、不同的种类对其外观、形状等进行挑选，良好的造型对景观效果往往有画龙点睛的作用。

管理团队组织各参建单位负责人、经济专家、外聘园林景观专家组成专家组，将景观材料和绿化植物分为三类，重要景观亮点由专家组共同前往苗圃选型定样，一般要点的由参建单位共同选型定样，辅助材料由采购人按要求自行采购。

3.2　严把过程质量，加强后期管养

3.2.1　落实实地考察制度

各参建单位落实实地考察，共同考察种植土取土场的位置、环境等，并取样送专业单位检测土质，确保种植土质量符合国家规范及设计要求，有效保证绿化植物的生长。

3.2.2　落实三方验收制度

严格实施进场材料三方验收，对进场材料的外观、数量、质量等一一清点复核，不符合要求的必须退场不得使用，对验收结果签字确认并建立台账统一管理，杜绝不合格材料、植物使用到现场。

3.2.3　加强后期管养

后期管养是提高植物存活率的关键环节，是保持景观绿化效果的保障。加强管养首先要健全管理体制，科学管养计划，规范管养程序；其次是提高管养人员队伍的素质和水平；最后是落实管养措施，规范施肥、浇水时间，及时除虫除害。

4　结　语

景观绿化工程在施工中不可避免地存在一些问题，特别是人的管理、材料的管理以及后期管养的管理。成都西郊河综合改造示范工程通过加强人员素质的培养、建立健全并落实各项管理制度、引进先进工程管理技术、邀请专家指导以及集思广益征询社会意见和建议等方式有效地保证设计意图和意境的体现，提高了景观植物的存活率，美化成都城市环境，提高周边居民的参与感和获得感。